南极罗斯海生态系统

周朦 罗玮 主编

科学出版社

北京

内 容 简 介

本书全面展示了南极罗斯海生态系统状况，包括海洋物理过程、常量营养盐与痕量金属、初级生产力和净初级生产力、生物种群、生物资源、保护区的状态、观测与评估中存在的不足等内容。本书可为进一步判明南极罗斯海生态系统及生物多样性监测工作中的认知空白或不足之处提供参考。

本书可供极地科学工作者、极地科考人员、极地政策管理工作者参考，也可供对极地生态环境、生物资源感兴趣的普通大众阅读。

审图号：GS 京（2024）0837 号

图书在版编目（CIP）数据

南极罗斯海生态系统/(美)周朦，罗玮主编. —北京：科学出版社，2024.5
ISBN 978-7-03-078497-1

Ⅰ.①南… Ⅱ.①周… ②罗… Ⅲ.①罗斯海–海洋环境–研究 Ⅳ.①X21

中国国家版本馆 CIP 数据核字(2024)第 092712 号

责任编辑：王海光　田明霞 / 责任校对：郑金红
责任印制：赵　博 / 封面设计：无极书装

科学出版社 出版
北京东黄城根北街 16 号
邮政编码：100717
http://www.sciencep.com

北京富资园科技发展有限公司印刷
科学出版社发行　各地新华书店经销

*

2024 年 5 月第 一 版　　开本：720×1000　1/16
2025 年 1 月第二次印刷　印张：13 3/4
字数：277 000

定价：220.00 元
（如有印装质量问题，我社负责调换）

《南极罗斯海生态系统》
编委会

主　编：周　朦　罗　玮

副主编：张召儒　张瑞峰　冯媛媛　曾　聪　曾　旭

编　委：李松海　邓文洪　刘子俊　咸昊辰　林明利

　　　　林子璇　王楚宁　葛云骢　郑佳慧　王　楠

　　　　周永丰　姜熠辉　李佳康　陈元杰　王小乔

　　　　谢　川　杨诗楷　胡　恒　赵袁彬　罗　林

顾　问：苏纪兰　Walker Orson Smith　徐　韧

　　　　何剑锋　俞　勇

序　一

罗斯海是南大洋纬度最高的一个边缘海，由于受人类活动的影响小，没有矿业开采和渔业捕捞，罗斯海尚未出现大面积污染，也没有外来入侵物种。2016 年，在南极海洋生物资源养护委员会第 35 届年会上，罗斯海被正式设为全球最大的海洋保护区，总面积 155 万 km^2。自此，罗斯海成为全球极地科学家关注的模式海域之一。

作为地球上为数不多的接近原始状态的极地海域之一，罗斯海具有世界上最大的冰架——罗斯冰架；其海洋生物多样性丰富、食物网完整，是南大洋生产力水平最高的区域之一；罗斯海的碳吸收率很高，在全球碳循环和气候调节中发挥着重要作用。但气候变化引起的海水酸化、海表升温、层化加剧、海冰融化等现象，将对罗斯海生态系统及物种群落结构产生深远影响，探究罗斯海应对气候变化的生态动力学是极地科学的前沿热点领域。

罗斯海地区具有岩石圈、冰冻圈、生物圈、大气圈等典型自然地理单元集中相互作用的特征，是全球气候变化的敏感区域，科学考察价值高。目前该地区已有美国的麦克默多站、新西兰的斯科特站、韩国的张保皋站、意大利的马里奥·祖切利站等多个国家建立的考察站。我国也于 2018 年选择在罗斯海西岸特拉诺瓦湾恩克斯堡岛建立第五个南极科考站——秦岭站，并已在第 40 次中国国家南极考察期间完成了秦岭站的建设。至此，我国极地科学家将能够在该区域开展一系列的科学活动和国际合作。在此背景下，系统梳理罗斯海生态系统状况，显得非常紧迫且有必要。

我很欣慰《南极罗斯海生态系统》编写组率先开启了这一影响深远的基础性工作，系统评估罗斯海生态现状，将搭建起一个有助于科学界、政策管理方及社会大众等各方充分了解罗斯海的桥梁，将为我国南极罗斯海秦岭站建成后的科学规划提供参考，为保护南极生态环境、中国未来更好地参与南极国际治理提供科技支撑。

苏纪兰
中国科学院院士
2024 年 3 月

序 二

自早期南极探险时代以来，罗斯海是南大洋研究得最为深入的海域之一。在该区域有美国、新西兰、意大利和韩国政府运维的四大常年南极科学考察基地（麦克默多站、斯科特站、马里奥·祖切利站和张保皋站）。依托这些大型科考站，各国科学家可充分开展罗斯海科学研究，新建成的中国南极秦岭站将迅速加入这一国际阵营。尽管如此，人们对罗斯海的科学认知仍然存在许多未解之谜。例如，在浮游植物群落演替过程中浮游动物的关键生态功能、冬季生态系统结构和有机碳向深层流动的生态机制尚不明确，海冰密集度和分布的年际变化机理尚不清楚。目前科学界达成共识的是：罗斯海在全球大洋环流（通过南极底层水形成）、碳循环（通过其广泛的生产力、碳通量和潜在的有机物向深海的垂直输运）、控制南大洋的海冰密集度、影响南大洋更广阔区域的渔业资源等方面发挥着重要作用。借助长期研究积累的科学数据，可以解决罗斯海生态系统相关的若干关键科学问题。理解以上过程以及罗斯海其他特征，将有助于加深学界对于整个南

The Ross Sea is arguably the best studied region in the Southern Ocean, as it has been the site of numerous oceanographic investigations since the time of the early explorers. It is the site of four large science bases (McMurdo, Scott Base, Zucchelli Station, and Jang Bogo Station) run by the governments of the United States, New Zealand, Italy and Korea, all of which conduct research during large portions of the year, and will soon be joined by the Chinese base "Qinlin Station" once it begins operation. Despite these efforts, substantial unknowns exist within the system. For example, the role of zooplankton in the removal of phytoplankton, winter ecosystem structures and flux of organic carbon to depth remains unclear, as are the causes of the large interannual variations in ice concentrations and distributions. One thing is clear: the Ross Sea plays a significant role in global ocean circulation (via Antarctic bottom water formation), carbon cycles (by its extensive productivity, carbon flux and potential vertical transport of organic matter to depth), controlling ice concentrations of the entire Southern Ocean, and impacting fisheries resources

大洋的科学认知。

　　数值模式和观测能较为准确地刻画陆架上的环流结构，主要包括沿海槽入侵的流动以及将阿蒙森海水体输运至罗斯海的沿岸流。然而一年中海冰覆盖季节的观测数据明显不足，对秋冬季生态系统功能的了解也几乎处于空白。罗斯海以拥有南大洋营养层种群最大生物量而闻名，是世界上最大的企鹅聚居地，也是海洋哺乳动物的重要栖息地，因此该海域具有重大的生物学研究意义。然而令人惊讶的是，目前人们尚不清楚如此庞大储量的浮游生物和磷虾如何获得能量支撑。如同其他待解决的科学问题一样，深入认知生态系统食物网也是我们面临的一项巨大挑战。同样，尽管该区域存在大量的生物硅沉积，但大部分相关的生物碳却被再矿化，而不是被埋藏，大陆架上有机物质的整体收支量仍然难以被准确估量。鱼类，尤其是小型鱼类侧纹南极鱼（*Pleuragramma antarcticum*），尽管其在食物网中发挥着核心作用，但它的生态作用几乎完全未知。

over broad areas. With an extensive data base from previous research, it is possible to address significant questions dealing with the system. Understanding these and other features of the Ross Sea will provide an increased appreciation of the entire Southern Ocean.

　　Models and observations have accurately depicted the circulation on the continental shelf; it is dominated by onshore flow in troughs as well as a coastal current that brings water from the Amundsen Sea region. However, there is a notable lack of data in the ice-covered portions of the year, and knowledge of autumn/winter ecosystem function in completely lacking. Its biology is of great interest, since it has the Southern Ocean's largest stocks of upper trophic levels, and is the site of the world's largest penguin colonies, also is the important habitat of marine mammals. Surprisingly, how these massive stocks as plankton and krill are energetically supported is unclear. Understanding the food web is challenging as many aspects remain unsolved. Similarly, while there are massive deposits of biogenic silica, much of the associated biological carbon appears to be remineralized rather than sequestered; a full budget of organic matter on the continental shelf remains elusive. The role of fish, especially small Antarctic herring (*Pleuragramma antarcticum*) is almost completely unknown, despite its central role in the food web.

随着新型破冰船、生物光学浮标和自主探测等新技术的发展和新型实验方法（如浮游生物分子生物学）的应用，罗斯海科学研究将进入一个崭新的时代。可以肯定的是，在梳理前人已有的科学认知的基础上，我们对罗斯海生态系统的理解在未来十年将会得到显著提升。

Oceanography is poised on a decade of novel research in the Ross Sea with the advent of new icebreakers, novel technologies such as BioArgo floats and autonomous vehicles, and new experimental approaches (e.g., molecular methods to study the plankton). Combined with our previous knowledge, it is almost certain that our understanding of the entire Ross Sea system will increase significantly in the coming decade.

Walker Orson Smith
上海交通大学讲席教授
（罗玮 郭瑞哲 译）

前　言

极地生态系统贡献的碳埋藏量占全球大洋的 25%~50%，每年具备增加初级生产力 100 亿~1000 亿 t 碳的潜力；北冰洋和南大洋又是大洋深层水和底层水形成的区域，不仅驱动全球大洋环流，其深对流也是溶解碳和颗粒碳深埋的重要机制。极地初级生产力、环流和对流、碳的源汇格局与气候变化息息相关。与此同时，极地生态系统具有丰富的生物多样性和巨大的生物资源产出潜力（仅南极磷虾就有 4 亿~6 亿 t）；极地微生物因其极端环境抗逆性（耐寒、耐旱、耐高压），而具有潜在的研究和利用价值。气候变化下的极地面临冰川融化、生态变迁、人类影响等一系列挑战，持续关注气候变化下极地生态系统的敏感性与脆弱性，已成为科学界的热点议题。

人类在南极的足迹已有近 200 年的历史。从人类在南极猎取超过 95%的鲸和海豹，到随后建立国际公约保护南极生态环境；从 1984 年我国第一支南极考察队成立时提出"为人类和平利用南极做出贡献"，到 2024 年 2 月秦岭站建成时习近平总书记提出"同国际社会一道，更好地认识极地、保护极地、利用极地，为造福人类、推动构建人类命运共同体作出新的更大的贡献"，各国极地科学家持续不断地在极地生态系统保护研究领域深耕细作。我国南极秦岭站的建成，为我国极地科学工作者开展科学研究提供了必要条件。如何依托秦岭站、"雪龙"号和"雪龙 2"号科考船在罗斯海开展南极科考活动，建立国际合作并深度参与南极治理是值得探讨的话题之一。本书系统地梳理了南极罗斯海生态系统、重要生物资源的现有研究成果，提出了该海域未来应对气候变化的策略，并对未来相关研究提出建议，以期提升我国在极地环境保护、生态修复和国际公约履行方面的基础支撑能力。

本书由中国极地研究中心（中国极地研究所）、上海交通大学、中国科学院深海科学与工程研究所和北京师范大学的一线极地科学家共同编写完成。全书编写分工如下：罗斯海水文、环流和海冰由张召儒副教授撰写；营养盐和痕量金属、生物地球化学过程由张瑞峰研究员撰写；生物部分，初级生产力、净初级生产力和浮游植物组成由冯媛媛副教授撰写，微生物多样性、分布特征由罗玮研究员撰写，浮游动物由咸昊辰博士撰写，底栖生物、保护区由曾聪副研究员撰写，鱼类和犬牙鱼部分由曾旭助理研究员撰写，磷虾由刘子俊博士撰写，哺乳动物由李松海研究员和林明利副研究员撰写，鸟类由邓文洪教授撰写；罗斯海生态系统建言由周朦教授与编写组共同完成；全书由罗玮研究员统稿。

本书得到了咨询顾问组各位专家，以及极地生态学研究领域诸多学者的大力支持，亦获得了长期致力于罗斯海生态系统研究的著名学者、被誉为"罗斯海先生"的 Walker Orson Smith 教授的支持。本书在编写过程中得到了国家海洋局极地考察办公室的指导与支持。本书的出版获得了国家极地科学数据中心项目和国家极地考察业务经费的资助。在此一并表示感谢。

本书旨在整合现有研究手段，提升对南极罗斯海的观监测能力，以便对该区域的生态环境、生物多样性、生物资源状况实现更好的保护和认知。

书中若有不足之处，恳请同行和读者批评指正。

周　朦

2024 年 1 月

内 容 提 要

本书系统性梳理了南极罗斯海生态系统状况，可为进一步判明南极罗斯海生态系统及生物多样性监测工作中的认知空白或不足之处提供参考。

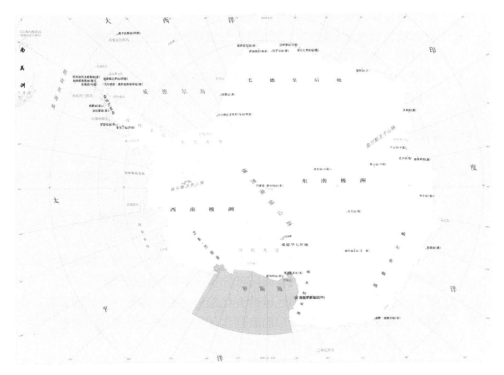

南极罗斯海位置图

根据已经公开发表或发布的有关南极罗斯海的信息，可以得出如下结论。

1. 罗斯海物理过程

- 南大洋的绕极深层水沿海槽入侵至罗斯海陆架，绕极深层水本身富含的营养盐和痕量金属及其导致冰架融化后释放的营养盐、痕量金属、有机物对于罗斯海生物生产力具有促进作用。
- 罗斯海底层水起源于高生产力的冰间湖区域，底层水生成时的海洋深对流及向陆坡外的输送过程是陆架表层海水吸收的碳向大洋底部迁移埋藏

- 罗斯海的环流系统调控着磷虾等关键物种幼体的输送和空间分布。
- 海冰密集度的季节变化、年际变异及长期趋势影响罗斯海的光照强度和生物生产力。

2. 罗斯海常量营养盐和痕量金属

- 洋流输运、冰海相互作用和浮游植物的季节变化及微生物循环是控制罗斯海常量营养盐和痕量金属的主要机制。
- 受到痕量金属铁的限制，罗斯海表层常量营养盐存在过剩，常量营养盐的消耗主要发生在 11 月至次年 1 月。
- 常量营养盐和痕量金属结构决定了罗斯海的初级生产力和生态系统产出。

3. 罗斯海初级生产力和净初级生产力

- 罗斯海是南大洋初级生产力水平最高的区域之一，在全球碳循环和气候调节中发挥着重要作用。
- 罗斯海中的初级生产力，尤其是硅藻等大型浮游植物贡献的生产力，对支撑磷虾等浮游动物关键种群的生物量尤为重要。
- 罗斯海是典型的高生产力海域，初级生产力主要由光照、温度和痕量金属铁的浓度调控，具有明显的区域性和季节性变化规律。
- 罗斯海表层初级生产力的区域性变化趋势主要由海冰覆盖、海洋层化、痕量金属所决定，其西南部的表层水体初级生产力显著高于其他区域，并以硅藻为主要初级生产者。
- 海温、层化、光照、海冰融化和洋流输入带来的溶解铁浓度变化导致了罗斯海初级生产力的季节性变化，通常在春夏季（11 月至次年 2 月）生产力水平较高，并在 12 月初达到最高值。
- 罗斯海净初级生产力及种群结构的变化将对南大洋食物网产生连锁的生态效应，但在气候变化场景下对罗斯海初级生产力进行预测需要考虑多重环境因子共同变化的复杂条件，具有不确定性。

4. 罗斯海微生物

- 不同水团生物地球化学特征决定了浮游细菌和浮游真核生物群落生物多样性特征。拟杆菌门和变形菌门是罗斯海的优势原核生物类群。病毒生态位尚未被明确。
- 罗斯海沉积物中广古菌门、泉古菌门和 MCG 是主要的古菌类群，而半知菌门和子囊菌门是主要的真菌类群。
- 罗斯海浮游微生物的生物量存在显著的季节差异，春季浮游细菌生物量较低，但随着季节性浮游植物的大量繁殖，浮游细菌生物量和活性都有所增加。
- 罗斯海浮游细菌生产力峰值出现在夏末南极棕囊藻水华消退后，呈现显著的浮游细菌和浮游植物生产力的季节性演替特征。浮游细菌生物量垂向分布显示水柱上层约 150 m 为主要贡献水层。
- 粒径 200 μm 以下的浮游微生物以硅藻和南极棕囊藻为代表在罗斯海扮演着非常关键的生态和生物地球化学角色。

5. 罗斯海浮游植物

- 与南大洋其他海域相比，罗斯海浮游植物生物量较高，浮游植物以硅藻和南极棕囊藻为优势类群。
- 驱动罗斯海浮游植物分布的主要因素有光照、温度及溶解铁浓度。
- 罗斯海浮游植物种群演替具有明显的季节性变化，春季叶绿素主要由南极棕囊藻贡献，南极棕囊藻丰度在 12 月中旬达到最高值；而夏季叶绿素主要由硅藻贡献，在 1 月中旬前后出现大规模硅藻水华。
- 气候变化引起的海水酸化、海表升温、层化加剧、海冰融化等现象将会对罗斯海浮游植物生物量及群落结构产生深远影响。据预测，罗斯海浮游植物细胞平均粒径将持续呈现变小趋势，温水种也将会逐渐取代冷水种成为新的优势种群。

6. 罗斯海浮游动物

- 罗斯海的浮游动物主要由桡足类、翼足类、毛颚类、海樽类、介形类、端足类和纤毛虫等类群组成。
- 中型浮游动物水平分布密集区集中在罗斯岛附近，不同浮游动物的丰度在陆架坡折区域变化了两个数量级，在冰架附近和靠近维多利亚地海岸的海域变化了一个数量级。
- 表层到 25 m 水深为中型浮游动物垂直分布高值区。
- 中型浮游动物有强烈的昼夜和季节性垂直迁移。

7. 罗斯海底栖生物

- 罗斯海底栖动物占据绝对数量优势，节肢动物、软体动物、腔肠动物、多孔动物和棘皮动物为底栖动物常见类群。
- 罗斯海的底栖生物主要分布在罗斯冰架以外的维多利亚地近岸海域，呈现密集分布，且明显高于罗斯海海域外。
- 罗斯海底栖动物在不同类型底质上都出现了垂直方向上的群落演替。

8. 罗斯海鱼类

- 罗斯海鱼类主要分为大型底栖鱼类、中型底栖鱼类、小型底栖鱼类、中上层鱼类。
- 罗斯海捕捞鱼类的香农指数和辛普森指数在2000~2006年的变动幅度较大。2006年以后，罗斯海捕捞鱼类的多样性总体呈较为平稳的变化趋势。
- 气候变化造成了侧纹南极鱼产卵栖息地减少，威胁其种群健康。预计未来进一步的区域变暖可能会使侧纹南极鱼种群迁移。

9. 罗斯海海洋哺乳动物

- 罗斯海是南大洋海洋哺乳动物重要分布区，栖息着共计14个物种，包括5种须鲸、4种齿鲸和5种海豹。其中南极小须鲸占全球种群数量的6%，C型虎鲸约占全球数量的50%，食蟹海豹和威德尔海豹各占太平洋种群数量的17%和70%。
- 海洋哺乳动物可能是罗斯海历史上受人类活动影响最大的生物类群。历史上的捕鲸活动导致蓝鲸、长须鲸和大翅鲸等在罗斯海已经难得一见，并对生态系统产生了深刻影响。
- 气候变化将严重影响以海冰为栖息地和繁育场所的定居型海豹生存，并通过影响初级生产力和磷虾生物量而改变南极小须鲸等滤食性鲸类的分布和种群数量。

10. 罗斯海鸟类

- 罗斯海是南大洋鸟类的重要分布区，分布和栖息着25种鸟类，包括3种企鹅和22种飞鸟。其中，阿德利企鹅的数量高达约300万只，占全球总数量的38%；帝企鹅的数量超过20万只，占全球总数量的26%；南极鹱的数量约 500 万只，占全球总数量的 30%；雪鹱的数量约 100 万只，占全球总数量的 30%。
- 罗斯海帝企鹅总体数量略有下降；阿德利企鹅总体数量呈现上升趋势；灰背信天翁、南极鹱、雪鹱、花斑鹱、银灰暴风鹱等种群数量年际间有小幅波动，总体趋于稳定。
- 气候变化将导致帝企鹅丧失繁殖栖息地，也会导致阿德利企鹅改变取食路线和取食地，对飞鸟的繁殖、取食、栖息和种群数量也会产生影响。

11. 罗斯海生物资源——磷虾

- 罗斯海磷虾种群主要为南极大磷虾和晶磷虾，其是罗斯海食物网的核心物种，它们是初级生产者和上层营养级之间的纽带；同时也是生源要素和碳循环的关键物种。
- 在分布上，南极大磷虾主要分布在靠近陆架和陆坡区域，晶磷虾具有强季节性分布，分布在西部大陆架上，以近岸分布为主。
- 从捕捞渔业来看，自 1987 年以来，位于 88 海区的罗斯海地区便不再出现商业性南极大磷虾捕捞活动。
- 海冰覆盖率、盐度和叶绿素浓度均有可能影响南极大磷虾的分布。

12. 罗斯海生物资源——犬牙鱼

- 目前罗斯海全域的犬牙鱼资源量约为 49 139 t。2012～2015 年罗斯海陆架海域的犬牙鱼生物量呈下降趋势，2016 年开始增长，2017 年达到峰值，2018 年下降至约 2000 t。
- 1998～2005 年罗斯海犬牙鱼捕捞量快速增长。2005 年后捕捞量虽有波动，但年捕捞量维持在 2400 t 之上。2014 年和 2017 年罗斯海犬牙鱼捕捞量急剧下降。2018 年开始快速下降，至 2021 年下降至约 1600 t。
- 新西兰对犬牙鱼的捕捞历史最为悠久。2002 年，俄罗斯成为第二个开始捕捞罗斯海犬牙鱼的国家。尽管韩国在 2004 年才开始捕捞犬牙鱼，但它的历史捕捞量位居全球第二。

13. 罗斯海保护区

- 罗斯海保护区的设立，要求对区内生物资源有计划和有监督地捕捞，并对区内生物资源和生态系统进行长期监测，目前现有的监测工作远没有达到承诺的水平，需要在国际上进一步呼吁。

- 保护罗斯海食物网结构和生态功能，通过保护栖息地，对当地的哺乳动物、鸟类、鱼类和无脊椎动物进行必要的保护。
- 提供濒危鱼类种群的研究资料，更好地研究气候变化对鱼类生态效应的影响，提供更好的研究南极海洋生态系统的机会。
- 为罗斯海犬牙鱼的栖息地提供特殊保护。
- 为南极海洋哺乳动物、鸟类的栖息地提供特殊保护。
- 保护磷虾。
- 关注磷虾、犬牙鱼等典型生物资源的可持续利用性。

目　录

第1章　罗斯海生态系统状况 ... 1
1.1　物理过程 ... 1
- 1.1.1　罗斯海的主要水团和环流 ... 1
- 1.1.2　罗斯海海冰的季节、年际与长期变化 ... 6
- 1.1.3　冰间湖冰-海-气耦合过程及底层水生成过程 ... 7
- 1.1.4　罗斯海陆坡区域绕极深层水入侵和南极底层水出流过程 ... 10
- 1.1.5　气候变化背景下的罗斯海环流与水团变化趋势 ... 12
- 1.1.6　罗斯海冰-海物理过程的观测和数值模拟进展 ... 15
- 参考文献 ... 22

1.2　常量营养盐和痕量金属 ... 28
- 1.2.1　基础水文化学 ... 29
- 1.2.2　常量营养盐 ... 32
- 1.2.3　痕量金属 ... 38
- 1.2.4　小结及建言 ... 44
- 参考文献 ... 45

1.3　初级生产力和净初级生产力 ... 48
- 1.3.1　初级生产力和净初级生产力区域性分布规律 ... 51
- 1.3.2　初级生产力和净初级生产力季节变化规律 ... 53
- 1.3.3　气候变化下初级生产力和净初级生产力的长期变化趋势 ... 55
- 参考文献 ... 57

1.4　微生物 ... 59
- 1.4.1　微生物多样性 ... 60
- 1.4.2　微生物分布特征及驱动因素 ... 63
- 1.4.3　小结及建言 ... 66
- 参考文献 ... 67

1.5　浮游生物 ... 69
- 1.5.1　浮游植物多样性 ... 69

- 1.5.2 浮游植物分布特征及驱动因素 … 72
- 1.5.3 浮游动物种群组成和空间分布特征 … 75
- 1.5.4 气候变化下的罗斯海浮游生物种群组成变化趋势 … 80
- 1.5.5 小结及建言 … 82
- 参考文献 … 83

1.6 底栖生物 … 86
- 1.6.1 种类和组成 … 86
- 1.6.2 群落特征 … 100
- 1.6.3 分布特征 … 101
- 1.6.4 小结及建言 … 106
- 参考文献 … 106

1.7 鱼类 … 111
- 1.7.1 监测现状 … 111
- 1.7.2 常见种状况 … 113
- 1.7.3 关键种——侧纹南极鱼 … 119
- 1.7.4 鱼类种群变动趋势 … 121
- 1.7.5 多样性变动 … 123
- 1.7.6 气候变化对罗斯海鱼类的潜在影响 … 124
- 1.7.7 小结及建言 … 126
- 参考文献 … 127

1.8 海洋哺乳动物 … 128
- 1.8.1 海洋哺乳动物物种 … 130
- 1.8.2 海洋哺乳动物的时空分布特征 … 135
- 1.8.3 海洋哺乳动物的生态作用和捕鲸业影响 … 139
- 1.8.4 气候变化对罗斯海海洋哺乳动物的影响 … 141
- 1.8.5 小结及建言 … 144
- 参考文献 … 144

1.9 鸟类 … 146
- 1.9.1 常见鸟类物种 … 148
- 1.9.2 气候变化对罗斯海鸟类的潜在影响 … 154
- 1.9.3 小结及建言 … 156
- 参考文献 … 156

第2章 罗斯海生物资源 ······ 160
2.1 磷虾 ······ 160
2.1.1 磷虾主要种类及其资源分布 ······ 161
2.1.2 磷虾种群变动及其影响因素 ······ 171
2.1.3 小结及建言 ······ 173
参考文献 ······ 175
2.2 罗斯海犬牙鱼 ······ 177
2.2.1 罗斯海犬牙鱼的空间分布 ······ 178
2.2.2 罗斯海犬牙鱼的资源变动 ······ 179
2.2.3 罗斯海犬牙鱼资源捕捞动态 ······ 180
2.2.4 犬牙鱼的保护现状 ······ 183
2.2.5 小结及建言 ······ 183
参考文献 ······ 184

第3章 罗斯海生态系统建言 ······ 185
3.1 中国在罗斯海的监测断面调查现状 ······ 185
3.2 罗斯海生态系统保护建议 ······ 186
3.3 依托南极秦岭站建设"南极海洋国家重点野外科学观测研究站"的建议 ······ 188
3.4 设立联合国"海洋十年"之"南大洋秋冬季生态与碳埋藏研究计划"暨南大洋国际共享航次的建议 ······ 188

第4章 罗斯海地区的保护区 ······ 191
4.1 保护区目标 ······ 191
4.2 未来面对的挑战 ······ 191
4.2.1 气候变化 ······ 191
4.2.2 人类活动 ······ 192
4.3 保护区分区 ······ 192
4.3.1 分区划分 ······ 193
4.3.2 分区管理目标 ······ 194
4.4 保护区管理 ······ 196
4.5 小结及建言 ······ 196
参考文献 ······ 196

附录 罗斯海地名中英文对照表 ······ 198

第 1 章　罗斯海生态系统状况

1.1　物理过程

南大洋的罗斯海是南太平洋深入南极洲的大型海湾（图 1.1），位于南极维多利亚地与玛丽伯德地之间，西经 158°和东经 170°之间。其南侧毗邻南极最大的冰架——罗斯冰架（Ross Ice Shelf，RIS），面积约为 52 万 km^2，平均厚度为 370 m。罗斯海陆架面积约为 47 万 km^2，平均水深为 530 m，至大陆架坡折处增加到 700 m（Smith et al.，2012）。罗斯海陆架上存在若干由历史时期冰川运动切割出来的大致沿南北走向的海槽，包括德里加尔斯基海槽、乔迪斯海槽和格洛玛挑战者海槽等。这些海槽是罗斯海水团流动至外海，以及大洋水团入侵后流动至罗斯海近岸和冰架的重要通道，同周围的浅滩一起，对罗斯海陆架环流、沉积过程以及生物地球化学过程产生重要的影响。

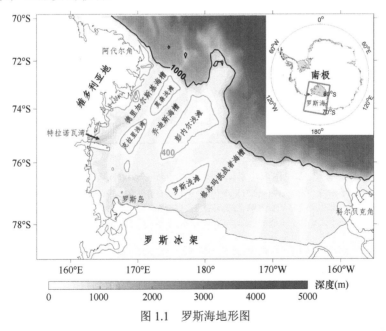

图 1.1　罗斯海地形图

1.1.1　罗斯海的主要水团和环流

南大洋是全球大洋水团的交汇融合区（Deacon，1984；Talley，2013），水团的生成和运动过程对于南大洋生源要素碳的输运发挥着至关重要的作用。罗斯海作为南大洋的重要组成部分，也是人们涉足南大洋以来，开展科学考察和相关研究工作较多的海区之一。由于南大洋的连通性，其主要水团在罗斯海均有所体现（图1.2），但它们同时也具备罗斯海的区域性特征。Orsi 和 Wiederwohl（2009）依据中性密度将罗斯海主要水团划分为三层（图 1.3）：上层主要为南极表层水（Antarctic surface water，AASW），中层主要为绕极深层水（circumpolar deep water，CDW）和改性绕极深层水（modified circumpolar deep water，MCDW），底层主要为南极底层水（Antarctic bottom water，AABW）、陆架水（shelf water，SW）和改性陆架水（modified shelf water，MSW），计算得上、中、底三层水团在罗斯海陆架上的体积占比分别为 25%、22%和 53%。各水团具体特征及其在罗斯海的分布和运动情况如下。

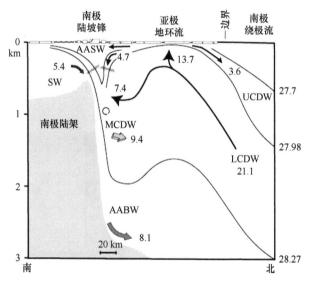

图1.2　南大洋水团经向断面分布（Stover，2006）

黑色实线为中性密度等值线（图中数据单位为 kg/m³），带有数字的箭头表示基于氯氟烃（chlorofluorocarbon，CFC）收支得到的水团输运量和生成速率。AABW. 南极底层水；LCDW. 下层绕极深层水；MCDW. 改性绕极深层水；UCDW. 上层绕极深层水；AASW. 南极表层水；SW. 陆架水

位于罗斯海最上层的是南极表层水（AASW），海-冰-气交界面的复杂过程使得其温盐范围波动较大（$-2.3℃<\theta<2℃$，$33<S<34.4$）（Stover，2006）。冬季，海表冷却、结冰和强混合作用使得 AASW 深厚，Porter 等（2019）利用剖面浮标观测表明，此时罗斯海表层海水温度、盐度、深度分别可达$-1.8℃$、34.34、250～500 m；而在夏季，太阳辐射对表层海水的加热增强，海冰融化，混合层变浅，同时在次表层出现冬季残留的低温海水。而罗斯冰架的存在，也会使当地海表出现温度低于冰点的冰架水（ice shelf water，ISW）。

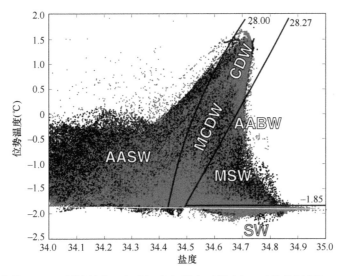

图 1.3　罗斯海 2000 m 以浅站位（红点）和气候态（黑点）T（位势温度）-S（盐度）图
(Orsi and Wiederwohl, 2009)

黑色实线为 28.00 kg/m³ 和 28.27 kg/m³ 中性密度等值线，水平白线为表层海水冰点。主要水团为：南极表层水（AASW）、改性绕极深层水（MCDW）、绕极深层水（CDW）、改性陆架水（MSW）、陆架水（SW）、南极底层水（AABW）

　　绕极深层水（CDW）是南大洋最为深厚的水团，它具有暖、咸、低氧的特征，被南极绕极流（Antarctic circumpolar current，ACC）裹挟向东运动（Whitworth and Nowlin，1987）（图 1.4）。在罗斯海陆坡以外，顺时针方向的罗斯环流将 CDW 带至陆坡附近。随着 CDW 南侵和上涌，在大陆架坡折处与陆架水相遇形成了南极陆坡锋（Antarctic slope front，ASF）及西向南极陆坡流（Antarctic slope current，ASC），此处水团混合及物质能量交换剧烈，生物生产力很高（Jacobs，1991）。根据 Thompson 等（2018）对南极陆架的划分，罗斯海东部大部分陆架属于"淡（水）陆架（fresh shelf）"，其 ASF 的等密度面自外海向近岸由海表向大陆坡倾斜并相交，这种锋面结构阻碍了 CDW 直接向陆架入侵并导致陆架上海水盐度较低。罗斯海西部大部分陆架属于"重（水）陆架（dense shelf）"，其 ASF 具有独特的"V"形结构，该结构既能容纳 CDW 向岸方向的入侵，也能容纳高密度陆架水（dense shelf water，DSW）离岸方向的出流。CDW 在向陆架入侵的过程中会和周围 SW 和 AASW 混合，形成性质介于二者之间的改性绕极深层水（MCDW）（Stover，2006）。CDW 入侵具有显著的季节变化，夏季较强，秋冬季较弱（Wang et al.，2023；图 1.5），该特征与罗斯海表层风应力旋度及其所致的海洋水体输运变化有关。

　　冬季，罗斯海陆架上的 AASW 和相对较暖的 MCDW，可以在冷却及结冰作用下生成高密的陆架水（SW），其温度接近冰点，盐度在 34.50 以上，最高可达 35（Orsi and Wiederwohl，2009）。研究表明，罗斯海 SW 在 175°E 以东盐度低，

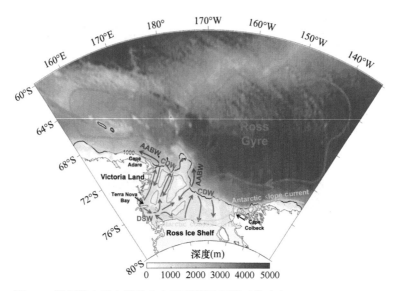

图 1.4 罗斯海主要水团的分布及环流示意图（修改自 Chen et al.，2023）

CDW 为绕极深层水，DSW 为高密度陆架水（亦称高盐陆架水，HSSW），AABW 为南极底层水。环流包括罗斯海陆坡外的大尺度环流——罗斯环流、南极陆坡流（Antarctic slope current）以及南极沿岸流（Antarctic coastal current）。Ross Gyre. 罗斯环流；Victoria Land. 维多利亚地；Terra Nova Bay. 特拉诺瓦湾；Ross Ice Shelf. 罗斯冰架；Cape Adare. 阿代尔角；Cape Colbeck. 科尔贝克角

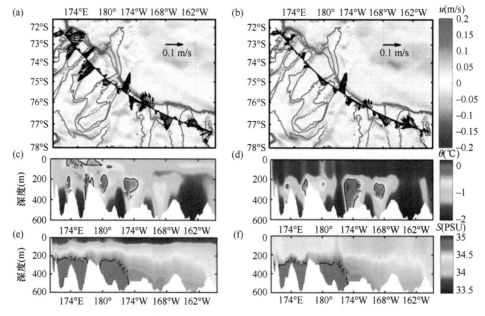

图 1.5 罗斯海绕极深层水在 2 月（左图）和 8 月（右图）的入侵特征（Wang et al.，2023）。(a) 和 (b) 为深度平均的东西向流速分布以及沿 1000 m 等深线的流场分布；(c) 和 (d) 为沿 1000 m 等深线的位势温度（θ）分布；(e) 和 (f) 为沿 1000 m 等深线的盐度（S）分布

而以西盐度高（Orsi et al.，1999；Chen et al.，2023；图1.4）。在低温SW和其上层MCDW之间，由垂向混合作用所生成的性质介于二者之间的水团，称为改性陆架水（MSW），其位势温度一般高于-1.85℃。由于MSW靠近罗斯海海槛，一旦生成便容易沿陆坡潜沉，最终变为南极底层水进入大洋海盆。AABW的生成和输送过程对于南极陆架海区吸收固定的碳向大洋深层的迁移埋藏发挥着重要作用（Murakami et al.，2020）。前人研究表明，罗斯海西部SW和CDW混合形成的AABW盐度较高，而罗斯海东部ISW和CDW混合形成的AABW盐度较低，两种AABW均表现低温、高含氧量的特征（Jacobs et al.，1970）。观测显示，该高密度的溢出流虽然厚度可达100 m，但宽度仅为20 km，说明其只是小尺度局地过程（Bergamasco et al.，2002）。罗斯海是AABW的重要源地，部分AABW可以沿陆坡底部向西流动，从太平洋扇区进入印度洋扇区（Orsi et al.，1999）。模式结果表明，从罗斯海溢出的AABW可以达到3～4 Sv（Dinniman et al.，2003），而太平洋和印度洋扇区的总贡献可以占到AABW生成量的40%（Orsi et al.，1999）。长期观测结果显示，罗斯海HSSW在近50年呈现出盐度下降的趋势，抑制了AABW的生成，但自2014年开始，在南极环状模和厄尔尼诺的共同作用下，海冰增多，HSSW的盐度又开始上升，AABW的生成量也逐渐恢复（Jacobs et al.，2002；Castagno et al.，2019；Silvano et al.，2020）。

太阳辐射、风场、海冰生消等导致的外部强迫，以及扩散作用、洋流运动等导致的内部混合，均对罗斯海水团性质有重塑作用；而水团的生消、运动和变性，也深刻影响着海洋环境和气候变化。CDW的涌升以及向陆架的入侵影响罗斯海的热量平衡和冰架消融（Dinniman et al.，2015；Thompson et al.，2018），其与陆架水团混合后形成的MCDW富含营养盐和痕量金属（Gerringa et al.，2020），对南大洋生物生产力具有显著的促进作用；此外，MCDW融化冰架后，形成的冰架融水携带高含量的自然铁，也有利于初级生产过程。AABW的生成及潜沉将表层水带至深海，维持着大洋翻转环流（Orsi et al.，2001，2002；Talley，2013），同时对于南大洋深层溶解氧浓度的增加以及碳的输送也具有重要作用。

此外，与上述水团运动相关的罗斯海区域的环流对于磷虾等幼体的输运和聚集也有重要影响（Davis et al.，2017）。Davis等（2017）确定了3个南极重要物种（南极大磷虾、晶磷虾和侧纹南极鱼）在罗斯海都有一个由不同环境特征定义的生物聚集地（称为生物热点区）。其中南极大磷虾的生物热点区位于罗斯海西北部的陆坡-陆架区，在该区域入侵的CDW（Dinniman et al.，2003；Smith et al.，2007）促进了南极大磷虾的幼体发育（Ross et al.，1988；Hofmann et al.，1992）。晶磷虾和侧纹南极鱼的生物热点区位于特拉诺瓦湾附近，区域内缓慢的海表流场（Dinniman et al.，2003）有利于生物的聚集。Piñones等（2016）利用拉格朗日数值粒子追踪模拟了罗斯海环流对于南极大磷虾和晶磷虾幼体的输运作用，结果显示南极大磷虾沿着陆坡方向的流动向罗斯海输运,并在环绕艾斯林浅滩(Iselin Bank)的逆时针环流区(Dinniman et al.,2003)聚集,这是因为环流区内部的流场较为缓慢。晶磷虾则沿着外陆架的浅滩被输运和滞留,在特拉诺瓦湾的粒子追踪实验表明,环流会使得晶磷虾的幼体滞留在区域内 2 个月以上。

1.1.2 罗斯海海冰的季节、年际与长期变化

罗斯海的海冰变异规律是南大洋海冰研究的重要内容之一,其对罗斯海水团过程、生物生产力和全球气候变化等具有重要影响。前人基于卫星遥感和气象观测数据探讨了南极和北极海冰的季节性和年际变化,发现南极海冰的季节性变化比北极更加稳定。然而,南极海冰在年际变化尺度上表现出更大的不确定性,这可能是由于大气环流的影响。罗斯海是南极海冰变异最显著的区域之一,近几十年来海冰范围呈现明显的扩大趋势(Massom and Stammerjohn, 2010; Comiso et al., 2011; Lecomt et al., 2017)。海冰增长与气候变化背景下罗斯海风场、海冰北向运动以及海洋混合层底部热量的变化有关。例如,Holland 和 Kwok(2012)利用卫星观测数据分析了 1992~2010 年罗斯海海冰密集度的年际变化趋势及其驱动机制。结果表明,海冰运动的变化是罗斯海海冰密集度变化的重要原因之一(图 1.6),而这种变化主要由风场变化引起。具体来说,罗斯海区域盛行南风时,罗斯海海冰的覆盖面积和厚度增加,反之则减少。

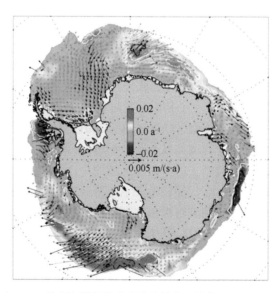

图 1.6　1992~2010 年 4~6 月南大洋的海冰密集度趋势(填色)及海冰速度趋势(箭头)的空间分布(Holland and Kwok,2012)

尽管海冰范围呈现长期扩大趋势，但也存在显著的年际和季节变异，其变化受到阿蒙森低压（Amundsen Sea Low，ASL）、厄尔尼诺-南方涛动（ENSO）等大气环流及气候模态的影响。在年际尺度上，罗斯海海冰变化主要受到两种因素的作用：一是海洋热含量的变化，其主要受到来自太平洋的海洋热量输送的影响，地形作用下较暖的深层水流汇入导致北侧海冰边缘处深层到表层热通量的增加，进而限制了罗斯海海冰覆盖范围的进一步延伸（Comiso et al.，2011）；二是大气环流的变化，其主要受到 ENSO 等气候模态的遥相关作用，ENSO 可通过波列模式（wave train pattern）如太平洋-南美模态（Pacific South American Mode，PSA）或改变哈得来环流对罗斯海区域的海冰场进行调控（Dash et al.，2013；Irving and Simmonds，2016）。例如，当厄尔尼诺事件出现时，罗斯海的海冰通常会减少，而拉尼娜事件则相反。平流层极涡强度通过影响阿蒙森低压也会对罗斯海海冰范围产生显著影响。当极涡强度减弱时，阿蒙森低压加深，罗斯海北部的海冰覆盖范围显著扩大（Wang et al.，2021）。

1.1.3 冰间湖冰-海-气耦合过程及底层水生成过程

南极近岸冰间湖定义为由海冰环绕的大型开阔水域，主要是由南极较强的下降风驱动海冰产生离岸的运动而形成。春季，冰间湖较低的海冰密集度（一般低于 20%）使得该区域可以接收更多的光照，进而成为南大洋的高生产力区域（Arrigo et al.，2003）。位于罗斯海的罗斯冰架冰间湖是南大洋面积最大、产冰量最高的近岸冰间湖。春季罗斯冰架冰间湖展现出显著的年际变化，并以面积纬向变化为主，这种变化会影响浮游植物水华的范围、磷虾和犬牙鱼的丰度，以及企鹅和海豹的觅食轨迹（Gerringa et al.，2015；Yang et al.，2018）。阿蒙森低压作为西南极区域重要的气候低压系统，会通过影响罗斯海区域的风速和净热通量而对春季罗斯冰架冰间湖的面积产生影响（Wang et al.，2022）。南半球冬季期间，冰间湖区域较强的海气热交换会导致大量的新冰产生，因此近岸冰间湖也被称为南极"产冰工厂"。南大洋大约 10%的海冰产自近岸冰间湖区域（Tamura et al.，2008），同时新冰形成时伴随的盐析过程会导致该区域形成致密寒冷的水团——高密度陆架水（DSW），该水团会与冰架融水和 MCDW 混合，并进一步下沉到大洋底部，从而形成 AABW（Talley et al.，2011）。AABW 作为全球经向翻转环流最底层的一环（Comiso and Gordon，1998；Ohshima et al.，2013），对全球热量调控起着不可或缺的作用，也是碳向深海迁移埋藏的重要途径。

Bromwich 和 Kurtz（1982）发现南半球冬季期间特拉诺瓦湾附近的下降风是驱动该区域近岸冰间湖形成和维持的主要机制。并且大约 60%的罗斯冰间湖的形成与局地下降风具有显著的正相关关系（Bromwich et al.，1993，1998）。前人基于数值模拟的相关研究进一步揭示了下降风对南极近岸冰间湖中结冰过程的影响。利用耦合的海洋-海冰数值模式的模拟结果，Stössel 等（2011）和 Zhang 等（2015）发现当模型受到更强的下降风驱动时，近岸冰间湖区域的海气热通量和产冰速率都有显著增加（图 1.7）。自 20 世纪 70 年代以来，罗斯海、威德尔海和东南极近岸冰间湖陆续被确定为南极底层水形成的主要源区（Jacobs et al.，1970；Gordon et al.，1993；Williams et al.，2010；Ohshima et al.，2013）。与近岸冰间湖中的海冰过程相比，南极水团形成过程对下降风的发生或变化的响应时间要长得多。由于观测的困难，过去对下降风对南极水团影响的研究很少。已开展的研究多利用长期数值模拟来揭示下降风对高密度陆架水和南极底层水的形成和特征的影响，以更好地理解冰间湖区域冰-海-气耦合过程及其与全球大洋环流的关系，进而与全球气候变化联系起来。

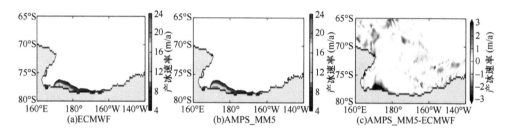

图 1.7　罗斯海区域近岸冰间湖产冰速率空间分布（Zhang et al.，2015）
(a) 利用欧洲中期天气预报中心（ECMWF）大气再分析资料驱动海洋-海冰耦合模式得到的近岸冰间湖产冰速率空间分布；(b) 利用南极中尺度预报系统（AMPS_MM5）大气再分析资料驱动得到的近岸冰间湖产冰速率空间分布；(c) 两种大气强迫场驱动下的产冰速率差异值分布

以往研究主要关注下降风对南极近岸冰间湖结冰和水团生成过程在季节尺度或更长时间尺度上的影响。然而，极地气象观测资料表明南极近岸区域的大气强迫场主要由高频天气尺度强风事件主导，这些事件通常与中尺度或天气尺度气旋的过境有关（Turner et al.，2009；Weber et al.，2016）。因此最近研究也开始关注较短时间尺度上近岸风场对南极近岸冰间湖海冰特性的影响。Dale 等（2017）发现罗斯海冰间湖在强风事件期间的海冰密集度和海冰速度具有显著的变化特征，当海冰密集度变化滞后于风速 12 h 时，其与风速的负相关性达到最强。该现象揭示海冰密集度的异常变化可能持续的时间比海冰速度异常和强风事件的持续时间更长，从侧面表明海冰在近岸冰间湖中的形成主要是通过热力学过程而不是动力学过程实现的。随后，Cheng 等（2019）基于热力学海冰模型算法，利用卫星观测数据反演得到了冰间湖区域的产冰速率，并指出罗斯冰架冰间湖中约 68%的产冰速率变化与风速的改变有关。Ding 等（2020）针对罗斯海的特拉诺瓦湾冰间湖也开展了类似的研究，主要是利用 ERA5 再分析产品探究该冰间湖面积与气温以及风速不同分量之间的关系。研究发现，在所有的气温区间，风速与冰间湖面积均存在显著的正相关性，在更高的温度区间中相关性更强。而在–30~–20℃的低温区间中，冰间湖面积与气温的相关性比与东向和北向风速的相关性更大。Wenta和Cassano（2020）选取了罗斯海区域气旋所致的典型强下降风事件，此时风速从几米每秒增长至超过35 m/s，相应的特拉诺瓦湾冰间湖的范围从几十平方千米扩大至超过2000 km²。此外，最新基于罗斯海高分辨率海洋-海冰-冰架耦合模式的研究也揭示并定量评估了罗斯冰架冰间湖区域结冰过程及高密度陆架水生成对高频气旋事件的响应特征（Wang et al., 2023）。该研究发现，当该冰间湖区域盛行天气尺度气旋时，离岸风的显著增强导致整个冰间湖内的产冰速率迅速增加20%~30%。而在中尺度气旋过境时，其东西两侧分支分别引起的离岸风变化导致产冰速率在罗斯冰架冰间湖的西侧迅速增大2倍左右，但在冰间湖东侧呈现一定的减小趋势（图1.8）。研究同时揭示了罗斯冰架冰间湖区域高密度陆架水的形成主要发生在西侧区域（167°E~176°E），并随着两种气旋下产冰速率的增大而增强。且在气旋衰减后，高密度陆架水的生成过程仍然能够持续12~60 h。加深对罗斯海冰间湖区域冰-海-气耦合过程的认识对未来研究和预测南极底层水及全球大洋环流的变异规律起着不可或缺的作用。

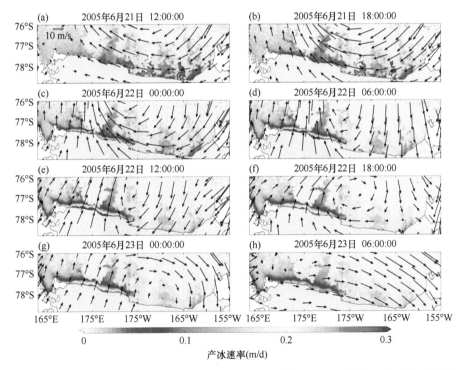

图1.8 典型中尺度气旋过境时罗斯冰架冰间湖6 h平均的产冰速率（颜色）和风场（箭头）的空间分布（Wang et al., 2023）

1.1.4 罗斯海陆坡区域绕极深层水入侵和南极底层水出流过程

罗斯海覆盖着一个深厚的大陆架,其平均深度约为 530 m(Smith et al.,2012)。大陆架南部与罗斯冰架相邻,其是地球上最大的冰架,平均厚度为 370 m(Smith et al.,2012)。大陆架北部以西北-东南走向的大陆架坡折为界限（大致沿着 700 m 等深线）。在这个界限以北（水深大于 700 m），即为海底坡度急剧变化的陆坡区域,是极地深水与大陆架浅水之间的过渡区域。陆坡区域的海洋动力过程非常复杂,有许多洋流和涡旋在这里交汇（Budillon et al.,2011；Morrison et al.,2020；Stewart and Thompson,2015），这些洋流和涡旋对于控制罗斯海和大洋的水团和能量交换以及生源要素和生物幼体的输运起着重要作用,从而影响着陆架区域生态系统和罗斯冰架的稳定性。因此,厘清陆坡区域的海洋动力过程,对于人们更好地认知罗斯海的海洋环境和生态系统具有重要意义。

罗斯海陆坡区域的水体交换呈现一个垂向翻转环流的结构,主要由上层的绕极深层水（circumpolar deep water，CDW）向岸入侵（如图 1.9 中红色水体所示）和下层的 DSW 离岸出流（如图 1.9 中深蓝色水体所示）组成。大量的 CDW 被输运至罗斯海陆坡区域,并在入侵陆架的过程中与周围的陆架水和南极表层水（AASW）混合,形成改性绕极深层水（MCDW）（Orsi and Wiederwohl，2009）。MCDW 是一种高温、高盐水团,且因其一般由深海槽入侵南极陆架,在沿海槽和

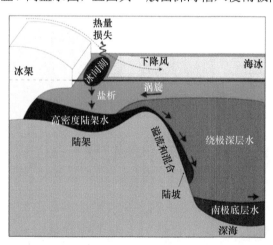

图 1.9 罗斯海陆坡区域绕极深层水（CDW）入侵和高密度陆架水（DSW）出流过程示意图
（Moorman，2020）

红色部分代表来自外海的绕极深层水跨越陆坡向陆架方向入侵。在绕极深层水的下方是高密度陆架水（DSW）的出流,用深蓝色表示。沿着冰架吹向海面的寒冷下降风使海冰远离冰架并形成了冰间湖。同时,伴随着冰间湖区域海表失去热量和结冰盐析过程,低密度的水团（如南极表层水和改性绕极深层水）转化为高密度陆架水。高密度陆架水沿着陆坡下沉最终可以形成南极底层水。陆坡区域的垂向环流结构呈现一个逆时针的经向翻转环流结构

陆架深层流动的过程中可以积累来自于沉积物的自然铁。因此，CDW/MCDW的极向输送不仅对罗斯海陆架区域的热量和盐量变化至关重要，而且对罗斯海陆架系统的初级生产力也至关重要（Smith et al.，2007，2012）。DSW 主要形成于罗斯海的冰间湖（特拉诺瓦湾和罗斯冰架冰间湖）区域，密度较低的 AASW 和 MCDW 在表层失热和结冰盐析的作用下转化为 DSW。DSW 以局部溢流的形式离开大陆架（Budillon et al.，2011；Gordon et al.，2009），最终形成 AABW，从而驱动全球大洋经向翻转环流，并且在此过程中将高生产力的冰间湖区域吸收固定的碳输送至大洋底部，对于极区碳的长期埋藏具有重要作用。罗斯海区域形成的 AABW 体积约占全球 AABW 总体积的 40%（Solodoch et al.，2022）。因此，罗斯海陆坡区域的水体交换不仅对罗斯海，而且对全球海洋的环境和气候系统发挥着关键作用。

以垂向翻转环流结构为特征的水体交换主要发生于罗斯海西北部（德里加尔斯基海槽附近）和中部（格洛玛挑战者海槽附近）的陆坡区域（Budillon et al.，2011；Orsi and Wiederwohl，2009）。美国的 Anslope 项目和意大利的 CLIMA 项目在这两个关键区域做了大量的观测。以罗斯海中部陆坡区域为例，观测剖面显示了一个清晰的垂向分层的结构：在 1000 m 深处，CDW 分布在 200~800 m 深度，向岸方向的流速可达 0.2 m/s；DSW 分布在 800~1000 m 深度，离岸方向的流速可达 0.4 m/s。长达 10 年的时间序列观测表明，DSW 的出流在罗斯海中部陆坡区域可以达到 1500 m 以上的深度，并以接近 1 m/s 的速度流动（Budillon et al.，2011）。

前人已经提出了多种机制来解释罗斯海陆坡区域的水体交换过程。对于 CDW 的入侵，主要有以下几种机制。①陆坡流和海槽的相互作用（Klinck and Dinniman 2010；St-Laurent et al.，2013）。海槽是近乎垂直凹嵌在陆坡上的一种特征地形，沿着陆坡流动的海流遇到海槽时，由于惯性的作用会沿着海槽被输运至陆架区域。②潮汐作用（Padman et al.，2009；Wang et al.，2013）。在罗斯海的西北区域，强烈的潮汐作用可以将 CDW 和 DSW 汇合形成的锋面（大致位于大陆架坡折处）周期性地进行向岸和离岸的平移，从而显著促进了 CDW 的跨陆坡向岸入侵。③下层 DSW 的出流也会促进上层 CDW 的入侵（Morrison et al.，2020；Stewart and Thompson，2015）。DSW 会引起海平面或密度界面的起伏，产生沿着陆坡的压强梯度力或密度界面上的形式应力来平衡科氏力，从而驱动 CDW 的跨陆坡入侵。④罗斯海西侧生成的 DSW 和东部冰架融水形成的水平密度梯度所诱导的 CDW 入侵（Wang et al.，2024）。

对于 DSW 的出流，主要包含以下几种机制。①海底摩擦驱动离岸方向的水体输运（埃克曼输送，Cenedese et al.，2004；Condie，1995；Ou，2005）。沿着陆坡方向的急流在海底摩擦力和科氏力的作用下，在南半球会引起离岸方向的水体输运。②强烈的潮汐作用（Padman et al.，2009；Wang et al.，2013）。在罗斯海西北部区域，潮汐的作用体现在两方面：一是潮汐作用会显著放大海底摩擦驱动离岸方向的水体输运效应（Padman et al.，2009）；二是潮汐作用导致陆坡区域的 DSW 出流伴随着潮汐频率的振荡（Han et al.，2024；2022），并会周期性地将锋面的位置进行向岸和离岸的平移，这同样也会促进 DSW 的出流。③重力流（Budillon et al.，2011；Gordon et al.，2009；Legg et al.，2009）。由于 DSW 自身密度相比于周围水体大得多，在重力作用下可以沿着陆坡下沉。

罗斯海陆坡区域的复杂水体交换对罗斯海的海洋环境和生态系统产生了重要影响，深入研究这些交换机制有助于加深对罗斯海的认识，为保护和维护罗斯海的生态平衡和环境稳定性提供科学依据。同时，对该区域的全面研究还将为全球海洋环境和气候系统的理解，以及全球海洋保护和可持续发展提供重要知识和洞见。

1.1.5 气候变化背景下的罗斯海环流与水团变化趋势

气候变化是过去几十年导致南极剧烈变化的主要外部因素，近年来在南极不同区域观测到创纪录的变暖信号，使其成为地球上受气候变化影响最显著的地区之一。模型和观测资料显示罗斯海区域的陆架水和南极底层水正在发生着显著的变淡和增暖趋势（Jacobs and Giulivi，2010；Purkey et al.，2019）。未来，罗斯海受到的主要气候变化因素及其导致的环流和水团变化特征包括如下方面。

（1）气候变化导致的海洋增暖

基于第五次和第六次国际耦合模式比较计划（CMIP5；CMIP6）多模型集合平均预估结果，21 世纪末南极大陆表面气温增加 5.1~5.3℃（Tewari et al.，2022），其中罗斯海地区也将出现大幅变暖（Bracegirdle and Stephenson，2012），随之导致海洋增暖。基于 CMIP6 多模型集合平均结果预估罗斯海陆架底层水在 21 世纪末的增暖幅度约为 0.5℃（图 1.10），并且会随着温室气体排放的增加而加剧变暖（Purich and England，2021）。尽管在过去几十年，罗斯海的海冰出现了净增加，但随着气温的增加，预计该增加趋势会被扭转，出现海冰显著减少的现象，并减弱海冰对太阳辐射的反射作用，加剧罗斯海的变暖趋势。

同时，气温升高会抑制罗斯海近岸冰间湖中的产冰和析盐过程，使罗斯海陆架水变淡，并减少高密度陆架水及南极底层水的形成。Dinniman 等（2018）使用 ECHAM5 模式对 CMIP3 A1B 排放情景下的未来气候预估数据进行区域模型强迫实验，实验结果表明，罗斯海 2085~2100 年的气温相对于 20 世纪升高约 3.4℃，陆架区域高密度陆架水的体积将减小约 13%。

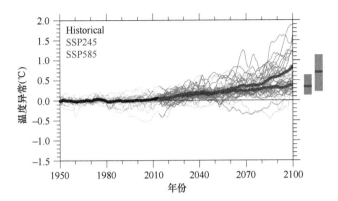

图 1.10　CMIP6 多模型预估的罗斯海陆架底层水温度异常时间序列（Purich and England，2021）

黑细线表示历史情景（Historical），SSP245（蓝细线）表示中等排放情景，SSP585（红细线）表示高排放情景，粗线为多模型集合平均结果，右侧彩色条形表示 SSP245（蓝色）和 SSP585（红色）情景下 2091～2100 年温度变化平均值和其十分位数（10%～90%）范围

（2）南极冰架融化的持续加剧

随着全球气候和海洋变暖，南极冰架未来的稳定性受到了威胁，极有可能会出现加速融化和崩解的情况，而冰架融化对气候有重要的反馈作用。很多研究表明未来罗斯冰架会出现轻微的融化增加，而南极区域主要的冰架损失出现在紧邻罗斯海的阿蒙森海。基于 CMIP5 未来气候数据驱动南极海洋-冰架耦合模式的结果显示，在高排放情景下 21 世纪末阿蒙森海冰架融化速率是 2000 年左右的两倍以上（图 1.11）（Naughten et al.，2018；Jourdain et al.，2022）。持续加剧的阿蒙

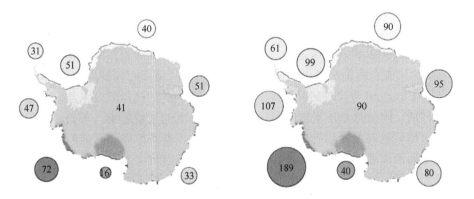

图 1.11　利用 CMIP5 在 RCP4.5（左图）和 RCP8.5（右图）下预估的多模型集合平均（MMM）大气数据驱动南极海洋-冰架耦合模式得到的冰架融化速率预估结果（Naughten et al.，2018）

数字为南极各冰架在 2091～2100 年相对于 1996～2005 年的融化速率增加百分比，其中紫色为罗斯海区域冰架，红色为阿蒙森海区域冰架

森海冰架融化会释放大量低盐的冰架融水进入海洋，并通过沿岸流向西输运到罗斯海，进入罗斯海陆架区域后会抵消产冰过程释放的盐通量，抑制深对流过程和高密度陆架水的形成，加速罗斯海陆架水变淡趋势，抑制南极底层水的形成。

淡水增多还会增强海洋层化，减弱上升流，使得由表面海气热交换导致的失热减少，进而表层冷却而次表层增暖，并加剧冰架基底的融化，释放更多冰架融水。Moorman 等（2020）使用南极海洋-海冰耦合模式，通过增加淡水径流的方式模拟未来南极冰架融水的增多情景，分别进行了两次融水增强强迫实验，在南极融水增强约 1.5 倍和 2.8 倍情景下，罗斯海陆架分别增暖约 0.29℃和 0.51℃。因此，持续增强的冰架融化会加剧罗斯海水团的变淡和变暖趋势。

（3）南半球环状模持续正相位发展

南半球环状模（Southern annular mode，SAM）是南半球热带外区域大尺度大气环流变化的主导模态，在空间结构上表现为海表气压场在高纬度和中纬度区域"跷跷板"式的反向变化。近几十年以来，由于南极臭氧含量的减少以及温室气体的增加，南半球环状模呈现显著的向正相位发展的趋势，并将会随着未来温室气体排放增多而持续变正（Zheng et al.，2013），其会导致南极周围西风增强和急流主轴向极地方向移动，在罗斯海区域会增强罗斯环流（Jacobs et al.，2002），促使更多温暖的绕极深层水入侵罗斯海陆架，加剧罗斯海次表层的变暖趋势。

（4）阿蒙森低压未来变化的影响

阿蒙森低压是位于南大洋罗斯海、阿蒙森海和别林斯高晋海区域 60°S～70°S 纬度带的气候性低压系统。与南半球环状模不同，阿蒙森低压是由平均西风气流与维多利亚地的地形相互作用引起的非纬向环流，它通过改变周围风场而对西南极气候产生重要影响。Guo 等（2020）的研究表明，近年来，阿蒙森低压持续加深，导致西阿蒙森海沿岸流出现向东异常，减少了阿蒙森海向罗斯海输入的淡水，这解释了 Castagno 等（2019）近年来在罗斯海观测到的高盐陆架水盐度快速反弹现象，体现了阿蒙森低压对罗斯海区域底层水形成的重要影响。未来，阿蒙森低压有显著增强且向极移动的趋势，该过程会增强罗斯海冰间湖区域的离岸风，减弱阿蒙森海沿岸的东风，从而增强冰间湖中的产冰过程并减弱阿蒙森海冰架融水到罗斯海的输运过程，最终促进罗斯海高密度陆架水的形成，预计部分抵消但并不会扭转未来由气温升高和冰架融化所引起的陆架水变淡趋势。

（5）ENSO 未来变化的影响

未来，预计 ENSO 变率的增强可能会加速南大洋陆架海域深层变暖并加剧冰架和冰盖的融化，但会抑制海洋表层的增暖，从而减缓海冰的减少（Cai et al.，

2023）。因此，ENSO 变率增强也会对罗斯海产生超越单独极端天气的影响，并可能对罗斯海未来气候及海冰、冰架和冰盖变化产生重要作用。

气候变化下罗斯海的水团和环流变化会显著影响生态系统和生物分布。Smith 等（2014）利用罗斯海区域的数值模式进行未来情景预估实验，结果显示罗斯海夏季海冰密集度到 2050 年将下降 56%，到 2100 年将下降 78%，同时冰间湖面积在夏季大幅扩张，到 2050 年和 2100 年分别增加 56% 和 78%。陆架区域出现浅混合层的持续时间在 2050 年和 2100 年将分别增加 8.5 天和 19.2 天，同时夏季混合层的平均深度将分别减少 12% 和 44%。这些变化会导致罗斯海未来浮游植物的生物量增加，硅藻含量增加。尽管已有大量研究聚焦罗斯海，但气候变化对罗斯海生态系统、海洋环境和冰盖影响的准确预估仍然充满了不确定性（Smith et al.，2012）。

1.1.6 罗斯海冰-海物理过程的观测和数值模拟进展

（1）观测现状

中国自第 33 次南极科学考察以来，开始针对罗斯海区域开展综合观测。第 35 次南极科学考察由声学多普勒海流剖面仪（ADCP）观测的结果（图 1.12）清楚地显示了在 300 m 深度附近，绕极深层水（CDW）在德里加尔斯基海槽和格洛玛挑战者海槽附近向陆架入侵的现象，且在格洛玛挑战者海槽处呈现明显的逆时针环流特征。

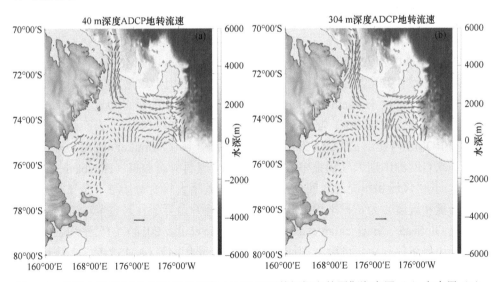

图 1.12　依据中国第 35 次南极科学考察 ADCP 观测数据提取的罗斯海表层（a）和中层（b）流场

数据由上海交通大学周朦教授处理分析

（2）数值模拟现状

近年来，上海交通大学基于国际上主流的区域海洋模式（ROMS），成功发展了覆盖罗斯海及周边阿蒙森海区域的两套高分辨率海洋-海冰-冰架耦合模式 RAISE 和 ARSIS。其中 RAISE 模式侧重于对罗斯海冰间湖过程及南极底层水生成和输送过程的模拟，ARSIS 模式侧重于对海洋和冰架相互作用过程的研究。在罗斯海的海冰、水团和环流模拟方面，两套模式均实现了与观测较为吻合的模拟效果。此外，南方海洋科学与工程广东省实验室（珠海）基于 MITgcm 建立了专门针对罗斯海区域的高分辨率海洋-海冰-冰架耦合模式，揭示了罗斯海盐度收支的季节变化规律与机制（Yan et al.，2023）；天津大学基于 NEMO 发展了罗斯海海洋-海冰-生态系统耦合模式（Zhang et al.，2023），用于开展罗斯海近惯性动能等动力过程以及物理-生态耦合过程的研究。以下对 RAISE 和 ARSIS 两套模式及其模拟结果进行简要介绍。

1）RAISE 模式

上海交通大学基于目前国际上主流的区域海洋模式（ROMS），成功建立了覆盖罗斯海和阿蒙森海的高分辨率海洋-海冰-冰架耦合模式（Ross Sea-Amundsen Sea Ice-Sea Model，RAISE）。模型区域为 85.6°S～64.2°S，143.0°E～89.9°W（图 1.13）。模型采用曲线正交网格，水平分辨率为 2～6 km，垂向包含 32 层，并在表层和底层进行了适当加密。模型地形和冰架吃水深度来自 BedMachine Antarctica v2.0 数据集（Morlighem et al.，2020）。动态海冰模型与 ROMS 模型耦合，以计算海冰的密集度和厚度（Budgell，2005），其中海冰动力学模块基于弹-黏-塑性流变学理论（Hunke and Dukowicz，1997；Hunke，2001），热力学模块采用冰-雪两层模型（Mellor and Kantha，1989；Häkkinen and Mellor，1992）。冰架模块基于方程参数化，该模块包括冰架对下方水体的力学和热力学效应（Hellmer and Olbers，1989；Holland and Jenkins，1999）。模型中的垂直动量和示踪剂混合采用 k 剖面参数化（KPP）混合方案计算（Large et al.，1994）。表面热量和淡水通量在 ROMS 内使用 COARE 3.0 体积通量算法计算（Fairall et al.，2003）。大气强迫场来自欧洲中期天气预报中心的 ERA5 大气再分析数据（Hersbach et al.，2020），其中风场和气温的时间分辨率为 3 h，其余大气变量（海平面气压、降水量、云量和湿度）为每日平均。海洋水文和流速开边界条件来自全球海洋再分析数据集 GloSea5（Maclachlan et al.，2015；Scaife et al.，2014）的日平均数据。海冰场开边界条件利用先进微波扫描辐射计-地球观测系统（AMSR-E，使用于 2011 年 10 月前）、特殊传感器微波成像仪/探测器（SSMIS，使用于 2011 年 10 月至 2012 年 8 月）和先进微波扫描辐射计 2 号（AMSR-2，使用于 2012 年 8 月后）的卫星遥感观测数据组合而来。温盐初始场来自 10 km 环南极海洋-海冰-冰架耦合模型

(Dinniman et al.，2015）。该模型还包括潮汐，15 个主要分潮（K1、S2、M4、P1、O1、Q1、S1、MS4、MN4、MF、2N2、M2、K2、MM、N2）来自全球潮汐模型 TPXO9（Egbert and Erofeeva，2002），潮汐通过海面高度和正压流数据添加到模型边界。

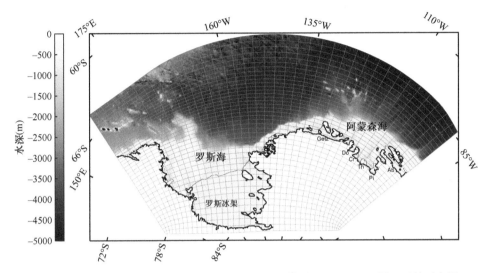

图 1.13　罗斯海和阿蒙森海的海洋-海冰-冰架耦合模型（RAISE）区域及网格示意图

同卫星遥感反演结果的对比显示，该模式能够准确刻画罗斯海两个主要冰间湖——特拉诺瓦湾冰间湖和罗斯冰架冰间湖的位置以及产冰量的空间分布特征（图 1.14）。同时，同国际上的长期观测资料对比，该模型对特拉诺瓦湾冰间湖中层和底层水文要素时间变化规律的模拟结果同观测结果具有高度一致性（图 1.15），并且能够很好地体现罗斯海底层水变淡的长期趋势（图 1.15），可为未来深入研究罗斯海南极底层水的变化规律和机制提供重要支撑。同时，上海交通大学研究团队正致力于将该模型发展成海洋-海冰-冰架-生态系统耦合模型，围绕罗斯海冰间湖和陆架的生态过程以及南极底层水输送对碳的垂直和水平迁移作用展开研究。

2）ARSIS 模式

该模型采用嵌套网格，L0 级网格平均水平分辨率为 6 km，垂向包含 50 层，并在表层和底层进行适当加密；模型地形和冰架吃水深度数据来自 BedMachine Antarctica v2.0 数据集，其 500 m 分辨率捕捉了南极地形和冰架的高分辨率细节。大气强迫场为来自欧洲中期天气预报中心的 ERA5 大气再分析数据，时间分辨率为 1 h；开边界条件采用英国 Met Office 提供的 GloSea5 海洋再分析数据集，时间分辨率为 1 天；开边界潮汐采用美国俄勒冈大学提供的 TPXO9 潮汐模型数据驱

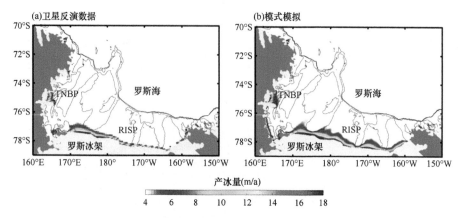

图 1.14 罗斯海年产冰量（Zhang et al.，待发表）

（a）卫星遥感反演得到的结果；（b）RAISE 模式模拟得到的结果。图中 TNBP 表示特拉诺瓦湾冰间湖，RISP 表示罗斯冰架冰间湖

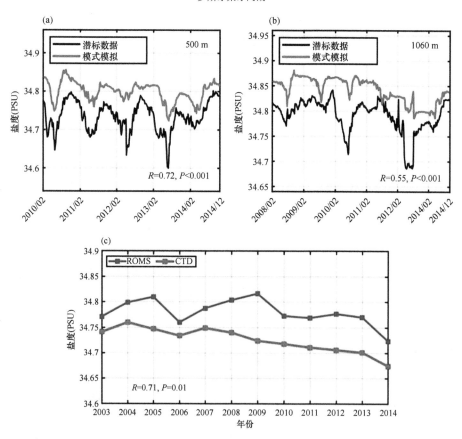

图 1.15 特拉诺瓦湾冰间湖盐度（a、b）和罗斯岛附近区域底层水盐度（c）的时间变化
（Zhang et al.，待发表）

动。模型在水平方向采用了嵌套加密方式，在动力学较为复杂的冰架边缘区域嵌套了 L1 级网格（图 1.16），加密后的分辨率约为 1 km；L0 与 L1 级网格之间使用单向嵌套。垂向混合方案采用 $k\text{-}\varepsilon$ 湍流闭合模型，以更好地模拟冰架-海洋边界层以及底边界层的混合过程。

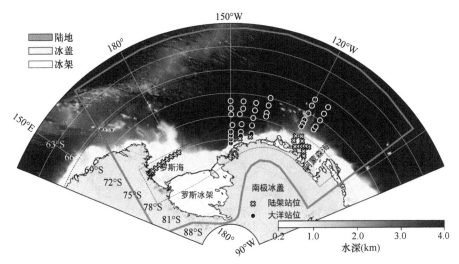

图 1.16　罗斯海-阿蒙森海模式区域（改自 Wang et al.，2024）
红色实线为模式 L0 级网格范围；红色虚线为模式 L1 级网格范围。图中●和⊗标志为第 36 次南极航次站位点

图 1.17、图 1.18 为模型 L0 级网格气候态实验在罗斯海跨陆坡断面的水文模拟结果及与世界海洋数据库（World Ocean Database，WOD）中历史实测数据对比。对比结果表明，模型模拟结果与观测数据具有显著的相关性，在跨陆架方向有较强温度梯度，能正确体现出冰架边缘和底部受热力学强迫而降温，以及陆架外温度较高的绕极深层水沿陆坡上涌、入侵陆架的过程；沿陆架方向上，模型结果体现出了西罗斯海德里加尔斯基海槽内高盐、低温的水文特征，表明模型能正确模拟高盐陆架水在罗斯冰架前缘和特拉诺瓦湾（Terra Nova Bay）内形成、沿德里加尔斯基海槽跨陆架输运的物理过程。

除水文要素外，该模型也可以正确模拟罗斯海区域的主要环流系统。图 1.19 为 L0 级网格气候态平均实验模拟结果。在开阔大洋区域，模型能正确模拟由表面风应力驱动的海表面高度异常，以及由此引起的罗斯环流系统；模拟得到的海表面高度异常以及地转流强度与前人研究结果（如 Dotto et al.，2018）基本相符。在陆坡区域，模型能正确模拟由海表面高度异常驱动的南极陆坡流；该流动沿 700 m 等深线向西传播，是区域内最强的正压流动。在陆架上，流动主要发生在由冰架边缘延伸至陆坡的海槽内，由海槽的东侧向岸流动，经冰架边缘处弯折

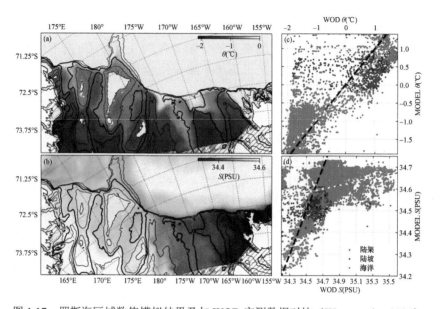

图 1.17　罗斯海区域数值模拟结果及与 WOD 实测数据对比（Wang et al.，2024）

（a）和（b）：罗斯海陆架 300 m 深度温度（θ）、盐度（S）模拟结果；（c）和（d）：数值模拟结果与 WOD 实测数据对比散点图，WOD θ. WOD 位势温度，WOD S. WOD 盐度，MODEL θ. 模式位势温度，MODEL S. 模式盐度

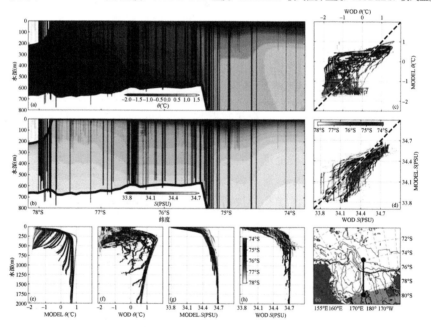

图 1.18　罗斯海跨陆坡断面模拟结果及与 WOD 实测数据对比（Wang et al.，2024）

断面位置如图（i）所示。（a）和（b）为温度（θ）、盐度（S）气候态模拟结果。图中黑点为距离断面 2 km 内实测数据位置分布。（c）和（d）为数值模拟结果与实测水文数据对比散点图。（e）～（h）为数值模拟结果和实测温度、盐度数据剖面对比。WOD θ. WOD 位势温度，WOD S. WOD 盐度，MODEL θ. 模式位势温度，MODEL S. 模式盐度

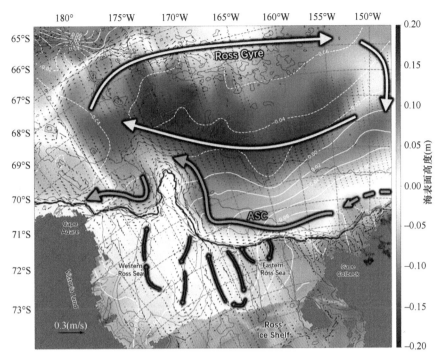

图 1.19　罗斯海海表面高度异常（填色）和正压流场（黑色箭头）气候态平均模拟结果

白色等值线为卫星反演的气候态平均海表面高度异常。粗箭头为区域内主要环流系统

Ross Gyre. 罗斯环流；ASC. 南极陆坡流；Cape Adare. 阿代尔角；Victoria Land. 维多利亚地；Eastern Ross Sea. 东罗斯海；Ross Ice Shelf. 罗斯冰架；Western Ross Sea. 西罗斯海；Cape Colbeck. 科尔贝克角

后由海槽的西侧流出，形成地形主导的环流系统；上述流场结构均在前人开展的观测工作（如 Kohut et al., 2013）中有所体现。

　　该模型能对冰架融水的生成、输运过程进行正确模拟。图 1.20 为 L1 级网格气候态实验中冰架底部融化速度和冰架融水数值示踪剂分布的模拟结果。模型正确体现了阿蒙森海陆架上冰架底部融化、生成冲淡水团，以及冲淡水团形成沿岸流的过程；该流动沿陆架和冰架边缘向西传播并跨陆架进行混合，最终传入罗斯海陆架并到达罗斯冰架边缘，对当地的水团结构、层化强度产生影响。与阿蒙森海冰架相比，罗斯冰架融化速度相对较慢，对冰-海淡水通量的贡献十分有限；这与前人对南极冰架质量平衡的研究结论（如 Rignot et al., 2013）基本一致。

　　综上所述，该模型能正确体现罗斯海区域的水文、流场特征，对区域内关键水团，如绕极深层水、高盐陆架水、冰架融水的生成、传输过程可以进行有效的模拟。该模式的运用将对理解罗斯海区域的物理、生态过程及其时间变化作出重要贡献。

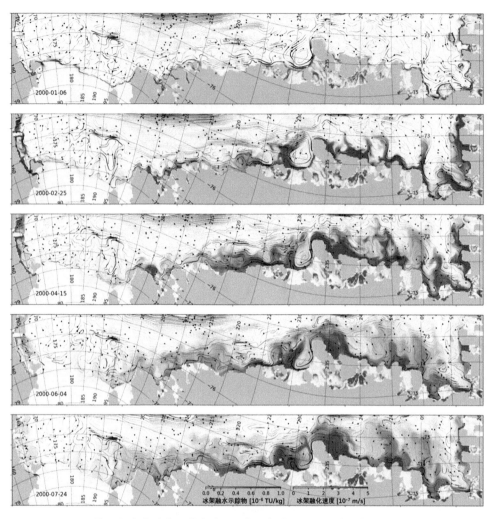

图 1.20　L1 级网格气候态实验中阿蒙森海、罗斯冰架底部融化速度（蓝色）和冰架融水数值示
踪剂分布（红色）的模拟结果

黑色曲线为 200 m 深度流场的流线，流线的粗细与流动速度成正比。从上至下为不同时间段的十日平均场

参 考 文 献

Arrigo K R, Worthen D L, Robinson D H. 2003. A coupled ocean-ecosystem model of the Ross Sea: 2. Iron regulation of phytoplankton taxonomic variability and primary production. Journal of Geophysical Research, 108: 3231.

Barthélemy A, Goosse H, Mathiot P, et al. 2012. Inclusion of a katabatic wind correction in a coarse-resolution global coupled climate model. Ocean Modeling, 48: 45-54.

Bergamasco A, Defendi V, Zambianchi E, et al. 2002. Evidence of dense water overflow on the Ross Sea shelf-break. Antarctic Science, 14(3): 271-277.

Bracegirdle T J, Stephenson D B. 2012. Higher precision estimates of regional polar warming by ensemble regression of climate model projections. Climate dynamics, 39: 2805-2821.

Bromwich D, Kurtz D. 1982. The Antarctic ice edge: Characteristics, processes, and challenges. Polar Record, 21: 137-146.

Bromwich D, Liu Z, Rogers A N, et al. 1998. Winter atmospheric forcing of the Ross Sea Polynya // Jacobs S S, Weiss R F. Ocean, Ice, and Atmosphere: Interactions at the Antarctic Continental Margin. Washington: American Geophysical Union (AGU): 101-133.

Bromwich D H, Carrasco J F, Liu Z, et al. 1993. Hemispheric atmospheric variations and oceanographic impacts associated with katabatic surges across the Ross Ice Shelf, Antarctica. Journal of Geophysical Research, 98(D7): 13045-13062.

Budgell W P. 2005. Numerical simulation of ice-ocean variability in the Barents Sea region. Ocean Dynamics, 55: 370-387.

Budillon G, Castagno P, Aliani S, et al. 2011. Thermohaline variability and Antarctic bottom water formation at the Ross Sea shelf break. Deep Sea Research Part I: Oceanographic Research Papers, 58(10): 1002-1018.

Cai W, Jia F, Li S, et al. 2023. Antarctic shelf ocean warming and sea ice melt affected by projected El Niño changes. Nature Climate Change, 13(3): 235-239.

Castagno P, Capozzi V, DiTullio G R, et al. 2019. Rebound of shelf water salinity in the Ross Sea. Nature Communications, 10: 5441.

Cenedese C, Whitehead J A, Ascarelli T A, et al. 2004. A dense current flowing down a sloping bottom in a rotating fluid. Journal of Physical Oceanography, 34: 188-203.

Chen Y, Zhang Z, Wang X, et al. 2023. Interannual variations of heat budget in the lower layer of the eastern Ross Sea shelf and the forcing mechanisms in the Southern Ocean State Estimate. International Journal of Climatology, 43(11): 5050-5076.

Cheng Z, Pang X, Zhao X, et al. 2019. Heat flux sources analysis to the Ross Ice Shelf Polynya ice production time series and the impact of wind forcing. Remote Sensing, 11: 188.

Comiso J C, Gordon A L. 1998. Interannual variability in summer sea ice minimum, coastal polynyas, and bottom water formation in the Weddell Sea // Jeffries M. Antarctic Sea Ice: Physical Processes, Interactions, and Variability. Washington: American Geophysical Union: 293-315.

Comiso J C, Kwok R, Martin S, et al. 2011. Variability and trends in sea ice extent and ice production in the Ross Sea. Geophysical Research Letters, 116: C04021.

Condie S A. 1995. Descent of dense water masses along continental slopes. Journal of Marine Research, 53(6): 897-928.

Dale E R, McDonald A J, Coggins J H J, et al. 2017. Atmospheric forcing of sea ice anomalies in the Ross Sea polynya region. The Cryosphere, 11: 267-280.

Dash M K, Pandey P, Vyas N, et al. 2013. Variability in the ENSO-induced southern hemispheric circulation and Antarctic sea ice extent. International Journal of Climatology, 33(3): 778-783.

Davis L B, Hofmann E E, Klinck J M, et al. 2017. Distributions of krill and Antarctic silverfish and correlations with environmental variables in the western Ross Sea, Antarctica. Marine Ecology Progress Series, 584: 45-65.

Deacon G E R. 1984. The Antarctic Circumpolar Ocean. Cambridge: Studies in Polar Research: 180.

Ding Y, Cheng X, Li X, et al. 2020. Specific relationship between the surface air temperature and the area of the Terra Nova Bay Polynya, Antarctica. Advances in Atmospheric Sciences, 37:

532-544.
Dinniman M S, Klinck J M, Bai L S, et al. 2015. The effect of atmospheric forcing resolution on delivery of ocean heat to the Antarctic floating ice shelves. Journal of Climate, 28: 6067-6085.
Dinniman M S, Klinck J M, Hofmann E E, et al. 2018. Effects of projected changes in wind, atmospheric temperature, and freshwater inflow on the Ross Sea. Journal of Climate, 31(4): 1619-1635.
Dinniman M S, Klinck J M, Smith Jr. 2003. Cross-shelf exchange in a model of the Ross Sea circulation and biogeochemistry. Deep Sea Research Part II: Topical Studies in Oceanography, 50: 3103-3120.
Dotto T S, Naveira Garabato A, Bacon S, et al. 2018. Variability of the Ross Gyre, Southern Ocean: Drivers and Responses Revealed by Satellite Altimetry. Geophysical Research Letters, 45(12): 6195-6204.
Egbert G D, Erofeeva S Y, 2002. Efficient inverse modeling of barotropic ocean tides. Journal of Atmospheric and Oceanic Technology, 19: 183-204.
Fairall C W, Bradley E F, Hare J E, et al. 2003. Bulk parameterization of air-sea fluxes: Updates and verification for the COARE algorithm. Journal of Climate, 16(4): 571-591.
Gerringa L J A, Alderkamp A C, Van Dijken G, et al. 2020. Dissolved trace metals in the Ross Sea. Frontiers in Marine Science, 7: 577098.
Gerringa L J A, Laan P, van Dijken G L, et al. 2015. Sources of iron in the Ross Sea Polynya in early summer. Marine Chemistry, 177: 447-459.
Gordon A L, Huber B A, Hellmer H H, et al. 1993. Deep and bottom water of the Weddell Sea's western rim. Science, 262(5132): 95-97.
Gordon A L, Orsi A H, Muench R, et al. 2009. Western Ross Sea continental slope gravity currents. Deep Sea Research Part II: Topical Studies in Oceanography, 56: 796-817.
Guo G, Gao L, Shi J. 2020. Modulation of dense shelf water salinity variability in the western Ross Sea associated with the Amundsen Sea Low. Environmental Research Letters, 16(1): 014004.
Häkkinen S, Mellor G L. 1992. Modeling the seasonal variability of a coupled Arctic ice‐ocean system. Journal of Geophysical Research: Oceans, 97: 20285-20304.
Han X, Stewart A L, Chen D, et al. 2022. Topographic Rossby Wave-Modulated Oscillations of Dense Overflows. Journal of Geophysical Research: Oceans, 127(9): e2022JC018702.
Han X, Stewart A L, Chen D, et al. 2024. Circum-Antarctic bottom water formation mediated by tides and topographic waves. Nature Communications, 15(1): 2049.
Hellmer H H, Olbers D J. 1989. A two-dimensional model for the thermohaline circulation under an ice shelf. Antarctic Science, 1(4): 325-336.
Hersbach H, Bell B, Berrisford P, et al. 2020. The ERA5 global reanalysis. Quarterly Journal of the Royal Meteorological Society, 146: 1999-2049.
Hofmann E E, Capella J E, Ross R M, et al. 1992. Models of the early life history of *Euphausia superba*—Part I. Time and temperature dependence during the descent-ascent cycle. Deep Sea Research Part A: Oceanographic Research Papers, 39(7-8): 1177-1200.
Holland D M, Jenkins A. 1999. Modeling thermodynamic ice-ocean interactions at the base of an ice shelf. Journal of Physical Oceanography, 29: 1787-1800.
Holland P R, Kwok R. 2012. Wind-driven trends in Antarctic sea ice drift. Nature Geoscience, 5(12): 872-875.

Hunke E C, Dukowicz J K. 1997. An elastic-viscous-plastic model for sea ice dynamics. Journal of Physical Oceanography, 27: 1849-1867.

Hunke E C. 2001. Viscous-Plastic Sea Ice Dynamics with the EVP Model: Linearization Issues. Journal of Computational Physics, 170: 18-38.

Irving D, Simmonds I. 2016. A new method for identifying the Pacific-South American pattern and its influence on regional climate variability. Journal of Climate, 29(17): 6109-6125.

Jacobs S S. 1991. On the nature and significance of the Antractic Slope Front. Marine Chemistry, 35(1-4): 9-24.

Jacobs S S, Amos A F, Bruchhausen P M. 1970. Ross Sea oceanography and Antarctic bottom water formation. Deep Sea Research and Oceanographic Abstracts, 17(6): 935-962.

Jacobs S S, Giulivi C F. 2010. Large multidecadal salinity trends near the Pacific-Antarctic continental margin. Journal of Climate, 23(17): 4508-4524.

Jacobs S S, Giulivi C F, Mele P A. 2002. Freshening of the Ross Sea during the late 20th century. Science, 297: 386-389.

Jourdain N C, Mathiot P, Burgard C, et al. 2022. Ice shelf basal melt rates in the Amundsen Sea at the end of the 21st century. Geophysical Research Letters, 49(22): e2022GL100629.

Klinck J M, Dinniman M S. 2010. Exchange across the shelf break at high southern latitudes. Ocean Science, 6(2): 513-524.

Kohut J, Hunter E, Huber B. 2013. Small-scale variability of the cross-shelf flow over the outer shelf of the Ross Sea. Journal of Geophysical Research: Oceans, 118(4): 1863-1876.

Large W G, McWilliams J C, Doney S C. 1994. Oceanic vertical mixing: A review and a model with a nonlocal boundary layer parameterization. Reviews of Geophysics, 32: 363-403.

Lecomt O, Goosse H, Fichefet T, et al. 2017. Vertical ocean heat redistribution sustaining sea-ice concentration trends in the Ross Sea. Nature Communications, 8: 258.

Legg S, Briegleb B, Chang Y, et al. 2009. Improving oceanic overflow representation in climate models: The gravity current entrainment climate process team. Bulletin of the American Meteorological Society, 90(5): 657-670.

Maclachlan C, Arribas A, Peterson K A, et al. 2015. Global Seasonal forecast system version 5 (GloSea5): A high-resolution seasonal forecast system. Quarterly Journal of the Royal Meteorological Society, 141: 1072-1084.

Massom R A, Stammerjohn S E. 2010. Antarctic sea ice change and variability—physical and ecological implications. Polar Science, 4(2): 149-186.

Mathiot P, Barnier B, Gallée H, et al. 2010. Introducing katabatic winds in global ERA40 fields to simulate their impacts on the Southern Ocean and sea-ice. Ocean Modelling, 35(3): 146-160.

Mellor G L, Kantha L. 1989. An ice-ocean coupled model. Journal of Geophysical Research, 94: 937-954.

Moorman R, Morrison A K, McC Hogg A. 2020. Thermal responses to Antarctic ice shelf melt in an eddy-rich global ocean-sea ice model. Journal of Climate, 33(15): 6599-6620.

Morlighem M, Rignot E, Binder T, et al. 2020. Deep glacial troughs and stabilizing ridges unveiled beneath the margins of the Antarctic ice sheet. Nature Geoscience, 13: 132-137.

Morrison A, Hogg A, England M, et al. 2020. Warm circumpolar deep water transport toward Antarctica driven by local dense water export in canyons. Science Advances, 6: eaav2516.

Murakami K, Nomura D, Hashida G, et al. 2020. Strong biological carbon uptake and carbonate chemistry associated with dense shelf water outflows in the Cape Darnley polynya, East

Antarctica. Marine Chemistry, 225: 103842.

Naughten K A, Meissner K J, Galton-Fenzi B K, et al. 2018. Future projections of Antarctic ice shelf melting based on CMIP5 scenarios. Journal of Climate, 31(13): 5243-5261.

Ohshima K I, Fukamachi Y, Williams G D, et al. 2013. Antarctic bottom water production by intense sea-ice formation in the Cape Darnley polynya. Nature Geoscience, 6(3): 235-240.

Orsi A H, Jacobs S S, Gordon A L, et al. 2001. Cooling and ventilating the abyssal ocean. Geophysical Research Letters, 28(15): 2923-2926.

Orsi A H, Johnson G C, Bullister J L. 1999. Circulation, mixing, and production of Antarctic bottom water. Progress in Oceanography, 43(1): 55-109.

Orsi A H, Smethie W M, Bullister J L. 2002. On the total input of Antarctic waters to the deep ocean: a preliminary estimate from chlorofluorocarbon measurements. Journal of Geophysical Research-Oceans, 107(C8): 1-14.

Orsi A H, Wiederwohl C L. 2009. A recount of Ross Sea water. Deep Sea Research Part II: Topical Studies in Oceanography, 56(13): 778-795.

Ou H W. 2005. Dynamics of dense water descending a continental slope. Journal of Physical Oceanography, 35(8): 1318-1328.

Padman L, Howard S, Orsi A, et al. 2009. Tides of the Northwestern Ross Sea and their impact on dense outflows of Antarctic Bottom Water. Deep Sea Research Part II: Topical Studies in Oceanography, 56(13-14): 818-834.

Petrelli P, Bindoff N L, Bergamasco A. 2008. The sea ice dynamics of Terra Nova Bay and Ross Ice Shelf polynyas during a spring and winter simulation. Journal of Geophysical Research: Oceans, 113(C9): C09003.

Piñones A, Hofmann E E, Dinniman M S, et al. 2016. Modeling the transport and fate of euphausiids in the Ross Sea. Polar Biology, 39: 177-187.

Porter D F, Springer S R, Padman L, et al. 2019. Evolution of the seasonal surface mixed layer of the Ross Sea, Antarctica, observed with autonomous profiling floats. Journal of Geophysical Research-Oceans, 124(7): 4934-4953.

Purich A, England M H. 2021. Historical and future projected warming of Antarctic Shelf Bottom Water in CMIP6 models. Geophysical Research Letters, 48(10): e2021GL092752.

Purkey S G, Johnson G C, Talley L D, et al. 2019. Unabated bottom water warming and freshening in the South Pacific Ocean. Journal of Geophysical Research: Oceans, 124(3): 1778-1794.

Rignot E, Jacobs S, Mouginot J, et al. 2013. Ice-shelf melting around Antarctica. Science 341(6143): 266-270.

Ross R M, Quetin L B, Kirsch E. 1988. Effect of temperature on developmental times and survival of early larval stages of *Euphausia superba* Dana. Journal of Experimental Marine Biology and Ecology, 121(1): 55-71.

Scaife A A, Arribas A, Blockley E, et al. 2014. Skillful long - range prediction of European and North American winters. Geophysical Research Letters, 41(7): 2514-2519.

Silvano A, Foppert A, Rintoul S R, et al. 2020. Recent recovery of Antarctic bottom water formation in the Ross Sea driven by climate anomalies. Nature Geoscience, 13: 780-786.

Smith W O Jr, Ainley D G, Cattaneo-Vietti R. 2007. Trophic interactions within the Ross Sea continental shelf ecosystem. Philosophical Transactions of the Royal Society B: Biological Sciences, 362(1477): 95-111.

Smith W O Jr, Dinniman M S, Hofmann E E, et al. 2014. The effects of changing winds and temperatures on the oceanography of the Ross Sea in the 21st century. Geophysical Research Letters, 41(5): 1624-1631.

Smith W O Jr, Sedwick P N, Arrigo K R, et al. 2012. The Ross Sea in a sea of change. Oceanography, 25(3): 90-103.

Solodoch A, Stewart A L, Hogg A M, et al. 2022. How does Antarctic bottom water cross the Southern Ocean? Geophysical Research Letters, 49(7): e2021GL097211.

Stewart A L, Thompson A F. 2015. Eddy-mediated transport of warm circumpolar deep water across the Antarctic shelf break. Geophysical Research Letters, 42(2): 432-440.

St-Laurent P, Klinck J M, Dinniman M S. 2013. On the role of coastal troughs in the circulation of warm circumpolar deep water on Antarctic shelves. Journal of Physical Oceanography, 43(1): 51-64.

Stössel A, Zhang Z, Vihma T. 2011. The effect of alternative real-time wind forcing on Southern Ocean sea ice simulations. Journal of Geophysical Research: Oceans, 116(C2), doi:10.1029/2011JC007328.

Stover C L. 2006. A new account of Ross Sea waters: characteristics, volumetrics, and variability. State of Texas: Master's Thesis from Texas A&M University.

Talley L D. 2013. Closure of the global overturning circulation through the Indian, Pacific, and Southern Oceans: Schematics and transports. Oceanography, 26(1): 80-97.

Talley L D, Pickard G L, Emery W J, et al. 2011. Descriptive Physical Oceanography: An Introduction. Sixth Edition. Boston: Elsevier: 560.

Tamura T, Ohshima K I, Nihashi S. 2008. Mapping of sea ice production for Antarctic coastal polynyas. Geophysical Research Letters, 35: L04501.

Tewari K, Mishra S K, Salunke P, et al. 2022. Future projections of temperature and precipitation for Antarctica. Environmental Research Letters, 17(1): 014029.

Thompson A F, Stewart A L, Spence P, et al. 2018. The Antarctic slope current in a changing climate. Reviews of Geophysics, 56(4): 741-770.

Turner J, Chenoli S N, Abu Samah A, et al. 2009. Strong wind events in the Antarctic. Journal of Geophysical Research: Atmospheres, 114: D18110.

Wang C, Zhang Z, Zhong Z, et al. 2024. A model study of buoyancy driven cross-isobath transport over the Ross Sea continental shelf break. Journal of Geophysical Research: Oceans, 129(1): e2023JC020078.

Wang Q, Danilov S, Hellmer H, et al. 2013. Enhanced cross-shelf exchange by tides in the western Ross Sea. Geophysical Research Letters, 40(21): 5735-5739.

Wang S, Liu J, Cheng X, et al. 2021. How do weakening of the stratospheric polar vortex in the Southern Hemisphere affect regional Antarctic sea ice extent? Geophysical Research Letters, 48: e2021GL092582.

Wang T, Wei H, Xiao J. 2022. Dynamic linkage between the interannual variability of the spring Ross Ice Shelf polynya and the atmospheric circulation anomalies. Climate Dynamics, 58: 831-840.

Wang X, Zhang Z, Dinniman M S, et al. 2023. The response of sea ice and high-salinity shelf water in the Ross Ice Shelf polynya to cyclonic atmosphere circulations. The Cryosphere, 17: 1107-1126.

Weber N J, Lazzara M A, Keller L M, et al. 2016. The extreme wind events in the Ross Island region of Antarctica. Weather and Forecasting, 31: 985-1000.

Wenta M, Cassano J J. 2020. The atmospheric boundary layer and surface conditions during katabatic wind events over the Terra Nova Bay Polynya. Remote Sensing, 12: 4160.
Whitworth III T, Nowlin Jr W D. 1987. Water masses and currents of the Southern Ocean at the Greenwich Meridian. Journal of Geophysical Research: Oceans, 92(C6): 6462-6476.
Williams G D, Aoki S, Jacobs S S, et al. 2010. Antarctic bottom water from the Adélie and George V land coast, east Antarctica (140–149°E). Geophysical Research Letters, 115: C04027.
Yan L, Wang Z M, Liu C Y, et al. 2023. The salinity budget of the Ross Sea continental shelf, Antarctica. Journal of Geophysical Research: Oceans, 128: e2022JC018979.
Yang L, Sun L, Emslie S D, et al. 2018. Oceanographic mechanisms and penguin population increases during the Little Ice Age in the southern Ross Sea, Antarctica. Earth and Planetary Science Letters, 481: 136-142.
Zhang Y, Yang W, Zhao W, et al. 2023. Spatial and seasonal variations of near-inertial kinetic energy in the upper Ross Sea and the controlling factors. Frontiers in Marine Science, 10: 1173900.
Zhang Z, Vihma T, Stössel A, et al. 2015. The role of wind forcing from operational analyses for the model representation of Antarctic coastal sea ice. Ocean Modelling, 94: 95-111.
Zhang Z, Xie C, Castgno P, et al. Evidence for large-scale climate forcing of dense shelf water variability in the Ross Sea. Nature Communications (under review).
Zheng F, Li J, Clark R T, et al. 2013. Simulation and projection of the southern hemisphere annular mode in CMIP5 models. Journal of Climate, 26: 9860-9879.

1.2　常量营养盐和痕量金属

海洋中的生命依赖于浮游植物对碳（C）和氮（N）的固定（Biddanda and Benner，1997）。浮游植物通过光合作用将二氧化碳（CO_2）固定为有机物，虽然浮游植物只占全球植物生物量的 1%，但是贡献了全球初级生产力的近 50%（Field et al.，1998）。海洋浮游植物的生长主要受限于常量营养盐硝酸盐和磷酸盐的可利用性（Sunda，1989）。1990 年，John Martin 提出铁假说，并在实验室培养和中尺度的表层海水的加铁实验中证明了痕量金属铁限制了浮游植物的生长（Martin，1990），并调节着海洋的物种组成（DiTullio et al.，1993）。由于不同的细胞生长对痕量金属需求的巨大差异，海洋痕量金属在调节浮游植物群落组成方面也发挥着重要作用（Twining and Baines，2013）。

南大洋吸收了全球约 40%的人为源 CO_2，其中约 10%被浮游植物通过生物泵作用埋藏至深海（Caldeira and Duffy，2000；Sabine et al.，2004）。如果没有南大洋的吸收，全球 CO_2 浓度将上升约 50%（Sunda，2010）。同时，南大洋的浮游植物是海洋食物网的基础，并通过上行控制效应影响着渔业资源。在高营养盐低叶绿素（high nutrients low chlorophyll，HNLC）的南大洋，初级生产并不受到常量营养盐的限制，而痕量金属铁是初级生产的主要限制因子，调控着浮游植物的生物量和组成等（Blain et al.，2007；Sunda，2010；Feng et al.，2010）。近年来，有研究者发现南大洋的部分海区还存在着其他金属与铁的共限制现象，如铁锰共限制（Balaguer et al.，2022）。尽管南大洋的其他金属生源要素如镍、铜、锌和镉等，未被发现存在对生产力的限制，但浮游植物生长对它们的需求的巨大差异可能导致不同的颗粒元素组成，从而影响南大洋的元素循环。同时，这些痕量金属也会反过来影响浮游植物的生理生态功能和种群结构（Sunda，1989），见图1.21。因此，研究南大洋痕量金属的生物地球化学过程有助于理解全球气候变化和碳循环。

虽然常量营养盐并不是南大洋初级生产的限制因子，但其被浮游植物吸收利用后下沉、矿化，可能会影响南大洋水柱内的营养组成，从而影响中深层水北向运输的物质输送过程，因此，常量营养盐的分布特征研究也至关重要。

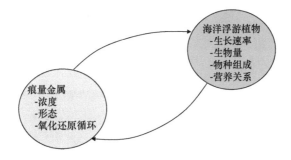

图1.21　痕量金属与海洋浮游植物相互影响的示意图（改自Sunda，2012）

南极罗斯海是南大洋生产力最高的边缘海（Arrigo et al.，2008）。痕量金属（尤其是铁）通过影响浮游植物的生物量、群落分布和季节性演替（Smith et al.，2014），而调控生物泵的效率。由于痕量金属洁净采样的困难性以及南极地理位置的特殊性，目前世界范围内对罗斯海营养盐和痕量金属的相关研究较少。本节将通过总结前人研究，阐述南极罗斯海的营养盐和痕量金属的分布和成因。

1.2.1　基础水文化学

（1）温度和盐度

罗斯海两个断面的温度和盐度分布分别见图1.22和图1.23（Dunbar et al.，2006）。罗斯海具体的水团分布与水团性质见第1章第1节。罗斯海的整体温度表现出表层较高，随深度增加而降低，但也有区域性差异（图1.22）。例如，图1.22中76°S横断面的东部，水柱内的温度呈现表层高，至300 m以浅随深度增加而降低，300 m以深温度升高；这主要是由于该断面的东部距离陆坡较近，绕极深层水（高温高盐）的入侵信号更为明显（Orsi and Wiederwohl，2009）。

盐度垂直分布呈现出表层盐度较低、深层盐度较高的特点（图 1.23）。由于密度原因，盐度较高的海水通常位于深层，而表层盐度较低。表层盐度的低值还可能是由海冰融化和冰川融水输入淡水导致的，表层以下的盐度差异主要受水团的影响，如绕极深层水具有更高的盐度（Marsay et al.，2017）。

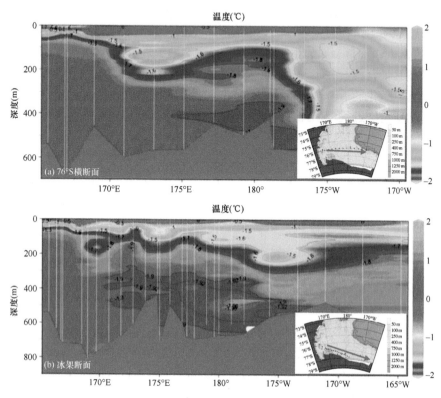

图 1.22　罗斯海 76°S 横断面（a）和冰架断面（b）的海水温度（Dunbar et al.，2006）

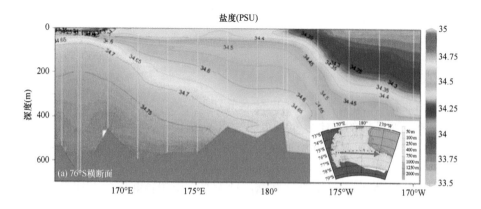

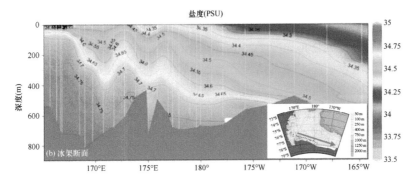

图 1.23 罗斯海 76°S 横断面（a）和冰架断面（b）的海水盐度（Dunbar et al.，2006）

（2）pH

南极罗斯海水体的 pH 分布规律受多种因素影响（Dunbar et al.，2006）。罗斯海水体的 pH 分布规律与成因见图 1.24，可以看出，表层水体的 pH 较高，随深度增加逐渐降低。一般来说，表层海水中强烈的生物活动（浮游植物光合作用），使海水的 pH 增加，这是与二氧化碳消耗相关的碳酸盐平衡的位移所致，而表层水体与深层水体的垂向混合导致深层 pH 下降（Rivaro et al.，2014）。表层水体的 pH 还表现出了明显的区域性差异，76°S 横断面的表层 pH 显著高于冰架断面，这可能是初级生产力的差异所致。

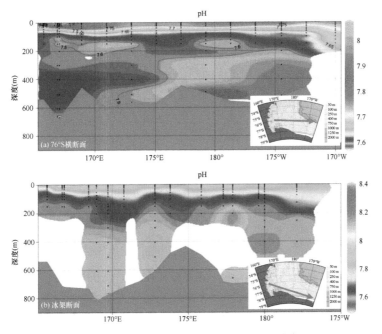

图 1.24 罗斯海 76°S 横断面（a）和冰架断面（b）的海水 pH 分布（Dunbar et al.，2006）

（3）溶解氧

罗斯海的溶解氧分布如图 1.25 所示（Dunbar et al.，2006）。可以看出，溶解氧浓度也表现出表层高，随水体深度增加而降低。该种分布特征主要受控于两个过程：一是表层水体直接与大气接触，使得氧气溶解在表层海水中；二是夏季混合层相对于深层具有更高的初级生产力，浮游植物光合作用释放的氧气使得表层水体的溶解氧浓度升高。同时，表层水体的下沉也使得富氧海水有注入深层水的可能（Rivaro et al.，2014）。

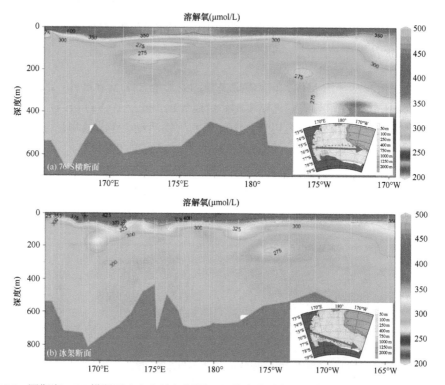

图 1.25　罗斯海 76°S 横断面（a）和冰架断面（b）的海水溶解氧浓度分布（Dunbar et al.，2006）

1.2.2　常量营养盐

（1）表层时间分布特征

常量营养盐主要指的是氮、磷、硅等海洋生命必需的营养要素。南大洋是一个典型的高营养盐低叶绿素的海区，由于较高的垂直混合，罗斯海表层或深层常量营养盐的浓度都相对较高。Smith 和 Kaufman（2018）整理了 42 个罗斯海陆架的表层营养盐调查数据，其时空分布见图 1.26。

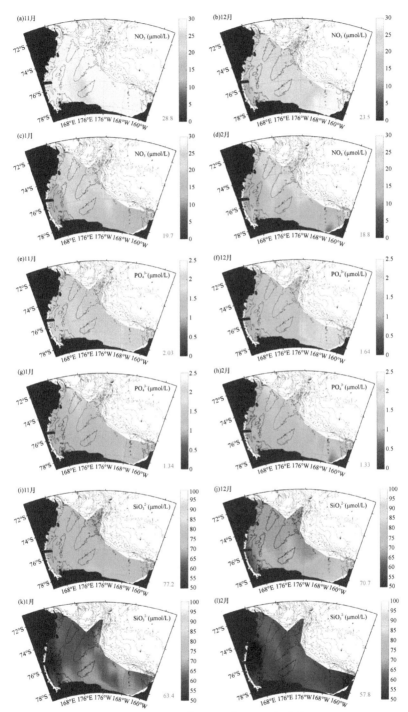

图 1.26　罗斯海表层常量营养盐（NO_3^-、PO_4^{3-} 和 SiO_3^{2-}）的时空分布（Smith and Kaufman，2018）
右下角红色数字代表月平均浓度

从季节分布来看，罗斯海的营养盐浓度由春季到夏季的整体表现为去除特征。春季罗斯海水华开始前，表层平均硝酸盐浓度约为 28.8 μmol/L。在 12 月，罗斯海冰间湖的硝酸盐浓度降至约 23.5 μmol/L，此后在罗斯海的大部分开放水域，营养盐浓度继续下降，1 月和 2 月的平均硝酸盐浓度分别为 19.7 μmol/L 和 18.8 μmol/L。罗斯海表层磷酸盐和硅酸盐在 11 月到次年 2 月的平均浓度分别为 2.03 μmol/L、1.64 μmol/L、1.34 μmol/L、1.33 μmol/L 和 77.2 μmol/L、70.7 μmol/L、63.4 μmol/L、57.8 μmol/L。这种营养盐的季节性去除过程是由浮游植物的吸收导致的。氮、磷、硅等营养盐由 11 月到次年 1 月的平均下降浓度分别为 4.55 μmol/L、0.35 μmol/L 和 6.9 μmol/L，由 1 月到 2 月的下降浓度分别为 0.90 μmol/L、0.01 μmol/L 和 5.6 μmol/L。显然，从 11 月至次年 1 月，三种营养盐的去除效应较强；从 1 月到 2 月，仅硅酸盐浓度有较大的下降，而硝酸盐、磷酸盐浓度几乎无降低。这可能是由于从 1 月到 2 月光照逐渐减少，导致了浮游植物生长速度降低，从而减弱了营养盐的去除效应。需要注意的是，表层营养盐的去除同时受到痕量金属铁供应的影响，表层过剩的营养盐是由铁限制导致的。总的来说，常量营养盐的季节性分布受到铁供给和浮游植物吸收的控制。

（2）表层空间分布特征

罗斯海表层营养盐的空间分布差异在 11 月并不明显，这可能说明海冰、冰架以及大陆输入不是表层营养盐的主要来源，表层营养盐主要来自底层的富营养海水上涌（图 1.26）。12 月到次年 2 月，三种营养盐的空间分布展现出较为明显的差异，这主要归因于浮游植物的吸收。叶绿素 a 和颗粒有机碳（POC）的空间分布支持了这个结论，即高营养盐区域和相对较低的叶绿素 a 与颗粒有机碳浓度对应（图 1.26，图 1.27）。

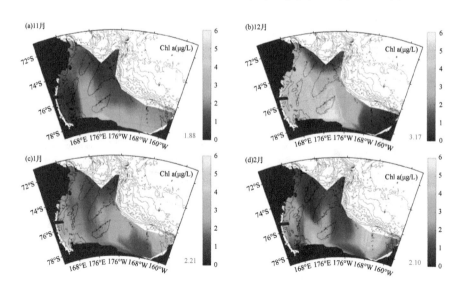

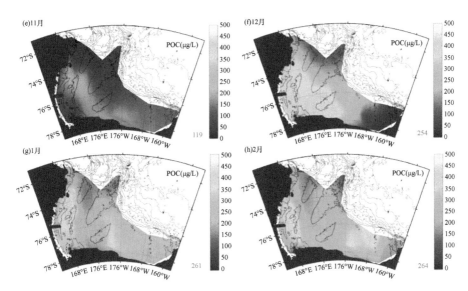

图 1.27 罗斯海表层叶绿素 a 和颗粒有机碳的分布（11 月至次年 2 月）
(Smith and Kaufman, 2018)
右下角红色数字代表月平均浓度

12 月罗斯海东部的营养盐浓度较高，同时浮游植物生物量较低。12 月到次年 2 月，硝酸盐和磷酸盐的空间分布差异特征改变，由东西差异变为南北差异，表现为北部浓度高于南部。南部营养盐浓度的降低并没有伴随着叶绿素 a 的升高，这是由于 12 月暴发的藻类下沉和群落演替的影响。罗斯海的浮游植物群落演替特征是由 12 月的南极棕囊藻主导到 1 月的硅藻主导，由于硅藻具有较高的 POC/Chl a 值，因此 1 月到 2 月的叶绿素 a 浓度下降，但颗粒有机碳浓度升高。

（3）常量营养盐的垂向分布

罗斯海水体的常量营养盐受到上层浮游植物光合作用和深层过程的影响，浓度随水体深度增加而升高。常量营养盐的浓度通常只在表层表现出明显的季节性差异，这是由于表层存在强烈的生物吸收过程。在深层，常量营养盐浓度则主要受到水团和微生物的影响，季节差异不明显。本小节总结了罗斯海的 5 个航次的营养盐数据，包括夏季和春季，站位分布图见图 1.28。

图 1.29 为罗斯海南部东西断面营养盐剖面分布，整体上看，硝酸盐、磷酸盐和硅酸盐都表现出典型的营养型分布特征，除两个春季采样站位外，其余均表现为表层浓度低，随水体深度增加而升高；100 m 以深的硝酸盐、磷酸盐和硅酸盐的平均浓度分别为（40.0±0.77）μmol/L、（2.19±0.09）μmol/L 和（79.7±3.81）μmol/L。对于春季站位（黑色方框），尽管表层硝酸盐和磷酸盐浓度仍表现为低值，但浓度

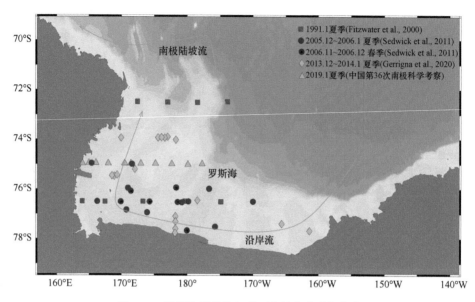

图 1.28 罗斯海营养盐相关研究的航次站位信息

高于夏季站位，硅酸盐则在整个水柱中混合较为均匀。这是由罗斯海春季的浮游植物种类造成的，早春的罗斯海以棕囊藻为主（Smith et al.，2014），棕囊藻对硅酸盐的低需求，导致表层硅的清除能力较弱。

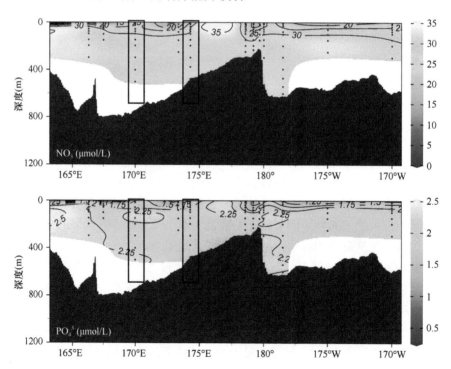

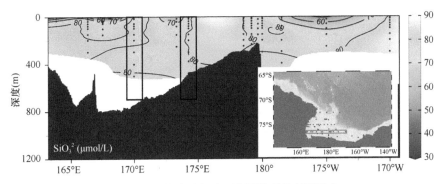

图 1.29 罗斯海南部东西断面营养盐剖面分布
黑色方框中为春季站位，其余为夏季站位

我国第 36 次南极科学考察于罗斯海 75°S 横断面收集了全水深的常量营养盐数据，结果见图 1.30。可以看出，常量营养盐表现出较高的浓度（NO_3^- 为 31.8~38.0 μmol/L，PO_4^{3-} 为 0.56~2.25 μmol/L，SiO_3^{2-} 为 28.9~80.5 μmol/L），并表现出较大的空间分布差异。从区域上看，营养盐浓度表现为东西向的差异，断面东部高于西部。这可能与携带有大量营养盐的 CDW 的入侵有关（Weber，2020）。100 m 以深的硝酸盐、磷酸盐和硅酸盐的平均浓度分别为（22.5±6.41）μmol/L、（1.55±0.39）μmol/L 和（56.9±14.6）μmol/L。

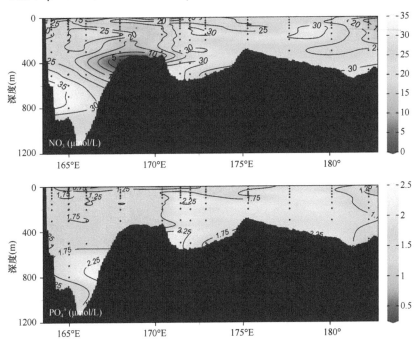

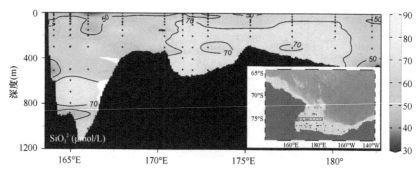

图 1.30　罗斯海 75°S 横断面营养盐垂直分布

黑色方框中为春季站位，其余为夏季站位

1.2.3　痕量金属

本节总结了 1990~2019 年 9 个罗斯海航次（Fitzwater et al., 2000；Corami et al., 2005；Coale et al., 2005；Sedwick et al., 2011；Marsay et al., 2017；Gerringa et al., 2020；Sedwick et al., 2022；中国第 35 次南极科学考察）调查的痕量金属时空分布特征及成因（图 1.31）。

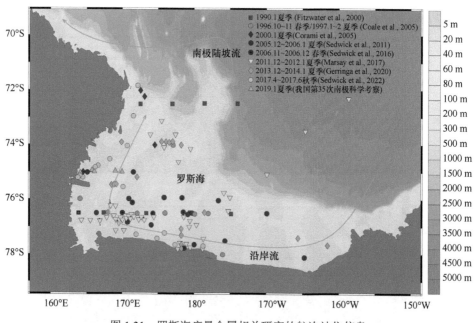

图 1.31　罗斯海痕量金属相关研究的航次站位信息

罗斯海痕量金属的表层分布具有季节性和区域性的差异。造成这种差异的主要原因是不同区域和季节下痕量金属的来源、行为以及物理过程不同（Sedwick et al., 2011；Marsay et al., 2017）。罗斯海痕量金属的外源输入主要包括海冰融化、冰川融水和大气沉降等过程（Tagliabue et al., 2009；Death et al., 2014；Person et al., 2021）；生物的吸收利用也调控着痕量金属的分布（Kaufman et al., 2017；Basu and Mackey, 2018）；冬季垂直混合、跨密度混合、平流、冰山融化产生的融水泵也是影响痕量金属分布的重要物理过程（Tagliabue et al., 2014；Mack et al., 2017）。

（1）表层分布

图 1.32（夏季）、图 1.33（春季）和图 1.34（秋季）显示了 1990～2019 年关于罗斯海痕量金属表层分布研究的结果。结果显示，夏季罗斯海表层的溶解态痕量金属的分布存在区域性差异，且痕量金属间的分布特征也不同。造成这种差异的主要原因是痕量金属来源和行为的差异性。

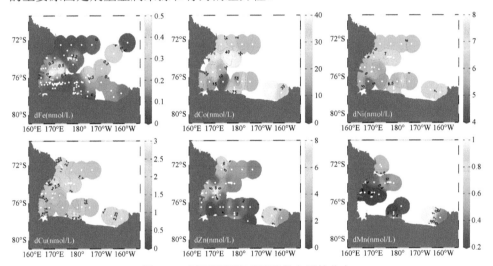

图 1.32　夏季罗斯海表层痕量金属的分布

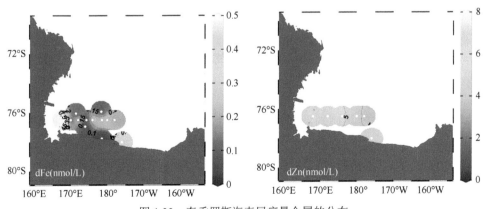

图 1.33　春季罗斯海表层痕量金属的分布

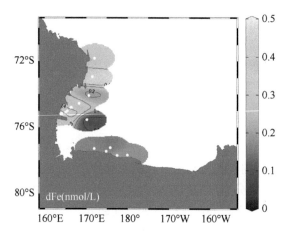

图 1.34　秋季罗斯海表层痕量金属的分布

在南大洋，尤其是季节性冰区，营养物质最重要的来源是通过冬季混合这一物理过程，由底层供应至表层（Tagliabue et al.，2014）。在南大洋的冬季，由于季节性冰区被海冰覆盖以及较低的气温，海洋具有较深的混合层，最深可达几百米（Porter et al.，2019）；深层海水中的营养物质在冬季会随着混合作用被夹带至表层，在混合层较浅的春夏季被生物利用（Petty et al.，2014；Tagliabue et al.，2014；Pellichero et al.，2017）。在春季和夏季，具有偶然性的水团跨跃层运输也可以将深层海水运输至表层混合层（Tagliabue et al.，2014）。因此，深层海水中痕量金属的含量以及物理过程均能影响表层痕量金属的分布。深层海水中痕量金属的浓度取决于众多因素，如水团和沉积物的贡献，相关内容将在痕量金属的垂直分布部分进行描述。

海冰融化能贡献溶解铁，因此夏季的冰边缘区则可能具有较高浓度的铁。Fitzwater 等（2000）在 1990 年罗斯海航次南部断面的西部大陆冰边缘区观测到表层海水的低温和低盐度，对应着较高的溶解痕量金属浓度（尤其是铁），这指示了海冰融化过程释放痕量金属。然而，铁在南大洋是最主要的限制性营养元素，被生物利用和清除的速度较快。因此，如果不是在有持续铁供应的区域，可能无法观测到铁浓度的变化，而是一直保持着较低的浓度。Marsay 等（2017）在 2012 年夏季罗斯海航次中同样观测到了海冰的融化过程（盐度低至 32.8~33.8），但并未观测到溶解铁浓度的升高。大气沉降是一个直接向海表贡献痕量金属的方式。在罗斯海，气溶胶颗粒和降雪不断向海洋输入痕量金属。它们可以直接进入海洋，或在海冰或冰架富集后，通过融冰过程进入海洋。相对于其他来源，大气沉降对铁的贡献一直以来都被认为可以忽略（Mahowald et al.，2005；Gao et al.，2013；Wadley et al.，2014）。但近年来的研究结果表明，大气沉降输入南大洋的铁通量被低估了（Liu et al.，2022）；大气沉降贡献的总铁通量相对于其他来源的铁极低，但该过程产生的铁可以直接进入表层混合层，更易被生物利用从而支持初级生产。南大洋气溶胶颗粒中铁的溶解度也被低估了（Conway et al.，2019）。罗斯海的冰架和冰山融化也能贡献痕量金属（Rivaro et al.，2020）。Gerringa 等（2015）和 Marsay 等（2017）在罗斯冰架水中观测到了比表层海水更高的溶解铁浓度，分别为 0.18~0.26 nmol/L 和 0.13~0.36 nmol/L。当深处海洋的冰架融化后，由于融水的低盐度会上升，这一过程会形成一个"融水泵"，将深层富含营养元素的海水"泵"至一定深度（St-Laurent et al.，2017）。

不仅来源调控着表层痕量金属的浓度，生物利用过程也在痕量金属的分布上发挥着重要的作用。痕量金属浓度较低的区域，往往对应着较高的初级生产力和更充足的铁供应（Morel et al.，2003）。除初级生产力对痕量金属的浓度有影响外，浮游植物的群落组成也是造成这种分布差异的重要影响因素（Garcia et al.，2018）。不同种类的浮游植物对痕量金属的吸收比例具有极高的差异性，南大洋的硅藻 *Fragilariopsis cylindrus* 的 Fe∶P 为 0.6~1.0（mmol/mol），而中心硅藻的 Fe∶P 为 2.4~4.1（mmol/mol）（Twining and Baines，2013）；南极硅藻的 Mn∶P 比自养鞭毛藻高一倍，即吸收相同的磷需要更多的锰（Twining et al.，2004；Twining and Baines，2013）。因此，浮游植物的群落结构和生物量共同调控着表层痕量金属的分布。

（2）垂直分布

罗斯海痕量金属的垂直分布特征一般表现为表层低浓度，随水体深度增加浓度升高（Gerringa et al.，2020）。表层痕量金属的低浓度主要是生物吸收利用的结果（Smith et al.，2014；Gerringa et al.，2015），水体深度增加产生的光限制抑制了浮游植物对痕量金属的吸收作用，以及颗粒下沉过程的矿化作用，都是造成痕量金属浓度随水体深度增加而升高的原因（Fitzwater et al.，2000；Sedwick et al.，2000）。本小节总结了罗斯海南部两个横断面和北部近岸一个断面的痕量金属的垂直分布结果（图 1.35~图 1.37）。

深层海水中痕量金属分布的变化，还受到水团和沉积物的影响（Tagliabue et al.，2009；Marsay et al.，2014，2017）。一般来说，水团对痕量金属的影响主要是其运输作用，如罗斯海底部沉积物释放的溶解铁、溶解锰和溶解铜被高盐陆架水输送至南极环流（Gerringa et al.，2020）。Marsay 等（2017）在夏季罗斯冰架水中观测到的溶解铁浓度为 0.13~0.36 nmol/L，并有区域性差异，这主要是水团的运动路径导致的。水团的年龄也会影响痕量金属的浓度，Corami 等（2005）发现

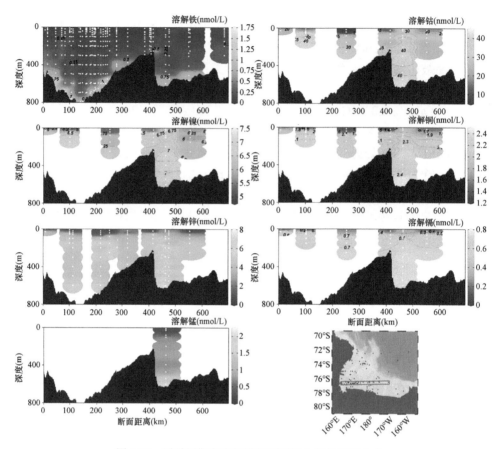

图1.35 夏季罗斯海南部横断面痕量金属的垂直分布

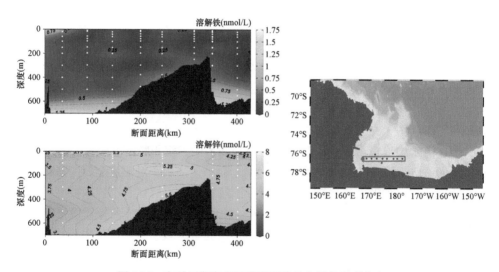

图1.36 春季罗斯海南部横断面痕量金属的垂直分布

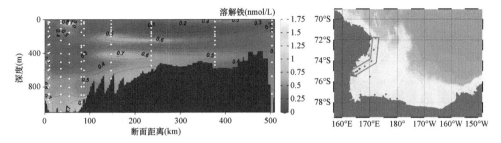

图1.37 秋季罗斯海北部近岸痕量金属的垂直分布

罗斯海高盐陆架水中的镉浓度低于改性绕极深层水,并将其归因于改性绕极深层水相较于高盐陆架水更老。

深层海水中痕量金属的来源也会影响其垂直分布。沉积物被认为是南大洋痕量金属的一个重要来源,尤其是铁和锰(Wadley et al.,2014)。沉积物再悬浮使得溶解铁进入海水中,海洋底部海水中极高的铁浓度证明了这一点,见图1.35溶解铁的断面数据。随着距离海洋底部的距离的增加(水体深度的变浅),溶解铁浓度一般存在明显的下降趋势。有研究报道了罗斯海溶解铁的垂直分布和距离海底的高度之间的函数关系,本小节总结了Sedwick等(2011)和Marsay等(2014)的数据,并结合我国第35次南极科学考察数据,绘制了该相关关系图(图1.38)。因此,沉积物是溶解铁垂直分布的重要调控因素,同时距离海洋底部的高度也决定了铁的浓度水平(Mack et al.,2017)。除了海洋底部沉积物,岛屿沉积物和海底热液也对痕量金属的垂直分布有巨大影响(Thuróczy et al.,2012;Ardyna et al.,2019)。

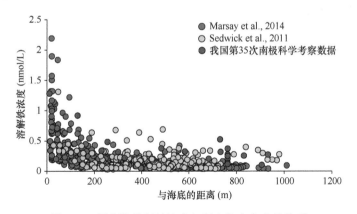

图1.38 罗斯海溶解铁浓度与距离海底高度的关系

(3)季节性分布

对罗斯海痕量金属分布的研究长期以来主要集中于夏季,对于春季和秋季的研究较少，其主要是由夏季较高的生产力和较好的冰情决定的。一般来说，表层痕量金属分布的季节性变化主要受到生物作用的调控。在罗斯海的冬季，由于深层冬季混合的夹带作用，富营养的深层海水被运输到表层；随着春季的到来，混合层变浅，光限制解除，藻类的生长吸收了大量的营养物质导致其浓度降低（Porter et al.，2019）。对比图 1.35 和图 1.36 表层溶解锌的浓度（Coale et al.，2005），可以看出，春季罗斯海的溶解锌浓度明显高于夏季，说明春季和夏季溶解锌不断被浮游植物吸收，同时表层可能缺少新的锌来源。浮游植物群落组成也可能是造成这种差异的原因，如春季和夏季的优势种群对锌的吸收有差异。出现这种春夏季节差异的痕量金属可能大多为非限制性元素。对于溶解铁，Sedwick 等（2011）报道的 2006 年春季罗斯海的溶解铁分布显示，即使在光限制刚刚解除的春季，表层的铁也处于被耗尽的状态，这说明了浮游植物对铁的高吸收和快速清除作用。随着秋季的到来，气温逐渐降低，混合层变深，由于光和温度的限制，藻类的生长受到了限制；混合层变深也使得浅层与深层发生混合，营养物质浓度可能逐渐升高。例如，Sedwick 等（2022）观测到秋季罗斯海表层有较高的溶解铁浓度（图 1.37）。痕量金属的垂直分布存在季节性差异，这主要是由于上文提到的混合层的季节性变化，如图 1.37 的秋季溶解铁分布，整个水柱里的溶解铁浓度相对均匀，差异较小。

1.2.4 小结及建言

罗斯海中常量营养盐和痕量金属的生物地球化学过程十分复杂，具有重要的生态意义。图 1.39 总结了罗斯海的光照、温度、浮游植物生命活动、常量营养盐、非限制性痕量金属、铁供应等的季节性变化，以及其对罗斯海初级生产力的影响。冬末春初，光限制开始慢慢解除，气温逐渐升高，海冰开始融化，这导致原本较深的混合层逐渐变浅，这一过程将绕极深层水以及海底沉积物贡献的营养物质夹带至水深较浅处，海冰融化也释放了部分营养物质。到了春季，随着光照的增加，浮游植物开始在较为丰富的营养环境下发生第一次水华现象。夏季，混合层达到最浅，混合层中光照达到最大，此时浮游植物迎来第二次水华现象，营养的来源除了前文提到的冬季水残留、海冰融化、岛屿和海底沉积物、冰山融化的融水泵等，还有混合层内强烈的营养再生。秋季，随着光限制增加以及气温下降，混合层逐渐变深，生命活动也慢慢减弱。

本节基于对罗斯海营养盐和痕量金属研究现状的调研，提出未来需要继续研究的方向，并给出建议，从而加深人们对南大洋营养物质源汇格局的认知，

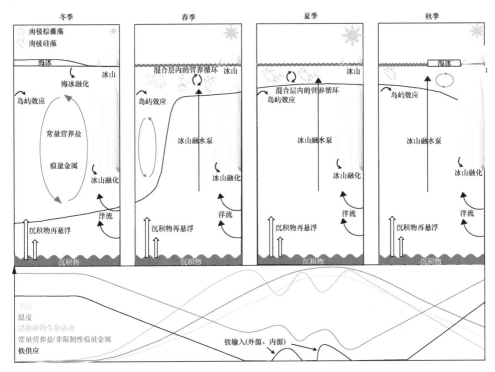

图1.39 罗斯海各环境要素的季节性变化概念图

并有助于评估其对世界海洋的影响。未来需要研究的方向包括如下三点。①营养盐和铁的源汇输送和内循环如何调控南大洋浮游植物群落变化和碳埋藏效率；②全球气候变化背景下，冰川融水、海冰和大气沉降等铁源的通量如何改变；③在全球气候变化背景下，营养盐和铁的源汇格局及输运机制的变化对生物种群结构和分布的影响。可实施性建议包括如下三点。①增加调查站位，覆盖更广泛的罗斯海区域，包括多种典型区域，如冰间湖内外、陆架内外、沿岸和离岸区域、岛屿周边和非岛屿区域；②配备痕量金属洁净温盐深测量仪（conductivity-temperature-depth profiler，CTD）和痕量金属洁净集装箱进行全水深痕量金属采样，该设备是所有工作的基础，对生态部分的研究也十分必要；③进行大气样品洁净采样（包括干沉降和湿沉降采样），认识大气沉降的外源输送通量。

参 考 文 献

Ardyna M, Lacour L, Sergi S, et al. 2019. Hydrothermal vents trigger massive phytoplankton blooms in the Southern Ocean. Nature Communications, 10(1): 2451.

Arrigo K R, Robinson D H, Worthen D L, et al. 1999. Phytoplankton community structure and the

drawdown of nutrients and CO_2 in the Southern Ocean. Science, 283(5400): 365-367.
Arrigo K R, van Dijken G L, Bushinsky S. 2008. Primary production in the Southern Ocean, 1997–2006. Journal of Geophysical Research: Oceans, 113(C08004), doi: 10.1029/2007JC004554.
Balaguer J, Koch F, Hassler C, et al. 2022. Iron and manganese co-limit the growth of two phytoplankton groups dominant at two locations of the Drake Passage. Communications Biology, 5(1): 207.
Basu S, Mackey K R. 2018. Phytoplankton as key mediators of the biological carbon pump: Their responses to a changing climate. Sustainability, 10(3): 869.
Biddanda B, Benner R. 1997. Carbon, nitrogen, and carbohydrate fluxes during the production of particulate and dissolved organic matter by marine phytoplankton. Limnology and Oceanography, 42(3): 506-518.
Blain S, Quéguiner B, Armand L, et al. 2007. Effect of natural iron fertilization on carbon sequestration in the Southern Ocean. Nature, 446(7139): 1070-1074.
Caldeira K, Duffy P B. 2000. The role of the Southern Ocean in uptake and storage of anthropogenic carbon dioxide. Science, 287(5453): 620-622.
Coale K H, Michael G R, Wang X. 2005. The distribution and behavior of dissolved and particulate iron and zinc in the Ross Sea and Antarctic circumpolar current along 170°W. Deep Sea Research Part I: Oceanographic Research Papers, 52(2): 295-318.
Conway T M, Hamilton D S, Shelley R U, et al. 2019. Tracing and constraining anthropogenic aerosol iron fluxes to the North Atlantic Ocean using iron isotopes. Nature Communications, 10(1): 2628.
Corami F, Capodaglio G, Turetta C, et al. 2005. Summer distribution of trace metals in the western sector of the Ross Sea, Antarctica. Journal of Environmental Monitoring, 7(12): 1256-1264.
Death R, Wadham J L, Monteiro F, et al. 2014. Antarctic ice sheet fertilises the Southern Ocean. Biogeosciences, 11(10): 2635-2643.
DiTullio G R, Hutchins D A, Bruland K W. 1993. Interaction of iron and major nutrients controls phytoplankton growth and species composition in the tropical North Pacific Ocean. Limnology and Oceanography, 38(3): 495-508.
Dunbar R B, Mucciarone D A, Long M, et al. 2006. Hydrographic properties of the Ross Sea continental shelf during December, 2005, and January 2006 NBP0601–CORSACS. Stanford University Ocean Biogeochemistry Group Report: 6.
Feng Y, Hare C E, Rose J M, et al. 2010. Interactive effects of iron, irradiance and CO_2 on Ross Sea phytoplankton. Deep Sea Research Part I: Oceanographic Research Papers, 57(3): 368-383.
Field C B, Behrenfeld M J, Randerson J T, et al. 1998. Primary production of the biosphere: Integrating terrestrial and oceanic components. Science, 281(5374): 237-240.
Fitzwater S E, Johnson K S, Gordon R M, et al. 2000. Trace metal concentrations in the Ross Sea and their relationship with nutrients and phytoplankton growth. US Southern Ocean JGOFS Program (AESOPS), 47(15): 3159-3179.
Gao Y, Xu G, Zhan J, et al. 2013. Spatial and particle size distributions of atmospheric dissolvable iron in aerosols and its input to the Southern Ocean and coastal East Antarctica. Journal of Geophysical Research: Atmospheres, 118(22): 12634-12648.
Garcia N S, Sexton J, Riggins T, et al. 2018. High variability in cellular stoichiometry of carbon, nitrogen, and phosphorus within classes of marine eukaryotic phytoplankton under sufficient

nutrient conditions. Frontiers in Microbiology, 9: 543.

Gerringa L J, Alderkamp A C, Van Dijken G, et al. 2020. Dissolved trace metals in the Ross Sea. Frontiers in Marine Science, 7: 577098.

Gerringa L, Laan P, Van Dijken G, et al. 2015. Sources of iron in the Ross Sea polynya in early summer. Marine Chemistry, 177: 447-459.

Kaufman D E, Friedrichs M A M, Smith Jr W O, et al. 2017. Climate change impacts on southern Ross Sea phytoplankton composition, productivity, and export. Journal of Geophysical Research: Oceans, 122(3): 2339-2359.

Liu M, Matsui H, Hamilton D S, et al. 2022. The underappreciated role of anthropogenic sources in atmospheric soluble iron flux to the Southern Ocean. NPJ Climate and Atmospheric Science, 5(1): 28.

Mack S L, Dinniman M S, McGillicuddy D J, et al. 2017. Dissolved iron transport pathways in the Ross Sea: Influence of tides and horizontal resolution in a regional ocean model. Journal of Marine Systems, 166: 73-86.

Mahowald N M, Baker A R, Bergametti G, et al. 2005. Atmospheric global dust cycle and iron inputs to the ocean. Global Biogeochemical Cycles, 19(4): GB4025.

Marsay C M, Barrett P M, McGillicuddy Jr D J, et al. 2017. Distributions, sources, and transformations of dissolved and particulate iron on the Ross Sea continental shelf during summer. Journal of Geophysical Research: Oceans, 122(8): 6371-6393.

Marsay C M, Sedwick P N, Dinniman M S, et al. 2014. Estimating the benthic efflux of dissolved iron on the Ross Sea continental shelf. Geophysical Research Letters, 41(21): 7576-7583.

Martin J H. 1990. Glacial-interglacial CO_2 change: the iron hypothesis. Paleoceanography, 5(1): 1-13.

Morel F M M, Milligan A J, Saito M A. 2003. Marine bioinorganic chemistry: The role of trace metals in the oceanic cycles of major nutrients. Treatise on Geochemistry, 6: 625.

Orsi A H, Wiederwohl C L. 2009. A recount of Ross Sea waters. Deep Sea Research Part II: Topical Studies in Oceanography, 56(13-14): 778-795.

Pellichero V, Sallée J B, Schmidtko S, et al. 2017. The ocean mixed layer under Southern Ocean sea-ice: Seasonal cycle and forcing. Journal of Geophysical Research: Oceans, 122: 1608-1633.

Person R, Vancoppenolle M, Aumont O, et al. 2021. Continental and sea ice iron sources fertilize the Southern Ocean in synergy. Geophysical Research Letters, 48(23): e2021GL094761.

Petty A A, Holland P R, Feltham D L. 2014. Sea ice and the ocean mixed layer over the Antarctic shelf seas. The Cryosphere, 8(2): 761-783.

Porter D F, Springer S R, Padman L, et al. 2019. Evolution of the seasonal surface mixed layer of the Ross Sea, Antarctica, observed with autonomous profiling floats. Journal of Geophysical Research: Oceans, 124(7): 4934-4953.

Rivaro P, Ardini F, Vivado D, et al. 2020. Potential sources of particulate iron in surface and deep waters of the Terra Nova Bay (Ross Sea, Antarctica). Water, 12(12): 3517.

Rivaro P, Messa R, Ianni C, et al. 2014. Distribution of total alkalinity and pH in the Ross Sea (Antarctica) waters during austral summer 2008. Polar Research, 33(1): 20403.

Sabine C L, Feely R A, Gruber N, et al. 2004. The oceanic sink for anthropogenic CO_2. Science, 305(5682): 367-371.

Sedwick P N, DiTullio G R, Mackey D J. 2000. Iron and manganese in the Ross Sea, Antarctica: Seasonal iron limitation in Antarctic shelf waters. Journal of Geophysical Research: Oceans,

105(C5): 11321-11336.
Sedwick P N, Marsay C M, Sohst B M, et al. 2011. Early season depletion of dissolved iron in the Ross Sea polynya: Implications for iron dynamics on the Antarctic continental shelf. Journal of Geophysical Research: Oceans, 116(C12019), doi: 10.1029/2010JC006553.
Sedwick P N, Sohst B M, O'Hara C, et al. 2022. Seasonal dynamics of dissolved iron on the Antarctic continental shelf: Late-fall observations from the Terra Nova Bay and Ross Ice Shelf polynyas. Journal of Geophysical Research: Oceans, 127(10): e2022JC018999.
Smith W O Jr, Ainley D G, Arrigo K R, et al. 2014. The oceanography and ecology of the Ross Sea. Annual Review of Marine Science, 6: 469-487.
Smith W O Jr, Kaufman D E. 2018. Climatological temporal and spatial distributions of nutrients and particulate matter in the Ross Sea. Progress in Oceanography, 168: 182-195.
St-Laurent P, Yager P L, Sherrell R M, et al. 2017. Pathways and supply of dissolved iron in the Amundsen Sea (Antarctica). Journal of Geophysical Research: Oceans, 122(9): 7135-7162.
Sunda W. 2012. Feedback interactions between trace metal nutrients and phytoplankton in the ocean. Frontiers in Microbiology, 3: 204.
Sunda W G. 1989. Trace metal interactions with marine phytoplankton. Biological Oceanography, 6(5-6): 411-442.
Sunda W G. 2010. Iron and the carbon pump. Science, 327(5966): 654-655.
Tagliabue A, Bopp L, Aumont O. 2009. Evaluating the importance of atmospheric and sedimentary iron sources to Southern Ocean biogeochemistry. Geophysical Research Letters, 36(13): 2009GL038914.
Tagliabue A, Sallée J B, Bowie A R, et al. 2014. Surface-water iron supplies in the Southern Ocean sustained by deep winter mixing. Nature Geoscience, 7(4): 314-320.
Thuróczy C E, Alderkamp A C, Laan P, et al. 2012. Key role of organic complexation of iron in sustaining phytoplankton blooms in the Pine Island and Amundsen Polynyas (Southern Ocean). Deep Sea Research Part II: Topical Studies in Oceanography, 71-76: 49-60.
Twining B S, Baines S B. 2013. The trace metal composition of marine phytoplankton. Annual Review of Marine Science, 5: 191-215.
Twining B S, Baines S B, Fisher N S. 2004. Element stoichiometries of individual plankton cells collected during the Southern Ocean Iron Experiment (SOFeX). Limnology and Oceanography, 49(6): 2115-2128.
Wadley M R, Jickells T D, Heywood K J. 2014. The role of iron sources and transport for Southern Ocean productivity. Deep Sea Research Part I: Oceanographic Research Papers, 87: 82-94.
Weber T. 2020. Southern ocean upwelling and the marine iron cycle. Geophysical Research Letters, 47(20): e2020GL090737.

1.3 初级生产力和净初级生产力

初级生产力是海洋生态系统与功能结构的基础参数。海洋初级生产力（PP）可定义为单位时间单位体积海水内浮游植物及自养细菌等初级生产者通过光合作用产生的有机碳或能量的总量，而净初级生产力（NPP）是指总初级生产力与呼吸消耗量间的差值，可直接反映海域中的生产力情况，也是估算全球碳循环、渔业资源潜力大小的重要指标（Behrenfeld et al.，2006）。总体来说，南大洋初级生产力较高[20～400 g C/(m²·a)]，是全球重要的"碳汇"区，在吸收大气中人类来源的 CO_2 过程中贡献了全球海洋的 40%之多（Khatiwala et al.，2009）。此外，南大洋的初级生产力也可以通过大洋环流控制低纬度地区的营养盐输运，进而影响全球生产力（Sarmiento et al.，2004）。作为南大洋的第二大边缘海，罗斯海的大陆边缘受到世界上最大的冰架——罗斯冰架的影响，进而促进了南极底层水的生成（Castagno et al.，2019）。同时，南极绕极深层水的入侵可带来热量和丰富的营养盐，从而导致罗斯海具有较高的生产力，罗斯海约贡献了南大洋初级生产力的 1/3，是南大洋初级生产力水平最高的区域之一，在全球碳循环和气候调节中发挥着重要作用（Smith，2022）。

罗斯海的浮游植物优势种群主要为硅藻和南极棕囊藻（*Phaeocystis antarctica*），其也是该海域初级生产力的主要贡献类群（Smith et al.，2012）。罗斯海初级生产力一般在春季（12 月至翌年 1 月）达到最高，在 1～6 月呈下降趋势，并于 6 月达到最低，此后净初级生产力逐渐升高。尽管随着技术手段的不断更新，可通过高分辨率浮标、CTD、水下航行器、遥感等多种手段对罗斯海的环境参数数据进行采样和监测，从而更深入地了解罗斯海的生产力现状，但因海冰覆盖和极夜等原因，罗斯海 5～12 月的初级生产力数据尚存在严重缺失。一般认为在黑暗条件下浮游植物无法进行光合作用，初级生产力可忽略不计（Moore and Abbott，2000）。

上海交通大学海洋学院 Smith 团队整合了 1983～2006 年 19 个航次共 449 个站点基于 ^{14}C 标记培养实验的历史数据（图 1.40，表 1.1），结果表明，罗斯海初级生产力的季节变化主要由浮游植物的生物量变化所驱动，在 12 月末呈现单峰趋势。水柱积分初级生产力平均值为 (1.10 ± 1.20) g C/(m²·d)，最大值为 13.1 g C/(m²·d)，罗斯海春季的初级生产力主要由南极棕囊藻贡献，而夏季的初级生产力由硅藻贡献，根据生长季节中的平均值计算得到年初级生产力为 146 g C/m²，叶绿素归一化的表层初级生产力平均值为 0.98 mg C/(mg Chl·h)，在罗斯海表层海水中虽然也存在光抑制，但其只降低了浮游植物生产力的 18%左右，程度较低（图 1.41；Smith，2022）。南极磷虾主要依靠春季初级生产力支撑其产卵过程，尤其是以硅藻为主要饵料，因此，罗斯海中的初级生产力，尤其是硅藻等大型浮游植物贡献的初级生产力，对支撑磷虾等浮游动物关键种群的生物量尤为重要（Quetin and Ross，2003）。较高的初级生产力也导致罗斯海水华期间具有较高的 f 值（净初级生产力与总初级生产力之比，为 0.44）（Bender et al.，2000）（Asper and Smith，1999），表明净初级生产力中的大部分可被输运至深层海水中。

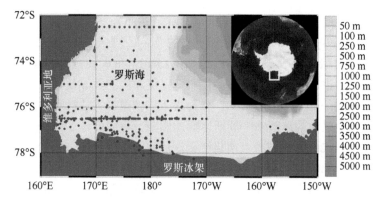

图 1.40　Smith（2022）关于罗斯海初级生产力研究的站位图

表 1.1　基于 ^{14}C 标记法测定罗斯海初级生产力的航次及数据来源（Smith，2022）

航次	时间	生产力测定站位数	参考文献
Glacier 1983：Leg I	1983 年 1 月 26 日至 2 月 2 日	33	Wilson et al.，1986
Glacier 1983：Leg II	1983 年 2 月 2 日至 2 月 8 日	6	Wilson et al.，1986
Polar Duke 1990	1990 年 1 月 13 日至 2 月 2 日	68	Smith et al.，1996
Polar Duke 1992	1992 年 2 月 5 日至 2 月 28 日	45	Smith et al.，1996
N.B. Palmer 94-06	1994 年 11 月 14 日至 12 月 8 日	45	Smith and Gordon.，1997
N.B.Palmer 95-08	1995 年 12 月 20 日至 1996 年 1 月 20 日	58	Smith et al.，1999
N.B. Palmer 96-04	1996 年 10 月 18 日至 11 月 4 日	14	Smith et al.，2000
N.B. Palmer 97-01	1997 年 1 月 13 日至 2 月 8 日	23	Smith et al.，2000
N.B. Palmer 97-03	1997 年 4 月 12 日至 4 月 29 日	12	Smith et al.，2000
N.B. Palmer 97-08	1997 年 11 月 15 日至 12 月 10 日	34	Smith et al.，2000；Hiscock，2004
Polar Sea 2001：Leg I	2001 年 12 月 19 日至 12 月 21 日	8	Smith，2022
Polar Sea 2001：Leg II	2002 年 2 月 2 日至 2 月 6 日	8	Smith，2022
Polar Sea 2002：Leg I	2002 年 12 月 23 日至 12 月 24 日	3	Smith，2022
N.B. Palmer 03-05	2003 年 12 月 26 日至 12 月 29 日	9	Smith，2022
Polar Sea 2003-2004	2004 年 2 月 3 日至 2 月 6 日	11	Smith，2022
Polar Star 2004	2004 年 12 月 21 日至 12 月 24 日	11	Smith，2022
N.B. Palmer 05-01	2005 年 1 月 29 日至 2 月 1 日	13	Smith，2022
N.B. Palmer 06-01	2005 年 12 月 27 日至 2006 年 1 月 9 日	27	Sedwick et al.，2011
N.B. Palmer 06-08	2006 年 11 月 20 日至 12 月 3 日	21	Sedwick et al.，2011

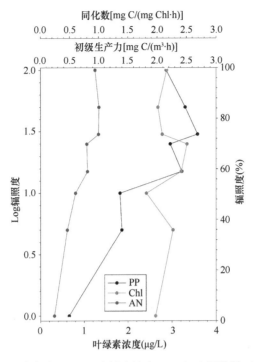

图 1.41 罗斯海初级生产力（PP）、叶绿素浓度（Chl）和同化数（AN）垂直分布图
（Smith，2022）

罗斯海的初级生产力主要由光照、温度和营养盐浓度调控，相对于南大洋其他海域，罗斯海是高生产力的海域，微量营养元素铁的生物可利用性仍是限制其初级生产力的主要环境因子（Boyd，2002）。此外，由于罗斯海独特的地理位置，海冰覆盖范围、太阳辐射、海水的平流及垂向混合过程也可通过调控海温、光照强度以及营养盐的生物可利用性等直接影响浮游植物种群演替和光合作用，各种环境因子间也会有复杂的耦合性，从而造成该海域的初级生产力存在独特的区域性和季节性分布（Mangoni et al.，2018；吴悦媛等，2019）。

1.3.1 初级生产力和净初级生产力区域性分布规律

在空间分布上，罗斯海各个区域由于海冰覆盖度的不同，浮游植物生物量存在明显的区域性差异（图 1.42）。由于存在广泛而持久的海冰覆盖，罗斯海中部和东部的初级生产力显著受到抑制而呈现低值，对低光强更耐受的南极棕囊藻为其中的优势种；硅藻则是罗斯海北部和南部的优势种群；而在罗斯海西部，硅藻与南极棕囊藻共生，但在垂直方向上被上层混合层隔离，上层以衰老硅藻为主，较深层以南极棕囊藻为主（Mangoni et al.，2017）。在罗斯海西南部，尤其是在夏季无冰区水域，具有较高的净初级生产力，并可迅速输出到 200 m 以下的深度（Meyer et al.，2022）。此外，以硅藻为优势种的罗斯海西部的碳输出[(7.3 ± 0.9) mol C/m^2]显著高于以南极棕囊藻为主的罗斯海中部的碳输出[(3.4 ± 0.8) mol C/m^2]（DeJong et al.，2017）。在罗斯海西部，尤以特拉诺瓦湾（TNB）海域的生产力较高。采用现场 pCO_2 和风速数据计算瞬时 CO_2 通量，可估算特拉诺瓦湾的瞬时 CO_2 通量为 (-4.8 ± 0.3) mol C/m^2（1～3 月），远高于其他区域，达到了罗斯海平均值的 3～4 倍，瞬时 CO_2 通量率高达 -246 mmol C/(m^2·d)。进入特拉诺瓦湾的大部分 CO_2 通量发生在夏末，该区域瞬时 CO_2 通量率的异常高值可能是由夏末群落净初级生产力和下降风耦合导致的（DeJong et al.，2017）。该海域中的生物量可高达 272 mg Chl a/m^2，并以硅藻为优势种群（生物量占比≥50%）。

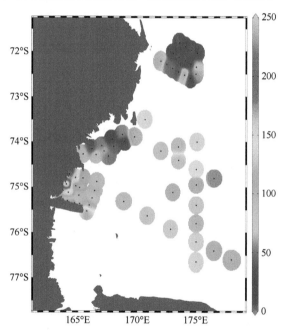

图 1.42　罗斯海浮游植物生物量的空间分布图（mg Chl a /m^2）（Bolinesi et al.，2020）

罗斯海的沿岸地区通常具有较高的生产力，主要是由于沿岸区域附近的陆地冰盖和冰架的融化释放出营养盐，提供了浮游植物生长所需的营养物质；同时沿岸上升流也会带来营养盐浓度较高的深层水（Davis et al.，2017），这对支持海洋食物链和生态系统的健康起到了重要作用。由于沿岸陆源输入，罗斯海大陆架海域的初级生产力普遍高于边缘海盆（吴悦媛等，2019），并支撑了南极磷虾的生长（Wang et al.，2022）。

罗斯海的冰缘区域生产力也较高。冰缘区域是指靠近海冰边缘的地区，而冰缘区域的冰藻可利用冰晶间的太阳光辐射进行光合作用。海冰融化可为浮游植物提供用于生长的基本营养物质，尤其是铁，从而缓解初级生产力的铁限制（Mangoni et al.，2018）。在罗斯海麦克默多湾的铁施肥实验也验证了这一观点，铁加富导致了该海域硅藻生长、铁吸收及有机碳固定速率的显著提高（Zhu et al.，2016）。

在垂直分布上（图 1.43），罗斯海水体中叶绿素 a 浓度最大值出现在 20~50 m 水体深度，Rivaro 等（2017）的调查结果表明，在表层水体中硅藻对叶绿素 a 生物量的贡献高于定鞭金藻（主要为南极棕囊藻），而随着水深增加，定鞭金藻的占比显著升高，由此估算出该海域二氧化碳通量为（–0.5±0.4）~（–31.0±6.4）mmol /(m^2·d)。

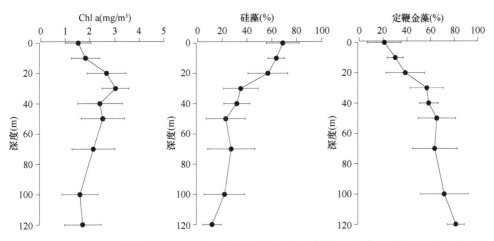

图 1.43 罗斯海总生物量（用 Chl a 浓度表征）和主要浮游植物种群组成的垂直分布图

1.3.2 初级生产力和净初级生产力季节变化规律

温度和光照是罗斯海初级生产力和净初级生产力的重要调控因子，因此，罗斯海的叶绿素浓度和初级生产力具有显著的季节性变化规律（图 1.44，图 1.45）。一般来说，南极春夏季（11 月至次年 2 月），该海域日照时间较长，太阳高度角较大，为一年中太阳辐射最充足的季节，再加上这期间水体中营养盐水平较高，浮游植物生长迅速，导致了较高的初级生产力。1996~1997 年的观测数据表明，罗斯海南部春季生物量在 1 月中旬达到最大值，而初级生产力的最大值[231 mmol C/(m^2·d)]则在 12 月初就已达到。到了秋季，日照时间较短，太阳辐射弱，海冰也逐渐形成，随着海冰覆盖面积逐步扩大，至冬季初级生产力逐步降低至接近于零（Smith et al.，2000）。

罗斯海的浮游植物种群组成也存在着一定的季节性变化规律，南极棕囊藻和硅藻种群的季节性演替也会对初级生产力产生影响。综合 1967~2016 年 42 航次数据的结果表明，在南半球初春季节，南极棕囊藻水华出现，并且南极棕囊藻成

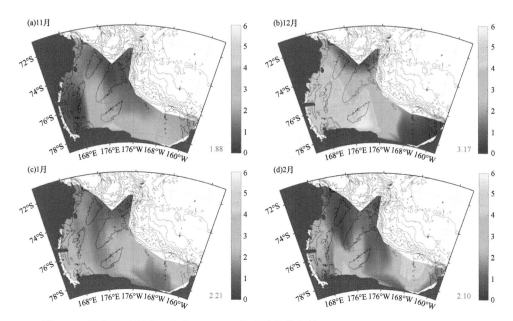

图 1.44 罗斯海叶绿素 a 浓度（μg/L）的季节变化规律（Smith and Kaufman，2018）

右下角红色数据代表叶绿素 a 浓度在该月份平均值

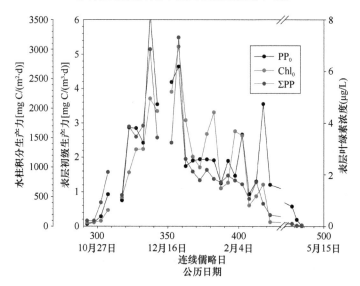

图 1.45 10 月至翌年 5 月罗斯海表层初级生产力（PP_0）、综合初级生产力（ΣPP）和表层叶绿素浓度（Chl_0）（Smith，2022）

为浮游植物中的优势种群，导致叶绿素和颗粒有机碳（POC）浓度增加；到了夏末，硅藻水华逐步取代南极棕囊藻水华，铁限制也随之加剧，并产生较高的颗粒有机碳与叶绿素的比值（POC：Chl）（Chen and Meng，2022）。由此，使用可变

POC：Chl 值的生物光学模型对罗斯海生产力的估算表明，基于传统卫星遥感估算初级生产力的方法至少产生了 70%的低估（Smith et al.，2000）。

上述研究中罗斯海春季生产力上升以及南极棕囊藻和硅藻水华的演替过程，主要受海温变化、海冰融化和洋流输入带来的溶解铁（dFe）浓度变化控制。Salmon 等（2020）采用一维数值模型模拟 dFe 源对初级生产力的影响，模型考虑到南极棕囊藻的生命周期、硅藻生长速率、dFe 和光照强度等因素，结果表明，在生长早期（11 月下旬至 12 月初）的弱光条件下，海冰融化占总 dFe 输入的 20%，促进了早春的南极棕囊藻水华发生；而 dFe 的平流输入占总 dFe 输入的 60%，维持了南极棕囊藻在 1 月初的快速生长，并支撑了后期硅藻水华（Salmon et al.，2020）。

1.3.3　气候变化下初级生产力和净初级生产力的长期变化趋势

气候变化对南大洋生态环境造成了深远的影响，据预测，南大洋海域总体上呈现出变暖加剧、风力增强、海水酸化、层化加剧、混合层变浅、光照（紫外线辐射）增强、上升流强度和上层营养盐水平发生变化，并且会伴随着海冰覆盖减少、盐度降低以及锋面向南迁移等趋势（Deppeler and Davidson，2017；Henley et al.，2020）。因此，在气候变化的大背景下，罗斯海生态系统也会受到多种环境因子共同变化的影响，海洋初级生产力作为生态系统的基础环节，对其长期变化趋势的理解与预测对评估气候变化背景下整个罗斯海生态系统变化趋势具有重要意义。Smith（2022）汇总了 1983～2006 年罗斯海初级生产力调查数据，并获取了罗斯海初级生产力的长期变化趋势（图 1.46），结果表明，该海域平均表层初级生产力在此期间大体呈现出下降的趋势，偏离平均值波动较大的高值主要出现在 2004 年[4.54 mg C/(m^3·d)]，低值出现在 2003 年[0.70 mg C/(m^3·d)]和 2005 年[0.74 mg C/(m^3·d)]。平均水柱积分生产力则呈现升高的趋势，在 2004 年出现了极高值[3.29 g C/(m^2·d)]，低值出现在 2002 年[0.52 g C/(m^2·d)]。

统计分析结果表明，罗斯海浮游植物水华的空间覆盖度与海表温度（$R = 0.55$，$P < 0.05$）、海面风速（$R = 0.42$，$P < 0.05$）和海冰覆盖面积（$R = -0.84$，$P < 0.05$）显著相关（Chen and Meng，2022）。据地球系统模型预测，在全球气候变化背景下，至 21 世纪末，南大洋海表温度将持续上升，海冰覆盖面积减小，太阳辐射对海水的穿透性增加，从而促进浮游植物生长，进而导致该海域净初级生产力升高（表 1.2）。此外，气候变化也会改变罗斯海净初级生产力的季节性和区域性变化模式以及初级生产者的种群组成。例如，随着海冰融化逐步加剧，冰藻（大型硅藻）的生物量将受到削弱，浮游植物群落将向着个体更小、鞭毛类物种占优、温水种逐渐替代冷水种的方向演替变化（Deppeler and Davidson，2017）。

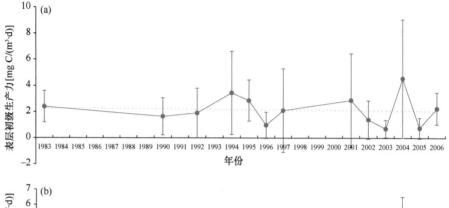

图 1.46 1983~2006 年基于 19 个航次调查数据的罗斯海海域平均表层初级生产力（a）和平均水柱积分生产力（b）的变化趋势（Smith，2022）

红色虚线为平均值的年际线性拟合趋势线，误差棒为所有观测值的标准偏差

表 1.2 南大洋净初级生产力近年来（基于遥感观测）及未来 100 年（基于地球系统模型预测）的变化趋势（Pinkerton et al.，2021）

位置	近期观测趋势				未来预测趋势		
	地区				地区		
	北部海域	亚南极海域	南极海域	所有地区	北部海域	亚南极海域	南极海域
大西洋	↗↗--	-↗↓↓	-↑-↓	↗↗--	↑	↓	↑
印度洋中部	↗↗-↘	↗↗↓↓	-↑-↓	↗↗↘↓	↑	↓	↑
印度洋东部	-↗--	-↗--	-↑--	↗↗--	↑	↓	↑
太平洋西部	↗↗--	-↗↓↓	--↓--	↗↗--	↑	↓	↑
太平洋东部	↗↗-↓	-↗-↓	-----	↗↗--	↑	↓	↑
所有区域	↗↗-↘	↗↗↓↓	-↗-↓	↗↗-↓	↑	↓	↑

注：近期观测趋势，顺序为：混合层浮游植物生物量（以 Chl a 浓度表征，1997~2019 年）；垂向广义生产模型（vgpm）和基于浮游植物碳（C_{ph}）的模型（cbpm）的净初级生产力（NPP，1997~2019 年）；混合层底部辐照度（1997~2019 年，E_{DCM}）。箭头示意："↑"表示显著上升趋势>1%y^{-1}；"↗"表示显著增加趋势<1%y^{-1}；"-"表示在分析期间无显著趋势；"↘"表示显著下降趋势<1%y^{-1}；"↓"表示显著下降趋势>1%y^{-1}。例如，"-↑-"表示 Chl a 浓度无变化趋势，vgpm 模型的净初级生产力有明显上升趋势，cbpm 模型的净初级生产力有下降趋势，E_{DCM} 无变化趋势。未来预测基于 CMIP5 模型（Leung et al.，2015），仅为 NPP："↑"表示预测未来的增长；"-"表示预计没有变化（或增减混合）；"↓"表示预测未来的下降。

值得注意的是，这些变化在南大洋不同的区域具有一定的异质性（Deppeler and Davidson，2017）。在气候变化背景下，多重环境因子的协同变化也会对罗斯海初级生产力产生复杂的交互效应。针对罗斯海自然浮游植物群落开展的船载连续模拟培养实验表明，铁与光照条件对南极棕囊藻囊体的丰度有显著交互效应，只有在解除光限制的前提下南极棕囊藻成囊才会显著受到铁加富的促进；CO_2 浓度和光照条件对硅藻的种群结构有显著交互效应，进而影响种群的初级生产力和碳输出（Feng et al.，2010）。因此，对未来场景下罗斯海净初级生产力的预测需要考虑多重环境因子共同变化的复杂条件（Boyd et al.，2015，2016）。尽管存在着不确定性因素，但可以预见的是，未来罗斯海净初级生产力的变化将对南大洋食物网产生连锁的生态效应，影响其中的南极磷虾、银鱼等关键物种的食物来源及产量。

参 考 文 献

吴悦媛, 侯书贵, 吴霜叶, 等. 2019. 南大洋净初级生产力的时空变化及影响因素分析. 极地研究, 31(3): 322-333.

Asper V L, Smith Jr W O. 1999. Particle fluxes during austral spring and summer in the southern Ross Sea, Antarctica. Journal of Geophysical Research: Oceans, 104(C3): 5345-5359.

Behrenfeld M J, O'Malley R T, Siegel D A, et al. 2006. Climate-driven trends in contemporary ocean productivity. Nature, 444(7120): 752-755.

Bender M L, Dickson M L, Orchardo J. 2000. Net and gross production in the Ross Sea as determined by incubation experiments and dissolved O_2 studies. Deep Sea Research Part II: Topical Studies in Oceanography, 47(15-16): 3141-3158.

Bolinesi F, Saggiomo M, Ardini F, et al. 2020. Spatial-related community structure and dynamics in phytoplankton of the Ross Sea, Antarctica. Frontiers in Marine Science, 7: 574963.

Boyd P W. 2002. Environmental factors controlling phytoplankton processes in the Southern Ocean. Journal of Phycology, 38(5): 844-861.

Boyd P W, Dillingham P W, McGraw C M, et al. 2016. Physiological responses of a Southern Ocean diatom to complex future ocean conditions. Nature Climate Change, 6(2): 207-213.

Boyd P W, Lennartz S T, Glover D M, et al. 2015. Biological ramifications of climate-change-mediated oceanic multi-stressors. Nature Climate Change, 5(1): 71-79.

Castagno P, Capozzi V, DiTullio G R, et al. 2019. Rebound of shelf water salinity in the Ross Sea. Nature Communications, 10(1): 5441.

Chen S, Meng Y. 2022. Phytoplankton blooms expanding further than previously thought in the Ross Sea: A remote sensing perspective. Remote Sensing, 14(14): 3263.

Davis L B, Hofmann E E, Klinck J M, et al. 2017, Distributions of krill and Antarctic silverfish and correlations with environmental variables in the western Ross Sea, Antarctica. Marine Ecology Progress Series, 584: 45-65.

DeJong H B, Dunbar R B, Koweek D A, et al. 2017. Net community production and carbon export during the late summer in the Ross Sea, Antarctica. Global Biogeochemical Cycles, 31(3): 473-491.

Deppeler S L, Davidson A T. 2017. Southern Ocean phytoplankton in a changing climate. Frontiers in Marine Science, 4: 40.

Feng Y, Hare C E, Rose J M, et al. 2010. Interactive effects of iron, irradiance and CO_2 on Ross Sea phytoplankton. Deep Sea Research Part I: Oceanographic Research Papers, 57(3): 368-383.

Henley S F, Cavan E L, Fawcett S E, et al. 2020. Changing biogeochemistry of the Southern Ocean and its ecosystem implications. Frontiers in Marine Science, 7: 581.

Hiscock M R. 2004. The regulation of primary productivity in the Southern Ocean. Duke University Ph.D: 120.

Khatiwala S, Primeau F, Hall T. 2009. Reconstruction of the history of anthropogenic CO_2 concentrations in the ocean. Nature, 462(7271): 346-349.

Leung S, Cabré A, Marinov I. 2015. A latitudinally banded phytoplankton response to 21st century climate change in the Southern Ocean across the CMIP5 model suite. Biogeosciences, 12: 5715-5734.

Mangoni O, Saggiomo V, Bolinesi F, et al. 2017. Phytoplankton blooms during austral summer in the Ross Sea, Antarctica: Driving factors and trophic implications. PLoS One, 12(4): e0176033.

Mangoni O, Saggiomo V, Bolinesi F, et al. 2018. A review of past and present summer primary production processes in the Ross Sea in relation to changing ecosystems. Ecological Questions, 29(3): 75-85.

Meyer M G, Jones R M, Smith Jr W O. 2022. Quantifying seasonal particulate organic carbon concentrations and export potential in the southwestern Ross Sea using autonomous gliders. Journal of Geophysical Research: Oceans, 127(10): e2022JC018798.

Moore J K, Abbott M R. 2000. Phytoplankton chlorophyll distributions and primary production in the Southern Ocean. Journal of Geophysical Research: Oceans, 105(C12): 28709-28722.

Pinkerton M H, Boyd P W, Deppeler S, et al. 2021. Evidence for the impact of climate change on primary producers in the Southern Ocean. Frontiers in Ecology and Evolution, 9: 592027.

Quetin L B, Ross R M. 2003. Episodic recruitment in Antarctic Krill, *Euphausia superba*, in the Palmer LTER study region. Marine Ecology Progress Series, 259: 185-200.

Rivaro P, Ianni C, Langone L, et al. 2017. Physical and biological forcing of mesoscale variability in the carbonate system of the Ross Sea (Antarctica) during summer 2014. Journal of Marine Systems, 166: 144-158.

Salmon E, Hofmann E E, Dinniman M S, et al. 2020. Evaluation of iron sources in the Ross Sea. Journal of Marine Systems, 212: 103429.

Sarmiento J L, Gruber N, Brzezinski M A, et al. 2004. High-latitude controls of thermocline nutrients and low latitude biological productivity. Nature, 427(6969): 56-60.

Sedwick P N, Marsay C M, Sohst B M, et al. 2011. Early season depletion of dissolved iron in the Ross Sea polynya: Implications for iron dynamics on the Antarctic continental shelf. Journal of Geophysical Research: Oceans, 116(C12), doi.org/10.1029/2010JC006553.

Smith W O Jr. 2022. Primary productivity measurements in the Ross Sea, Antarctica: A regional synthesis. Earth System Science Data, 14(6): 2737-2747.

Smith W O Jr, Gordon L I. 1997. Hyperproductivity of the Ross Sea (Antarctica) polynya during austral spring. Geophysical Research Letters, 24(3): 233-236.

Smith W O Jr, Kaufman D E. 2018. Climatological temporal and spatial distributions of nutrients and particulate matter in the ross sea. Progress in Oceanography, 168: 182-195.

Smith W O Jr, Marra J, Hiscock M R, et al. 2000. The seasonal cycle of phytoplankton biomass and primary productivity in the Ross Sea, Antarctica. Deep Sea Research Part II: Topical Studies in Oceanography, 47(15-16): 3119-3140.

Smith W O Jr, Nelson D M, DiTullio G R, et al. 1996. Temporal and spatial patterns in the Ross Sea: phytoplankton biomass, elemental composition, productivity and growth rates. Journal of Geophysical Research: Oceans, 101(C8): 18455-18465.

Smith W O Jr, Nelson D M, Mathot S. 1999. Phytoplankton growth rates in the Ross Sea, Antarctica, determined by independent methods: temporal variations. Journal of Plankton Research, 21(8): 1519.

Smith W O Jr, Sedwick P N, Arrigo K R, et al. 2012. The Ross Sea in a sea of change. Oceanography, 25(3): 90-103.

Wang J K, Li T G, Tang Z. 2022. Relating the composition of continental margin surface sediments from the Ross Sea to the Amundsen Sea, West Antarctica, to modern environmental conditions. Advances in Polar Science, 33(1): 55-70.

Wilson D L, Smith W O Jr, Nelson D M. 1986. Phytoplankton bloom dynamics of the western Ross Sea ice edge—I. Primary productivity and species-specific production. Deep Sea Research Part A. Oceanographic Research Papers, 33(10): 1375-1387.

Zhu Z, Xu K, Fu F, et al. 2016. A comparative study of iron and temperature interactive effects on diatoms and *Phaeocystis antarctica* from the Ross Sea, Antarctica. Marine Ecology Progress Series, 550: 39-51.

1.4 微 生 物

罗斯海拥有独特且丰富的微生物多样性，由病毒、细菌、古菌、真菌、微型真核生物（微藻和原生生物）组成，这些微生物是该海域微食物网和生态系统的核心。罗斯海是整个南极拥有最高初级生产力的区域之一，年均初级生产力约为 180g C/m^2，其中作为初级生产者的光合自养微生物是支撑罗斯海生态系统高级食物链的基础。罗斯海内的浮游微生物群落的组成和丰度随着水团、季节的变化而变化。在夏季，极地海冰表面的微生物群落主要由硅藻和甲藻组成，而在冬季，微生物群落则主要由细菌和真菌组成。

初级生产季节的长短、原生生物的种群组成会影响海洋生态系统的高级食物网，微生物群落结构作为生态系统的支撑环节，可以直接关联海洋大型生物、渔业资源以及本地群落，并且微生物群落结构间的交互作用亦是影响海洋生物碳泵效率的关键因素之一。同时，微生物群落受到环境因子显著筛选，区域性的微生物群落结构由于物理或者生态渗透，也许可以"抵御"外来物种入侵。在极地局部海洋生境中，如夏季海冰缺失，增强的光捕获能力以及水柱层化会显著影响光合自养和异养微生物的群落结构。季节和气候变化对微生物多样性和分布的影响、浮游微生物对 CO_2 的固定、微生物对颗粒有机碳（POC）的矿化/再矿化作用是目前罗斯海微生物的基础研究热点之一。

1.4.1 微生物多样性

(1) 浮游微生物多样性

病毒是全球地球化学循环的驱动因素之一，也是地球上具有最大的遗传多样性的"数据库"（Suttle，2005），在海洋中的重要性不可小觑。病毒在海洋中的总量约为其他微生物的 10 倍（Fuhrman，1999）。由于病毒必须依附于宿主细胞才能得以繁殖，因此病毒丰度的变化总是与宿主细胞丰度的变化有着一致性。罗斯海的微生态系统中存在大型病毒（衣壳直径≥110 nm），其占病毒总数的 18%（Paterson and Laybourn-Parry，2012），通过透射电镜观察到其中 40%是二十面体、37%是球体、23%是块状（Gowing，2003）。藻类可能是大型病毒的潜在宿主，大型病毒在罗斯海夏季海冰中的丰度较高（Gowing et al.，2002），但在晚秋季节较为罕见。宏基因组研究揭示了罗斯冰架下的病毒多样性：噬菌体未培养/未分类群占 50%左右，肌尾噬菌体科（Myoviridae）占 30%左右。罗斯海中存在大量未被分类和未被研究的病毒类群。

在海洋生态系统的物质循环和能量流动中，浮游细菌起着至关重要的作用，大约 50%的初级生产力是通过浮游细菌向中型浮游动物、磷虾甚至更高级的消费者进行输送的，浮游细菌不仅为原生动物、后生动物提供食物，还可作为分解者参与物质循环与转化，在极地海洋生态系统中扮演重要角色。早期科学航次调查显示，浮游细菌生物量可能占沿海地区微生物总生物量的 30%（Fiala and Delille，1992），罗斯海水域的浮游细菌生物量类似于或大于低纬度地区和南极洲其他沿海和海洋水域。罗斯海浮游微生物的研究主要集中在阿代尔角附近水域（Azzaro et al.，2022）、特拉诺瓦湾（TNB）沿海水域（Budillon et al.，2002；Lo Giudice et al.，2012；Silvi et al.，2016；Cordone et al.，2022）、罗斯海开放水域、罗斯冰架下水域（Holland et al.，2003；Martínez-Pérez et al.，2022）等。罗斯海开放水域为远离海岸的海洋水域，罗斯海不同性质的水团决定了不同区域微生物群落结构特征（Celussi et al.，2010）。拟杆菌门（Bacteroidetes）和变形菌门（Proteobacteria）是罗斯海的绝对优势类群，占比分别为 50.1%、48.4%，其他微生物类群为蓝藻门（Cyanophyta）、厚壁菌门（Firmicutes）、放线菌门（Actinobacteria）、疣微菌门（Verrucomicrobia）等。仲夏季，罗斯海具有较高的浮游植物生物量和硅藻相对丰度，代表优势属为异养细菌 *Polaribacter*。

而在罗斯冰架下黑暗无光的环境中，缺乏光合初级生产力，硝化微生物是碳固定，并供养冰架底部海腔整个微生物和大型动物区系的基础（Martínez-Pérez et al.，2022），微生物群落主要由 6 个门组成，原核生物包括变形菌门 Proteobacteria、SAR324、泉古菌门 Crenarchaeota（主要是 Nitrososphaerales）、Marinisomatota（主要是 Marinimicrobia，SAR406）、绿弯菌门 Chloroflexota（大多是 SAR202）、浮霉菌门 Planctomycetota。与世界各地大洋（>200 m）开放水域的微生物群落相比，罗斯冰架下的绿弯菌门 Chloroflexota、芽单胞菌门 Gemmatimonadota、Marinisomatota、Myxococcota、浮霉菌门 Planctomycetota 和 SAR324 丰度显著较高。属于嗜盐细菌 Halobacterota 的 Anck6 和 PAUC34f，在开阔的黑暗海洋中较为罕见，但在罗斯冰架下的水体中相对丰度增加了 10 倍。

微型真核浮游生物是除真菌、植物和动物之外的单细胞微型真核生物。微型真核生物种类繁多，形态特征较难分辨，较难培养，一般都为单细胞生物（虽然有一些会聚在一起生长），体积微小，粒径不会大于 20 μm。罗斯海微型真核生物分为 63 个门类，90%的序列归属于 8 个分支（Zoccarato et al.，2016）：横裂甲藻纲 Dinophyceae（44.1%）、硅藻门 Bacillariophyta（24.9%）、Discoba（4.8%）、Filosa-Thecofilosea（4.6%）、顶复门 Apicomplexa（4.5%）、眼虫门 Euglenozoa（4.5%）、共甲藻纲 Syndiniales（3.0%）、多孔虫纲 Polycystinea（2.5%）。不同水团生物地球化学特征深刻地影响着原生生物群落：仲夏季节新形成的高盐陆架水由相对丰度较高的光合自养生物组成，缺氧绕极流通常由食菌原生生物古虫界 Excavata 占优势；南极底层水中则汇聚了这两种水团的微生物群落结构特征。过冷冰架水中的微生物群落与南极底层水中的微生物汇聚成一个支系。属于囊泡虫类 Alveolata 的顶复门 Apicomplexa、纤毛虫 Ciliophora 和甲藻门 Dinophyta 在所有罗斯海水团中占优势。有孔虫界 Rhizaria 主要以丝足虫类 Cercozoa（在所有水团中都有发现）和放射虫类 Radiolaria（在绕极流中具有较高的相对丰度）两大类群为代表。

依据高通量测序结果将罗斯海水域的微型浮游真核生物主要分成三大分类组，其中第一分类组为所有水团中的优势种群，它们主要是横裂甲藻纲 Dinophyceae、硅藻门 Bacillariophyta，以及少数分类群，如丝足虫类 Cercozoa、古虫界 Excavata 和顶复门 Apicomplexa。第二分类组主要是在 HSSW、ISW 和 AABW 水团中占优势的分类群：Filosa-Thecofilosea、横裂甲藻纲 Dinophyceae、硅藻门 Bacillariophyta 和多孔虫纲 Polycystinea。第三分类组为南极深层流中相对丰度较高的分类群，主要是古虫界 Excavata（眼虫门 Euglenozoa、横裂甲藻纲 Dinophyceae、多孔虫纲 Polycystinea、共甲藻纲 Syndiniales、顶复门 Apicomplexa）。光合自养生物可以为深海生物群落提供能量供给，而 CDW 中主要有吞噬营养/食细菌（Phagotropic/bacterivorous）的分类群及寄生分类群，这两种营养策略是应对极端生境中能量缺乏的重要生存策略之一。甲藻门 Dinophyta、硅藻门 Bacillariophyta、吞噬性的鞭毛类 phagotroph（Diplonemea、Cryomonadida）和寄生生物 parasite（Gergarines）是罗斯海水域重要的浮游微型真核生物群落。

（2）沉积微生物多样性

目前对罗斯海病毒、细菌微生物群落的研究多集中在上层海域，关于罗斯海 1000 m 以下水深的水柱和沉积物中微生物多样性的报道极为有限。罗斯海 850 m 水深的沉积物中细菌主要由放线菌门、拟杆菌门、绿弯菌门、厚壁菌门和变形菌门等组成。随着沉积深度下降，拟杆菌门成为丰度最高的类群。罗斯海表层沉积物（46~1032 m 水深）中，拟杆菌门、变形菌门、厚壁菌门、梭杆菌门和浮霉菌门占主导地位。线性判别分析（LDA）表明，在罗斯海 1000 m 以浅的沉积物中有 19 个支系在细菌群落中具有较高的丰度（LDA 得分>4），主要属于假单胞菌门 Pseudomonadota。罗斯海沉积物中普遍存在的细菌类群是变形菌门、拟杆菌门（表 1.3）。

表 1.3　罗斯海微生物的生物多样性

分类	丰度（cells/mL）	优势分类群	参考文献
病毒（miTAGs）	$1.3\times10^6 \sim 1.65\times10^7$	Uroviricota、其他（>50%）	Gowing, 2003；Martínez-Pérez et al., 2022
细菌（海水）	5.35×10^5	拟杆菌门 Bacteroidetes、变形菌门 Proteobacteria、厚壁菌门 Firmicutes、放线菌门 Actinobacteria、其他	Budillon et al., 2002；Lo Giudice et al., 2012；Cordone et al., 2022
细菌（浮冰）	$1.5\times10^5 \sim 6.7\times10^6$	—	Marcia et al., 2004
细菌（冰架下）	$0.9\times10^5 \sim 1.2\times10^5$	变形菌门 Proteobacteria、泉古菌门 Crenarchaeota、SAR324、Marinisomatota、绿弯菌门 Chloroflexota、浮霉菌门 Planctomycetota	Martínez-Pérez et al., 2022
古菌（海水）	—	—	Cordone et al., 2022
真核生物（海水）	—	囊泡虫门 Alveolata、异鞭类 Stramenopiles、古虫界 Excavata、有孔虫界 Rhizaria、其他（<5%）	Zoccarato et al., 2016
细菌 Bacteria（沉积物）	—	变形菌门 Proteobacteria、拟杆菌门 Bacteroidetes、绿弯菌门 Chloroflexi、放线菌 Actinobacteria、厚壁菌门 Firmicutes	Carr, Vogel et al. 2013
古菌（沉积物）	—	广古菌门 Euryarchaeota、泉古菌门 Crenarchaeota、Miscellaneous Crenarchaeotal Group	Carr et al., 2013
真核生物（沉积物）	$(1.3\pm0.7)\times10^6 \sim (1.6\pm0.5)\times10^7$ 拷贝/g	子囊菌门 Ascomycota、担子菌门 Basidiomycota、其他（<5%）	Barone et al., 2022

Carr 等（2013）对罗斯海 850 m 深沉积物中古菌群落的研究发现，广古菌门、泉古菌门和 Miscellaneous Crenarchaeotal Group（MCG）是主要的古菌类群。罗斯海中的主要古菌类群与其他海洋区域采样的古菌类群相似，但某些类群似乎在罗斯海深部的特定水团中更为丰富，如 Candidatus Thalassarchaeum 和 Nitrososphaerota 在环极深水团的样本中更为丰富，而从南极底层水团中获得的样本主要由海洋II类广古菌门和 Nitrososphaerota 组成（Alonso-Sáez et al., 2011）。分类结果显示有 50%

以上的运算分类单元（OTU）/扩增子序列变异（ASV）无法被准确分类，即罗斯海生态系统中存在大量未被研究和分类的古菌类群（Azzaro et al.，2022）。

真菌可能是罗斯海真核生物中多样性最高的组成部分。Barone 等（2022）对罗斯海 580 m 和 430 m 水深沉积物中的真菌丰度（以每克干沉积物中真菌 18S rRNA 基因拷贝数表示）和生物多样性进行了分析，结果显示，真菌丰度为$(1.3\pm0.7)\times10^6 \sim (1.6\pm0.5)\times10^7$ 拷贝/g。Grasso 等（1997）对罗斯海特拉诺瓦湾的研究发现，半知菌门和子囊菌门是主要的真菌类群。分类学分析表明，已知真菌类群的 ASV 属于子囊菌门和担子菌门，约 90%的真菌 ASV 无法分配给已知的真菌类群，这一结果表明罗斯海沉积物中蕴藏着大量新的、未知的真菌谱系（Barone et al.，2022）。

1.4.2 微生物分布特征及驱动因素

（1）分布特征

罗斯海浮游微生物的生物量存在季节差异，春季浮游细菌生物量较低，但随着季节性浮游植物的大量繁殖，浮游细菌生物量和活性都有所增加。罗斯海海域 6 个航次调查显示，仲夏季细菌水华期间（图 1.47），浮游细菌细胞丰度达 $3\times10^9 \sim 5\times10^9$ cells/L，生物量达 35 mmol C/m^2。在浮游细菌爆发初期，真光层的浮游细菌细胞丰度非常低（春夏交替季，均值约为 9×10^7 cells/L），盛夏季真光层浮游细菌细胞丰度将达到峰值，为 1.5×10^9 cells/L（生物量为 $1\sim2$ mmol C/m^3），到夏秋交替季节急剧下降至约 2×10^8 cells/L（生物量为 0.2 mmol C/m^3）（Ducklow et al.，2001）。尽管浮游细菌生物量相对较高，但是浮游细菌生产速率很低，浮游细菌生物量和生产速率均与高绝对值的初级生产力关联。罗斯海水域浮游细菌生产力峰值出现在夏末南极棕囊藻水华消退后，呈现显著的浮游细菌和浮游植物生产力的季节性演替特征。真光层的浮游细菌生物量占浮游植物生物量的 7%以下，浮游细菌生产力占总初级生产力的 1%～11%（BP/PP）（4 月生物量和生产力非常低时除外）（图 1.48）。浮游细菌生物量垂向分布显示水柱上层约 150 m 为主要贡献水层，生物量可达到 2 mmol C/m^3（图 1.49）。全球海洋通量联合研究（JGOFS）沿 170°W 两个罗斯海冰区前缘开放海域航次夏季调查显示（Brown and Landry，2001），光合自养浮游生物的生物量主要由小型细胞贡献，最高生物量（170 μg C/L）主要由粒径较大的中心纲硅藻贡献；异养细菌丰度变动在一个数量级以上，呈由北向南细胞粒径逐渐增大的趋势。在罗斯海开放水域，古菌的生态相对贡献尚未被明确（Murray et al.，1998）。

全球海洋通量联合研究（JGOFS）在 1996～1997 年执行的 4 个航次（76°30'S）调查显示，粒径在 2～20 μm 的浮游微型生物包含微藻类（自养）和原生动物（异养），它们在仲夏季节生物量可达 627 mmol C/m^2，其中光合浮游微型生物主

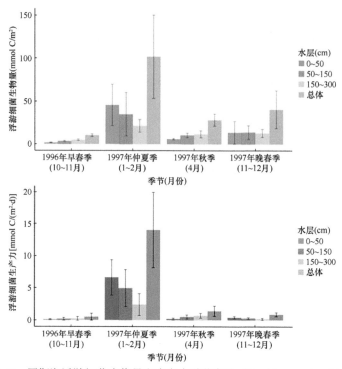

图1.47 罗斯海浮游细菌生物量和生产力季节变动（Ducklow et al.，2001）

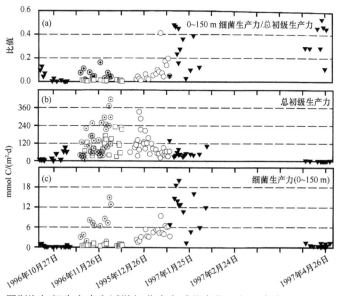

图1.48 罗斯海初级生产力和浮游细菌生产季节变化及年际变率（1994~1997年）
（Ducklow et al.，2001）

⊙为1994年11月26日航段数据，□为1997年11月26日航段数据，○为1995年12月26日采集的数据，▼对应各自采集数据的时间，1997年1月25日代表航段和1997年4月26日代表航段

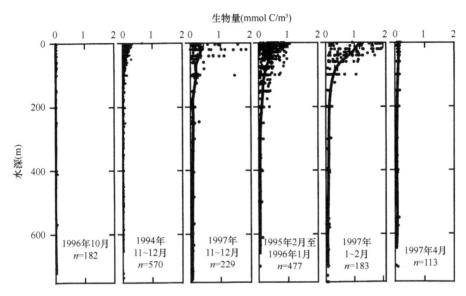

图 1.49　罗斯海浮游细菌生物量垂向分布图（1994～1997 年）（Ducklow et al., 2001）

显示每个航次垂向断面浮游细菌生物量，浮游细菌生物量主要汇聚在水柱上层约 150 m

要为羽纹纲硅藻类——短拟脆杆藻 *Fragilariopsis curta*、拟脆杆藻属某种 *Fragilariopsis* sp.、海链藻属某种 *Thalassiosira* sp.和南极棕囊藻 *P. antarctica*（Dennett et al., 2001）。南极棕囊藻单个细胞粒径在 2～20 μm，而南极棕囊藻群体直径通常为 20～200 μm。硅藻和南极棕囊藻在罗斯海扮演着非常关键的生态和生物地球化学角色。浮游生物（细胞粒径≤200 μm）细胞丰度在春季快速增长，在仲夏时节可达最大值，到秋季丰度则明显回落至与早春时节相当的数量级（图 1.50）。优势种类南极棕囊藻，在非水华发生期间可显著贡献微型生物量的 25%

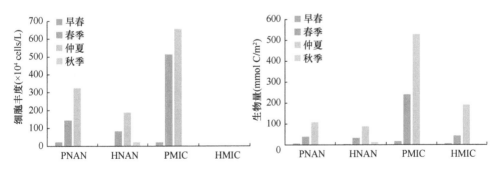

图 1.50　罗斯海（0～60 m）浮游微生物细胞丰度均值和生物量季节变化

（Dennett et al., 2001）

粒径微型：2～20 μm；粒径小型：20～200 μm，浮游微生物细胞丰度和生物量来自 1996～1997 年航次的调查。PNAN 为光合微型浮游生物，HNAN 为异养微型浮游生物，PMIC 为光合小型浮游生物，HMIC 为异养小型浮游生物

左右，而在南极棕囊藻水华期间则可贡献高达 90%的微型生物量。海水上层（60 m 以上）微小型浮游生物生物量对颗粒有机碳（POC）的贡献度为 7%～52.4%，4 个不同季节调查航次平均贡献度为 21.8%。

（2）驱动因素

罗斯海气候变化导致的环境条件变化（如温度、盐度、养分有效性）可能引发多米诺骨牌效应，从而影响从大陆架到深海海底的生物多样性和生态系统功能。影响浮游细菌生态位的主要环境限制因子包括温度、有机质和摄食压力等。罗斯海的浮游细菌多样性受非生物因子（盐度、光照、N/P）和生物因子（浮游植物群落结构、病毒裂解、摄食压力）等的影响（Bunse and Pinhassi，2016）。

罗斯海高纬度地区常年低温，表面覆盖冰川，有明显的极昼极夜现象，南极上方的"臭氧空洞"致使海洋表面暴露在强辐射下，会产生过氧化胁迫，再加上深海高压等极端环境条件，可能对微生物产生极大的影响。同时，"共适应理论"（Zhang et al.，2015；Li et al.，2023）认为，在高压与温度、盐度、氧化还原度等多重环境因子作用下，深海生命演化形成了通用策略以应对环境胁迫，其核心是调控能量分配和抗氧化，生活在罗斯海的微生物在经历多种极端环境胁迫的过程中可能演化形成了较强的环境耐受性。

1.4.3 小结及建言

本节基于对罗斯海浮游、沉积微生物的生物多样性和时空分布特征的梳理，提出希望未来关注的研究热点。罗斯海地区浮游微生物生态学需关注如下问题。①病毒影响罗斯海生态系统的许多过程和特征，包括初级生产、营养循环、食物网动态、微生物和藻类物种多样性以及生物地球化学，尤其是病毒对藻类和微生物的侵染，是当前的研究热点之一。因此病毒在水华的发展、终止和有机碳的释放中的作用机制，以及病毒在不同季节、不同深度的罗斯海的生态作用需要厘清。②细胞粒径增大与浮游细菌水华的幅度和时间序列调控因子之间的关系。③在海洋生态系统中，尤其是在极地地区，浮游植物和细菌之间的营养相互作用可能比以前所知的更为常见。浮游细菌多样性与罗斯海表层水域的浮游植物群落结构和分布明显相关，细菌水华比浮游植物水华滞后一段时间，细菌的峰值反应是在浮游植物水华后期出现的溶解有机碳（DOC）积累之后出现的。浮游细菌对季节变化的反应，可能与浮游植物水华周期变动造成有机物含量变化从而导致微生物生长限制有关。其中尤以南极棕囊藻水华在浮游细菌碳动力学机制方面的作用值得关注。④在缺少初级生产力的秋冬季节，罗斯海微生物碳泵（MCP）中涉及的微生物群落如何维持生命活性并进行代谢介导有机碳转化尚未得到系统的研究；在惰性有机碳（RDOC）含量占溶解有机碳（DOC）含量超过 90%的罗斯海深海环境中，具有生命代谢活性的微生物如何参与和维持罗斯海深海生态系统的运行？⑤在秋冬季节缺少初级生产力，罗斯海生态系统如何运行，其又如何影响全球气候变化？

可实施建议如下。①随着我国海洋环境模拟、原位保压采样、深海采样和原位培养等技术的发展，在极地研究平台——"两船七站"的支持下，我们将逐步攻克对罗斯海进行长时间、可持续、大范围、全海深的微生物多样性的难题。②克服极端气候挑战，尝试从秋冬季节罗斯海深海环境采集样品，同时在秋冬季节对罗斯海深海微生物进行原位培养研究。

参 考 文 献

Alonso-Sáez L, Andersson A, Heinrich F, et al. 2011. High archaeal diversity in Antarctic circumpolar deep waters. Environmental Microbiology Reports, 3(6): 689-697.

Azzaro M, Specchiulli A, Maimone G, et al. 2022. Trophic and microbial patterns in the Ross Sea Area (Antarctica): Spatial variability during the summer season. Journal of Marine Science and Engineering, 10 (11): 1666.

Barone G, Corinaldesi C, Rastelli E, et al. 2022. Local environmental conditions promote high turnover diversity of benthic deep-sea fungi in the Ross Sea (Antarctica). Journal of Fungi, 8(1): 65.

Brown S L, Landry M R. 2001. Microbial community structure and biomass in surface waters during a polar front summer bloom along 170°W. Deep Sea Research Part II: Topical Studies in Oceanography, 48(19-20): 4039-4058.

Budillon G, Gremes Cordero S, Salusti E. 2002. On the dense water spreading off the Ross Sea shelf (Antarctica). Journal of Marine Systems, 35: 207-227.

Bunse C, Pinhassi J. 2016. Marine bacterioplankton seasonal succession dynamics. Trends in Microbiology, 25(6): 494-505.

Carr S A, Vogel S W, Dunbar R B, et al. 2013. Bacterial abundance and composition in marine sediments beneath the Ross Ice Shelf, Antarctica. Geobiology, 11(4): 377-395.

Celussi M, Bergamasco A, Cataletto B, et al. 2010. Water masses' bacterial community structure and microbial activities in the Ross Sea, Antarctica. Antarctic Science, 22(4): 361-370.

Cordone A, D'Errico G, Magliulo M, et al. 2022. Bacterioplankton diversity and distribution in relation to phytoplankton community structure in the Ross Sea surface waters. Frontiers in Microbiology, 13: 722900.

Dennett M R, Mathot S, Caron D A, et al. 2001. Abundance and distribution of phototrophic and heterotrophic nano- and microplankton in the Southern Ross Sea. Deep Sea Research Part II: Topical Studies in Oceanography, 48: 4019-4037.

Ducklow H, Carlson C, Church M, et al. 2001. The seasonal development of the bacterioplankton bloom in the Ross Sea, Antarctica, 1994-1997. Deep Sea Research Part II: Topical Studies in Oceanography, 48: 4199-4221.

Fiala M, Delille D. 1992. Variability and interactions of phytoplankton and bacterioplankton in the Antarctic neritic area. Marine Ecology Progress Series, 89: 135-146.

Fuhrman J A. 1999. Marine viruses and their biogeochemical and ecological effects. Nature, 399(6736): 541-548.

Gowing M M. 2003. Large viruses and infected microeukaryotes in Ross Sea summer pack ice habitats. Marine Biology, 142(5): 1029-1040.

Gowing M M, Riggs B E, Garrison D L, et al. 2002. Large viruses in Ross Sea late autumn pack ice habitats. Marine Ecology Progress Series, 241: 1-11.

Grasso S, Bruni V, Maio G. 1997. Marine fungi in Terra Nova Bay (Ross Sea, Antarctica). The New Microbiologica, 20(4): 371-376.

Holland D M, Jacobs S S, Jenkins A. 2003. Modelling the ocean circulation beneath the Ross Ice Shelf. Antarctic Science, 15: 13-23.

Li J, Xiao X, Zhou M, et al. 2023. Strategy for the adaptation to stressful conditions of the novel isolated conditional piezophilic strain *Halomonas titanicae* ANRCS81. Applied and Environmental Microbiology, 89(3): e01304-01322.

Liu Q, Zhao Q N, McMinn A, et al. 2020. Planktonic microbial eukaryotes in polar surface waters: recent advances in high-throughput sequencing. Marine Life Science & Technology, 3: 94-102.

Lo Giudice A, Caruso C, Mangano S, et al. 2012. Marine Bacterioplankton diversity and community composition in an Antarctic coastal environment. Microbial Ecology, 63: 210-223.

Marcia M G, David L G, Angela J M K, et al. 2004. Bacterial and viral abundance in Ross Sea summer pack ice communities. Marine Ecology Progress Series, 279: 3-12.

Martínez-Pérez C, Greening C, Bay S K, et al. 2022. Phylogenetically and functionally diverse microorganisms reside under the Ross Ice Shelf. Nature Communications, 13(1): 117.

Murray A E, Preston C M, Massana R, et al. 1998. Seasonal and spatial variability of bacterial and archaeal assemblages in the coastal waters off Anvers Island. Applied Environmental Microbiology, 64: 2585-2595.

Paterson H, Laybourn-Parry J. 2012. Antarctic sea ice viral dynamics over an annual cycle. Polar Biology 35(4): 491-497.

Silvi S, Barghini P, Gorrasi S, et al. 2016. Study of the bacterial biodiversity of seawater samples from Ross Sea, Antarctica. Journal of Environmental Protection and Ecology, 17 (1): 211-221.

Suttle C A. 2005. Viruses in the sea. Nature, 437(7057): 356-361.

Zhang Y, Li X, Bartlett D H, et al. 2015. Current developments in marine microbiology: high-pressure biotechnology and the genetic engineering of piezophiles. Current Opinion in Biotechnology, 33: 157-164.

Zoccarato L, Pallavicini A, Cerino F, et al. 2016. Water mass dynamics shapes Ross Sea Protist communities in mesopelagic and bathypelagic layers. Progress in Oceanography, 149: 16-26.

1.5 浮游生物

罗斯海具有可观的浮游植物生物量（Smith et al.，2013），年平均叶绿素浓度约为 2 μg/L，较其他深水（>1000 m）海域高出一个数量级，约贡献了整个南大洋初级生产力的近 1/3（Arrigo et al.，1998，2008）。尽管罗斯海的浮游植物丰度较高，但在罗斯海区域占主导地位并产生水华的功能群[具有相似、统一的特征和生态作用的物种（Reynolds et al.，2002；Weithoff，2003）]主要为两种：定鞭金藻（haptophyte）和硅藻（diatom）。在定鞭金藻功能群中，南极棕囊藻（*Phaeocystis antarctica*）为占主导的优势种（Arrigo and McClain，1994）。罗斯海的南极棕囊藻水华以及硅藻水华常在南半球春季（11 月中旬到 12 月上旬）至夏季（12 月中旬到次年 2 月中旬）陆续出现（Arrigo et al.，2000）。可形成囊体的南极棕囊藻群体受到摄食的压力较小，并更易于向深层沉降（Bolinesi et al.，2020）。由于南极棕囊藻对低光和冰冻环境的适应性较高，罗斯海南极棕囊藻水华通常在初春发生，早于硅藻水华（Smith et al.，2015；Tang et al.，2009）。此外，南极棕囊藻还可产生二甲基硫基丙酸（DMSP），影响其他海洋生物的生长，二甲基硫化物的释放也可促进云的凝结核生成，可对抗全球变暖进而调节气候（Andreae，1990）。硅藻在南极生态系统中也起着至关重要的作用，是南极食物链的底端，其物种多样性、群落结构特征直接或间接影响南极生态系统的稳定性（Smith et al.，2013）。

除了定鞭金藻与硅藻，罗斯海海域的主要浮游植物种群还包括甲藻（dinoflagellate）、硅鞭毛藻（silicoflagellate）和隐藻（cryptophyte）等种群。与其他大洋海域不同，罗斯海海域内细胞粒径较小的颗石藻（coccolithophore）、蓝藻（cyanobacteria）、绿藻（chlorophyte）和原绿藻（prochlorophyte）等浮游植物种群丰度非常低（Smith et al.，2015）。因此，在罗斯海微生物食物网中，微食物环的贡献极低，营养级间的物质与能量传递效率较高（Ryther，1969）。

罗斯海海域浮游动物种群类型也十分丰富，除南大洋常见种南极大磷虾（*Euphausia superba*）和晶磷虾（*Euphausia crystallorophias*）之外，还有哲水蚤、剑水蚤等桡足类，以及翼足类、海樽类、纤毛虫，它们在表层水体中分布密集，但总体生物量似乎低于南极其他海域，不过沉积物捕获器的粪球颗粒结果显示了表层水体中浮游动物对于浮游植物的大量摄食（Smith et al.，2011），总体上目前对于罗斯海浮游动物的研究还很不够（Smith et al.，2013）。

1.5.1 浮游植物多样性

由于物种栖息环境的异质性，罗斯海是南大洋物种最丰富的海域和生物多样性的"热点区域"。但如前文所述,罗斯海的初级生产者浮游植物的种群组成相对简单,为南极棕囊藻(*P. antarctica*)和硅藻两种主要功能群。

南极棕囊藻是罗斯海的优势种,隶属于定鞭藻门(Haptophyta)定鞭金藻纲(Prymnesiophyceae)棕囊藻属(*Phaeocystis*)。棕囊藻属的主要特点是个体微小,并具有复杂的异型生活史,兼有单细胞和由多个细胞聚集而成的囊体两种形态。南极棕囊藻的囊体为圆形囊状(图1.51),细胞散布在近囊体表层,囊体会随年龄增长而变成扭曲状或伸长。囊体内细胞呈圆形或稍近四边形,直径4~6 μm,通常具有2个或罕见有4个拉长的金棕色叶绿体,每个含1个纺锤状蛋白核,高尔基体位于两个叶绿体之间。具鞭毛阶段细胞大小及形状变化较多,小的圆形细胞长约4 μm,而大的卵圆形或梨形细胞长约6 μm;具2条明显不等长且尖头的鞭毛(分别长7~12 μm及8~12 μm),定鞭体长3~4.5 μm且末端未见凸胀。大部分时间鞭毛细胞表面无鳞片覆盖,并且未观察到星形线状分泌物。若有鳞片覆盖,则鳞片为圆形(直径0.20 μm),或为大小不同的卵圆形,分别为0.27 μm×0.19 μm及0.18 μm×0.14 μm(Zingone et al.,2011)。有鳞片覆盖的细胞能形成五角星形线状结构(中心宽0.8 μm),该线状结构为运动细胞产生的一种纤维状几丁类物质,能够形成五角星模式。

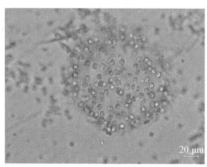 

图1.51 南极海域棕囊藻光学显微镜照片
左图:囊体;右图:单细胞

硅藻的主要特点是外覆硅质的细胞壁,尽管硅藻是南极海域最常见的藻类群体之一,但由于南大洋的地理特殊性,与其他海域相比,针对南极硅藻的研究还相对较少。罗斯海海域硅藻至少有57种(Truesdale and Kellogg,1979),从近岸到大洋,硅藻的物种组成有从羽纹纲占优向中心纲占优变化的趋势。羽纹纲硅藻中丰度较高的物种为拟菱形藻(*Pseudo-nitzschia subcurvata*,Saggiomo et al.,2021)和拟脆杆藻(*Fragilariopsis curta*、*Fragilariopsis kerguelensis* 和 *Fragilariopsis cylindrus*;图1.52;Arrigo et al.,2010;Leventer and Dunbar,1996)。指管藻属(*Dactyliosolen*)和角毛藻属(*Chaetoceros*)在罗斯海的中心纲硅藻中占优势(Saggiomo et al.,2021)。其中,羽纹纲的拟菱形藻属和拟脆杆藻属对形成罗斯海硅藻水华起到了重要作用（Smith and Nelson，1985）。此外，罗斯海海域中还存在着棘冠藻属（*Corethron*）（图 1.53）、海链藻属（*Thalassiosira*）、根管藻属（*Rhizosolenia*）等中心纲硅藻。罗斯海夏季棕囊藻水华后的二次硅藻水华通常是多种硅藻物种共同贡献的。在某些区域，硅藻在浮游植物中的丰度占比甚至可超过 50%。因硅藻硅质化外壳的压重效应，其对罗斯海海域的颗粒有机碳向下输出和沉降具有举足轻重的作用（Arrigo et al.，2003）。

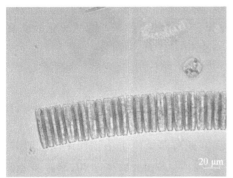
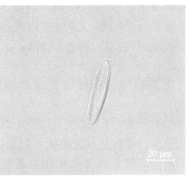
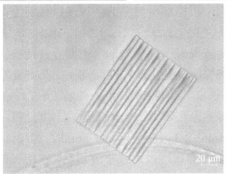

图 1.52　羽纹纲硅藻克格伦拟脆杆藻（*F. kerguelensis*）与圆柱拟脆杆藻（*F. cylindrus*）光学显微镜照片

上图：*F. kerguelensis* 环面观（左图）和壳面观（右图）；下图：*F. cylindrus* 环面观

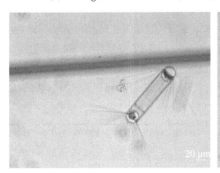

图 1.53　中心纲硅藻棘冠藻 *Corethron criophilum* 光学显微镜照片

左图：侧面观；右图：壳面观，棘冠围绕着壳面边缘

除棕囊藻和硅藻之外，甲藻在罗斯海的春季、夏季也有较高的丰度（Smith et al.，2003），在特拉诺瓦湾及其附近海域曾发现了34种甲藻，虽然其丰度远低于棕囊藻和硅藻，但也占据了可观的生物量（Andreoli et al.，1995）；在阿代尔角（Cape Adare）附近区域，甲藻甚至可占据浮游植物总丰度的30%以上（Bolinesi et al.，2020）。隐藻在罗斯海也有一定的生物量，甚至可生成水华，但隐藻水华只在特定区域（如德里加尔斯基冰舌以南）被发现，面积狭小，叶绿素浓度也较低，并且很快被硅藻水华取代（Arrigo et al.，1998）。在罗斯海，蓝藻和硅鞭毛藻也有发现，由于丰度和区域限制，其对初级生产力和食物网的贡献较小（Accornero et al.，2003；Bolinesi et al.，2020；Fragoso and Smith，2012）。

1.5.2　浮游植物分布特征及驱动因素

驱动罗斯海浮游植物分布的主要因素有光照、温度及溶解铁浓度。大量营养盐（硝酸盐、磷酸盐、硅酸盐）则很少在罗斯海海域由于生物作用而被吸收殆尽，因此不是影响罗斯海浮游植物分布的主要因素（Smith et al.，2013）。罗斯海浮游植物分布区域可分为以南极棕囊藻为主的区域和以硅藻为主的区域，但两个优势种的分布会随着环境条件变化而变化（图1.54）。由于海冰覆盖的影响，对低光强更耐受的南极棕囊藻为罗斯海中部和东部的主要浮游植物优势种，而在罗斯海西部，往往为硅藻与南极棕囊藻共生，在西南部，尤其是夏季无冰区海域，以硅藻为优势种群（Mangoni et al.，2017；DeJong et al.，2017）。生源标志物的指示结果表明，在春季，南极棕囊藻在罗斯海东南部近海丰度最高，以罗斯海冰间湖区域为代表（Ditullio and Smith，1996；Liu and Smith，2012）；而在夏季，硅藻在维多利亚地（Victoria Land）海岸以及北部丰度最高。在南极棕囊藻与硅藻共存的区域，也常常发生南极棕囊藻到硅藻的接连两次水华。

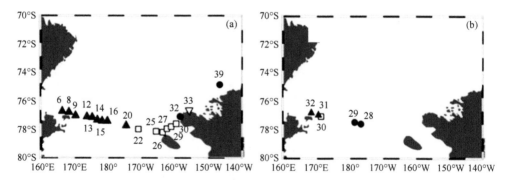

图1.54　罗斯海附近水华分布（Fragoso and Smith，2012）

(a) 2007年2月，(b) 2008年1月。主要物种：南极棕囊藻（▲）、硅鞭毛藻（*Dictyocha speculum*）（▽）、硅藻（●）、混合水华（□），图上数字表示文中采样站位编号

（1）光照

随着南半球由冬季进入春季，罗斯海的极夜现象得到解除，海面受到的太阳辐照强度逐渐增加。此外，海表温度的变化也会导致海水层化强度的改变，进而影响混合层深度。春季的混合层深度通常高于夏季，因此春季混合层中的浮游植物所受的平均辐照强度也往往低于夏季（Smith and Asper，2001）。由于不同的浮游植物种群的生长和光合作用对光照强度的需求不同，光照强度的改变会影响罗斯海海域浮游植物种群结构。南极棕囊藻对于低光条件的耐受性高于硅藻，其光合作用的饱和光强也较低，常常在罗斯海海域的春季率先产生水华，其生物量最大值的深度也较高；而对光照强度要求较高的硅藻则在混合层深度变浅、海表辐射强度较高的夏季发生水华（Arrigo et al.，2010）。但 Smith（2022）通过对历史航次数据的汇总并未发现混合层深度与浮游植物种群组成的直接关系。

（2）温度

温度对罗斯海浮游植物种群组成也具有较重要的调控作用（Liu and Smith，2012）。尽管在罗斯海产生水华期间，海水温度差通常不超过 5℃，但其间的温差仍然能够影响浮游植物的生长和种群演替。相对来说，棕囊藻适应较冷的海水，硅藻适应较高的温度。因此，入夏后水温升高是导致硅藻夏季水华的原因之一。

（3）溶解铁浓度

痕量金属中的铁在罗斯海海域是重要的限制浮游植物生长的营养要素，海水中溶解铁的浓度也同样会影响棕囊藻和硅藻水华的演替过程。相较于硅藻，棕囊藻在同环境条件下的铁半饱和常数更高（Sedwick et al.，2007），这意味着棕囊藻在生长过程中对铁的需求高于硅藻。随着棕囊藻水华爆发后对铁的快速吸收，海水溶解铁浓度降低，棕囊藻的生长开始受到铁的限制，进而促进了硅藻取代棕囊藻成为水华中的优势种群，导致硅藻水华的形成。不过，硅藻的生长对铁也有着较高的需求，在罗斯海每年的第二次水华中，其生长可能也仍然受到铁限制（Sedwick et al.，2011）。由此可以推测，支撑硅藻水华的铁可能由外源输入或铁的快速循环再生带来，不过具体机制尚不清楚（Peloquin and Smith，2007）。总的来说，溶解铁浓度对罗斯海浮游植物组成与分布至关重要。

除了上述因素，垂直混合与 CO_2 浓度等其他因素也可对浮游植物分布造成影响。垂直混合的强度可影响混合层中的平均辐照度、温度和营养盐浓度。随着水体深度的增加，温度、辐照度降低，而无机营养物质增加。从结果上看，随着水体深度的增加，硅藻生物量相对减少，而棕囊藻生物量相对增加（Liu and Smith，2012）。CO_2 浓度对罗斯海浮游植物分布与结构的影响相对较小，主要集中在对硅藻群落组成的影响上。CO_2浓度升高可能会使硅藻群落中成链的大型中心纲硅藻比重增加、不成链的小型羽纹纲硅藻比重降低（Feng et al.，2010）。

Smith 等（2013）对以上罗斯海南部主要环境因子及由此引发的浮游植物主要优势种群（硅藻和南极棕囊藻）生物量的季节变化趋势做了详细的分析（图1.55），在10月至次年2月，其主要变化规律总结如下。在早春，海表太阳辐射逐步升高，并伴随着海冰覆盖面积的减少和混合层变浅的趋势，其中，海表太阳辐射于12月下旬达到最高值，而海冰覆盖面积自11月开始迅速下降，并于次年1月达到最低值。混合层深度于10月开始变小，并于12月达到最小值。叶绿素含量于11月快速升高，并在12月达到最大值，之后在次年1月初以更大的速率降低。春季叶绿素含量主要由南极棕囊藻贡献，在12月中旬南极棕囊藻的丰度达到最高值，而夏季叶绿素含量主要由硅藻贡献，在1月中旬前后出现大规模硅藻水华。罗斯海叶绿素含量也可能由于再生循环铁的支撑而在1~2月再次升高，出现第二次硅藻水华。

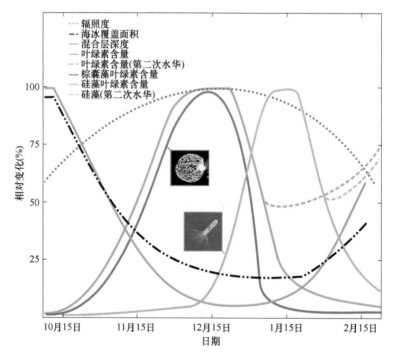

图1.55　罗斯海南部主要环境因子和浮游植物种群组成随季节变化的概念示意图
（Smith et al.，2013）

除了主要的非生物环境因子，浮游动物的摄食作用也是调节罗斯海浮游植物种群演替的控制因子。基于历史调查数据，我国学者进一步采用了生态系统模型的方式对硅藻和南极棕囊藻的种群演替过程展开了深入研究。通过建立箱式生态系统模型（罗斯冰架冰间湖生态系统模型 RISPEM）模拟 2006~2010 年上层混合层中浮游植物的生长，进一步分析了上行效应（光照、温度和铁的生物可利用性）和下行效应（浮游动物摄食）对浮游植物水华生成和种群演替产生的不同作用（Zhang et al.，2023）。结果表明，引发南极棕囊藻水华的机制与硅藻水华显著不同：光在铁充足的条件下引发南极棕囊藻的春季水华，而在 11 月中旬南极棕囊藻生物量达到最高值之后，铁限制引发南极棕囊藻水华的消亡；随后在微型浮游动物对南极棕囊藻的摄食过程中铁的释放可促进种群向硅藻的演替，保证了硅藻生长中铁的供应。因此，上行效应和下行效应间的平衡在调节罗斯海春季水华期间浮游植物物种组成和种群演替中起到了关键的作用。

1.5.3 浮游动物种群组成和空间分布特征

浮游动物是海洋食物网和生物地球化学循环的重要组成部分，它们将浮游植物产生的颗粒物转化为可供更高营养级生物利用的能量，并且在生物泵中发挥代谢、转移、循环、输出有机碳的关键作用。下面将从罗斯海中型浮游动物和微型浮游动物两方面展开讨论。

（1）中型浮游动物

罗斯海的中型浮游动物主要由桡足类、翼足类、毛颚类、海樽类、介形类和端足类等类群组成，甲壳类浮游动物和胶质类浮游动物占比相当。中型浮游动物水平分布密集区集中在罗斯岛附近，不同浮游动物的丰度在大陆架坡折区域变化了两个数量级，在冰架附近和靠近维多利亚地海岸的海域变化了一个数量级，表层浮游动物丰度较低的站位，纽鳃樽（*Salpa thompsoni*）的丰度较高（占到总丰度的 15%~30%）（Stevens et al.，2015）；在垂直分布方面，表层到 25 m 水深为高值区（图 1.56，Luigi et al.，2004）；罗斯海中型浮游动物生物量平均只占 0~200 m 水层颗粒碳总量的 3.96%，其生物量与叶绿素和生物源二氧化硅含量呈弱的正相关关系（Smith et al.，2017）。每年 12 月一般是浮游动物总丰度最高的月份（Pinkerton et al.，2020）。同时罗斯海中型浮游动物存在昼夜和季节性垂直迁移，夜间在食物丰富的浅水区觅食，白天在更深、更暗的水域避难；在秋冬季环境恶化期间，中型浮游动物也会季节性地撤离到较深的水域避难，并通常处于休眠状态；光照强度是影响垂直迁移的主要原因。总体而言，罗斯海不同调查站位间中型浮游动物丰度和生物量差异不大，地理变化趋势不明显。

桡足类在罗斯海中型浮游动物中占绝对优势，占浮游动物总生物量的 78%（图 1.57，Smith et al.，2017）。尖角似哲水蚤（*Calanoides acutus*）、戈式长腹水

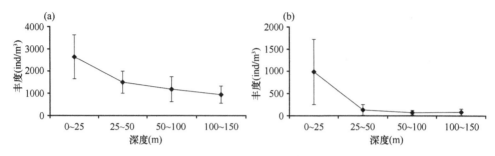

图 1.56 桡足类（a）和其他中型浮游动物（b）丰度分布图（Luigi et al., 2004）

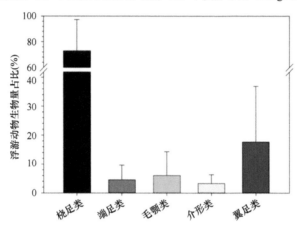

图 1.57 罗斯海不同浮游动物类群占浮游动物总生物量的比例（Smith et al., 2017）

蚤（*Metridia gerlachei*）和南极真刺水蚤（*Euchaeta antarctica*）是主要的桡足类物种（Hopkins, 1987）。在罗斯海大陆架，栉哲水蚤（*Ctenocalanus* sp.）在丰度方面贡献最大，拟长腹剑水蚤（*Oithona similis*）在阿德默勒尔蒂（Admiralty）海山附近密集分布；在罗斯海大陆坡，腹剑水蚤（*Oithona* spp.）和隆剑水蚤（*Oncaea* spp.）占到了大多数，丰度分别可达 100 ind/m³ 和 111 ind/m³，而斯科特（Scott）海山周边由腹剑水蚤和栉哲水蚤的混合种群占据（Stevens et al., 2015）。同时 Stevens 等（2015）也指出，在罗斯海需要特别关注腹剑水蚤和隆剑水蚤这两种小型桡足类，其在所有调查站位和采样水层均被检出，腹剑水蚤的高丰度和高占比区经常位于 200 m 以浅的地区，摄食率实验和脂肪酸分析结果表明这两种剑水蚤的摄食选择十分多样化，可摄食微型浮游动物、冰藻、硅藻和水体中的碎屑等，这也可以从侧面解释其分布模式。以往的研究（Hopcroft et al., 2001；Pinkerton et al., 2010）可能由于 200 μm 中型浮游生物网垂直采样的单一方式而低估了剑水蚤的丰度。

根据 Pinkerton 等（2020）对整个南大洋浮游动物浮游生物连续采集器（Continuous Plankton Recorder，CPR）长时间尺度分布变化数据的研究（图 1.58），聚焦罗斯海海区，桡足类丰度在罗斯海东、中、西海域未显示出明显差异，而浮游动物总丰度显示出西部海域高于东部海域的趋势，但仅限于罗斯海春季到夏季的结果，并且西部海域的数据量明显高于东部海域，对于秋冬季和东部海域的研究还需不断积累加强。

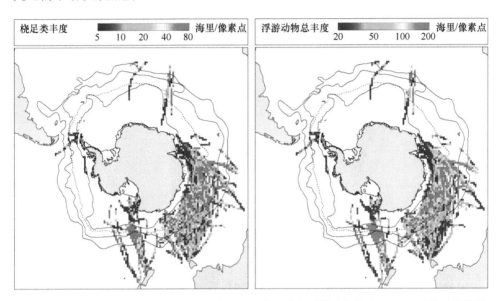

图1.58　南大洋1991~2018年10月至次年3月桡足类和浮游动物总丰度CPR对数平均数据（Pinkerton et al., 2020）

翼足类在罗斯海中型浮游动物中第二多，其作为重要的胶质类浮游动物，分别占浮游动物总丰度和总生物量的9.9%和19.1%（Smith et al., 2017）。罗斯海是南大洋中翼足类的热点分布区（Hunt et al., 2008），和浮游动物总丰度规律一致，也表现出西高东低的分布模式，并且在罗斯海大陆架，翼足类的环境适宜性在过去20年里发生了显著恶化（在某些区域可达10%以上），这主要是由海水酸化作用导致的叶绿素减少引起的（图1.59, Pinkerton et al., 2020）。

同时，新技术、新方法被持续应用到广袤的罗斯海海域。Verhaegen等（2021）对罗斯海麦克默多湾冰下的胶质类浮游动物进行了历史首次正式的原位光学调查，结果拍摄到了7种水母（medusa）、4种栉水母（ctenophore）和3种翼足类，所有观察到的胶质类浮游动物都有新的以往未被描述过的形态特征，其中一种软水母（Leptothecata）和所有4种栉水母都是在罗斯海首次观察到的，可为未来机器学习算法的发展提供南大洋胶质类浮游动物分类分层的图像训练集。元条形码（常规条形码和迷你条形码等）等分子生物学手段也在罗斯海不断被使用，提高了浮游动物（特别是小型桡足类和暂时性浮游生物）的分类精度（图1.60, Lee et al., 2022）。

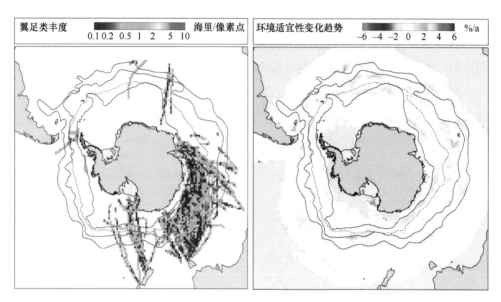

图1.59 南大洋翼足类丰度CPR对数平均数据和环境适宜性的长期变化趋势图（模拟丰度）（Pinkerton et al., 2020）

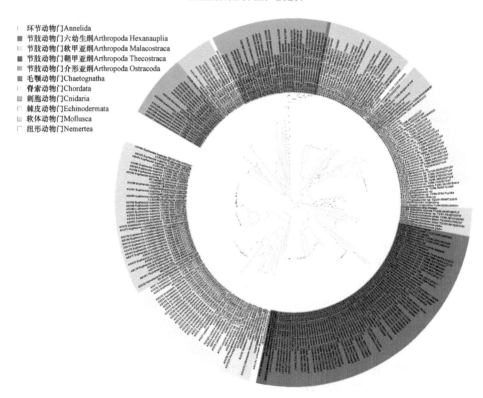

图1.60 罗斯海浮游动物单倍型的最大似然系统发育树（Lee et al., 2022）

（2）微型浮游动物

罗斯海的微型浮游动物主要由纤毛虫、鞭毛虫（包括异养型鞭毛虫）组成，其多样性和丰度在高叶绿素 a 含量、以硅藻为主的上层海域中最高，然后随水体深度增加而下降，纤毛虫和鞭毛虫（异养型鞭毛虫除外）的下降速度比异养型鞭毛虫快，因此在罗斯海上层海域中纤毛虫（偶尔也会有鞭毛虫）占主导地位，而在深层海域中异养型鞭毛虫占主导地位（Safi et al., 2012）。

Yu 等（2022）对罗斯海三个断面的纤毛虫进行了深入研究，从 78 份样品中鉴定出 36 种浮游纤毛虫，隶属于 5 纲 7 目 14 科 20 属（图 1.61）。其中，*Mesodinium rubrum* 平均丰度最高（245 ind/L）；在水平分布上，多数优势种的丰度由近岸向远海递减；在垂直方向上，绕极深层水的优势种丰度显著低于南极表层水。浮游纤毛虫群落的生物多样性与融冰引起的环境异质性之间具有强相关性，群落结构或多样性指数的空间变化受环境中营养物质尤其是叶绿素 a 的影响。

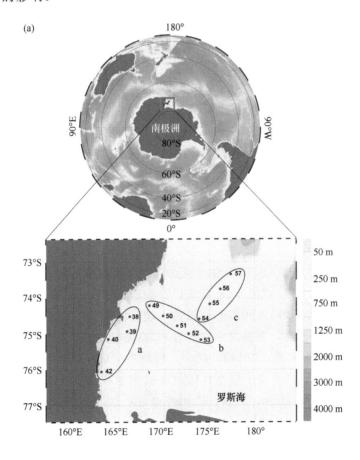

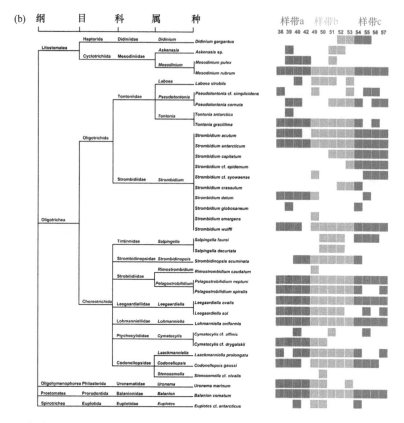

图 1.61 罗斯海断面、站位图（a）及纤毛虫分类、各站位分布情况（b）（Yu et al.，2022）
Litostomatea：侧口纲；Oligotrichea：寡毛纲；Oligohymenophorea：寡膜纲；Prostomatea：前口纲；Spirotrichea：旋毛纲

1.5.4 气候变化下的罗斯海浮游生物种群组成变化趋势

（1）浮游植物

在气候变化的背景下，罗斯海将受到全球大气温度升高（预计到 2100 年罗斯海海表气温约升高 3℃）以及臭氧层空洞造成紫外辐射升高的影响。由此产生的气温、风、淡水输入和海上热量输入通量的变化可能会大幅降低夏季冰盖面积。已有证据表明，罗斯海水文特性和海冰特征存在显著的年度、年际和年代际变化（Smith et al.，2014）。此外，伴随着变暖的趋势，海水 CO_2 浓度、混合层深度、上升流强度及上层水体中营养盐水平和盐度等也会发生一系列变化（Deppeler and Davidson，2017；Henley et al.，2020），对罗斯海浮游植物产生复杂而深远的影响。

臭氧层空洞引起了紫外辐射水平的升高，而紫外辐射对浮游植物的生长有削弱作用。近年来，罗斯海的浮游植物生产力总体上呈现下降的趋势（Neale et al., 2009），但这种趋势是不是由紫外辐射升高导致的尚不清楚（Smith et al., 2012）。

大气中 CO_2 浓度的升高，为浮游植物的光合作用提供了更多的无机碳源，可提高罗斯海浮游植物的初级生产力，并扩大水华发生范围（Chen and Meng, 2022）。然而，由于不同浮游植物种群吸收利用 CO_2 的能力不同，其碳酸盐浓缩机制也不尽相同。与棕囊藻相比，硅藻的胞外碳酸酐酶活性更强，因此其生长受到 CO_2 浓度升高的促进作用更明显（Tortell et al., 2008b）。在硅藻中，CO_2 浓度的升高可增加大型中心纲硅藻的优势度（Feng et al., 2010；Tortell et al., 2008a）。此外，大气 CO_2 浓度升高还会引起海水酸化，促进碳酸钙溶解，增加具有文石外壳的生物（如翼足类）的生存压力，进而减小其对浮游植物的摄食压力。罗斯海中硅藻较棕囊藻通常受到更大的摄食压力（Tagliabue and Arrigo, 2003），因此，摄食压力的降低更有利于提升硅藻在浮游植物群落中的占比。

海表温度升高的趋势也可潜在改变浮游植物种群组成。一般来说，南极棕囊藻对低温的适应力强于硅藻，而升温可能会削弱南极棕囊藻的这一优势，或者使得其生长季节提前。海表升温也会加速海冰融化，导致海冰覆盖面积减小，海冰的融化一方面可升高表层海水中的太阳辐照度，使浮游植物解除光限制出现水华的时间提前（Kaufman et al., 2017）；另一方面可释放出部分生物可利用性的铁，潜在提高表层海水中溶解铁的浓度（Smith et al., 2013）。海表升温还会导致海水层化加剧、混合层深度变浅、海冰覆盖时长降低（Smith et al., 2014）。观测数据表明，较浅的混合层深度更适宜对太阳辐照度要求较高的硅藻生长，南极棕囊藻则在混合层较深的条件下更易成为优势种（Mangoni et al., 2017）。因此，海表升温引起的混合层深度变化会对硅藻成为更占优的种群有利。海表升温也会产生一系列复杂的间接影响，如物理水文因素变化、海水营养盐的化学形态及生物可利用性变化、上层营养级生物的活性变化等，但其对浮游植物种群组成的影响较为复杂，在现阶段还难以预测（Smith et al., 2013, 2014）。

根据模型预测，在 21 世纪上半叶，罗斯海硅藻生物量呈现升高趋势，而南极棕囊藻生物量相对降低；到 21 世纪下半叶，硅藻生物量保持相对稳定，南极棕囊藻生物量则呈升高趋势（Kaufman et al., 2017）；到 21 世纪末，罗斯海浮游植物细胞平均粒径则持续呈现变小趋势，随着海水暖化的逐渐加剧，温水种也会逐渐取代冷水种成为新的优势种群（Deppeler and Davidson, 2017）。

（2）浮游动物

罗斯海大部分区域一年中的大部分时间被海冰覆盖并且存在常年冰间湖，这使得南大洋经典食物链浮游植物-磷虾-磷虾捕食者不是罗斯海主要的能量及物质传输途径，取而代之的是通过其他更多的浮游生物、底栖生物及鱼类向上传递物质和能量，参与者的多元化也使得罗斯海食物链具有比较复杂的结构（Mesa et al.，2004；Smith et al.，2017）。总体来说，罗斯海中型浮游动物的丰度和生物量较南极其他海区低，这是由于罗斯海存在高丰度的由中端和顶端捕食者所驱动的营养级联，其中许多顶端捕食者以桡足类、磷虾等甲壳类和侧纹南极鱼（*Pleuragramma antarcticum*）为食，而后者也主要以磷虾等甲壳类为食，从而导致中型浮游动物减少（Ainley et al.，2006）。

近几年也有研究者不同意这种观点，认为罗斯海的浮游动物生物量和丰度与南极其他海区相似，高于以往记录水平，可与多产的亚南极热点地区（如南乔治亚岛）相媲美（Stevens et al.，2015；Smith et al.，2017）。Stevens 等（2015）估算的罗斯海全水深浮游动物的生物量为 $0.6 \sim 7.1 \ \mathrm{g \ C/m^2}$，与其他南极地区已发表结果基本一致，其他南极地区的高生物量结果可能与海樽类的高密度分布有关，不同研究使用的采样网目大小不同，同样也能影响结果，大网目网具对小型桡足类的忽视降低了对罗斯海浮游动物生物量的真实评估，因此真实的原位尺度的浮游动物生物量测量作为罗斯海食物网模型的重要组成部分，必将成为未来研究的关键点。

被称为"最后的海洋"的罗斯海保护区的推动建立不能忽视浮游动物在海洋生态系统中的重要作用，许多大型海洋生物如罗斯海犬牙鱼、企鹅、海豹和鲸鱼等都需要消耗大量的浮游生物完成食物链中的能量传递，维持生态系统平衡。随着我国南极秦岭站的建立，我国也必将在罗斯海的调查研究中占据更多话语权，加大对浮游动物的研究投入，不断使用新方法探索浮游动物更多形态、营养、运动、行为方面的研究新思路。

1.5.5 小结及建言

本节基于对罗斯海浮游生物种群研究现状的梳理，提出未来需要突破的前沿热点问题，并给出建议，从而帮助人们理解罗斯海的浮游生物群落结构特征及驱动因素。①罗斯海净初级生产力的变化将对南大洋食物网产生连锁的生态效应，对气候变化场景下罗斯海初级生产力的准确预测需要考虑多重环境压力的叠加效应，包括升温、融冰、营养盐生物可利用性、光照强度、海水酸化等多种环境因子的共同变化。基于当前研究结果的相关预测还具有不确定性，亟待深入开展针对多重环境压力的更为准确的生态效应研究和评估。②对罗斯海初级生产力与其驱动因素的全面认知需要综合长期现场观测数据、古海洋数据、模拟培养实验数据以及模型预测等多种研究手段。③需要结合更多更为准确的现场观测数据以提升初级生产力遥感分析算法的精确度。④随着气候快速变化，罗斯海浮游植物种群结构和平均粒径大小也将发生改变，并产生一系列生态效应，因此，对浮游植物种群组成的观测还需增加季节性采样频次。可实施性建议如下：①增加站位、断面以及水团调查；②增加季节性采样频次和秋冬季考察航次；③增加学科数据（如古海洋）、现场模拟培养实验、模型预测等；④通过"物理泵"、"生物泵"和"微型生物碳泵"整合观测系统，以厘清罗斯海的碳埋藏通量。

参 考 文 献

Accornero A, Manno C, Esposito F, et al. 2003. The vertical flux of particulate matter in the polynya of Terra Nova Bay. Part II. Biological component. Antarctic Science, 15(1): 175-188.

Ainley D G, Ballard G, Dugger K M. 2006. Competition among penguins and cetaceans reveals trophic cascades in the Ross Sea, Antarctica. Ecology, 87: 2080-2093.

Andreae M O. 1990. Ocean-atmosphere interactions in the global biogeochemical sulfur cycle. Marine Chemistry, 30(1-3): 1-29.

Andreoli C, Tolomio C, Moro I, et al. 1995. Diatoms and dinoflagellates in Terra-Nova Bay (Ross Sea Antarctica) during austral summer 1990. Polar Biology, 15(7): 465-475.

Arrigo K R, Ditullio G R, Dunbar R B, et al. 2000. Phytoplankton taxonomic variability in nutrient utilization and primary production in the Ross Sea. Journal of Geophysical Research: Oceans, 105(C4): 8827-8846.

Arrigo K R, McClain C R. 1994. Spring phytoplankton production in the western Ross Sea. Science, 266(5183): 261-263.

Arrigo K R, Mills M M, Kropuenske L R, et al. 2010. Photophysiology in two major southern ocean phytoplankton taxa: Photosynthesis and growth of *Phaeocystis antarctica* and *Fragilariopsis cylindrus* under different irradiance levels. Integrative and Comparative Biology, 50(6): 950-966.

Arrigo K R, Robinson D H, Worthen D L, et al. 1998. Bio-optical properties of the southwestern Ross Sea. Journal of Geophysical Research: Oceans, 103(C10): 21683-21695.

Arrigo K R, van Dijken G L, Bushinsky S. 2008. Primary production in the Southern Ocean, 1997-2006. Journal of Geophysical Research-Oceans, 113(C8): C08004.

Arrigo K R, Worthen D L, Robinson D H. 2003. A coupled ocean-ecosystem model of the Ross Sea: 2. Iron regulation of phytoplankton taxonomic variability and primary production. Journal of Geophysical Research-Oceans, 108(C7): 3231.

Bolinesi F, Saggiomo M, Ardini F, et al. 2020. Spatial-related community structure and dynamics in phytoplankton of the Ross Sea, Antarctica. Frontiers in Marine Science, 7: 574963.

Chen S, Meng Y. 2022. Phytoplankton blooms expanding further than previously thought in the Ross Sea: A remote sensing perspective. Remote Sensing, 14(14): 3263.

Deppeler S L, Davidson A T. 2017. Southern Ocean phytoplankton in a changing climate. Frontiers in Marine Science, 4: 40.

Ditullio G R, Smith Jr W O. 1996. Spatial patterns in phytoplankton biomass and pigment distributions in the Ross Sea. Journal of Geophysical Research: Oceans, 101(C8): 18467-18477.

Feng Y, Hare C E, Rose J M, et al. 2010. Interactive effects of iron, irradiance and CO_2 on Ross Sea phytoplankton. Deep Sea Research Part I: Oceanographic Research Papers, 57(3): 368-383.

Fragoso G M, Smith Jr W O. 2012. Influence of hydrography on phytoplankton distribution in the Amundsen and Ross Seas, Antarctica. Journal of Marine Systems, 89(1): 19-29.

Hopcroft R R, Roff J C, Chavez F P. 2001. Size paradigms in copepod communities: a re-examination.

Hydrobiologia, 453(454): 133-141.
Hopkins T L. 1987. Midwater food web of McMurdo Sound, Ross Sea, Antarctica. Marine Biology, 96: 93-106.
Hunt B P V, Pakhomov E A, Hosie G W, et al. 2008. Pteropods in Southern Ocean ecosystems. Progress in Oceanography, 78: 505-515.
Kaufman D E, Friedrichs M A M, Smith Jr W O, et al. 2017. Climate change impacts on southern Ross Sea phytoplankton composition, productivity, and export. Journal of Geophysical Research-Oceans, 122(3): 2339-2359.
Lee J H, La H S, Kim J H, et al. 2022. Application of dual metabarcoding platforms for the meso- and macrozooplankton taxa in the Ross Sea. Genes, 13(5): 922.
Leventer A, Dunbar R B. 1996. Factors influencing the distribution of diatoms and other algae in the Ross Sea. Journal of Geophysical Research: Oceans, 101(C8): 18489-18500.
Liu X, Smith Jr W O. 2012. Physiochemical controls on phytoplankton distributions in the Ross Sea, Antarctica. Journal of Marine Systems, 94: 135-144.
Luigi P, Mirvana F, Barbara F, et al. 2004. Summer coastal zooplankton biomass and copepod community structure near the Italian Terra Nova Base (Terra Nova Bay, Ross Sea, Antarctica). Journal of Plankton Research, (12): 1479-1488.
Mangoni O, Saggiomo V, Bolinesi F, et al. 2017. Phytoplankton blooms during austral summer in the Ross Sea, Antarctica: Driving factors and trophic implications. PLoS One, 12(4): e0176033.
Mesa M L, Eastman J T, Vacchi M. 2004. The role of notothenioid fish in the food web of the Ross Sea shelf waters: a review. Polar Biology, 27(6): 321-338.
Neale P J, Jeffrey W H, Sobrino C, et al. 2009. Inhibition of phytoplankton and bacterial productivity by solar radiation in the Ross Sea polynya // Krupnik I, Lang M A, Miller S E. Smithsonian at the Poles: Contributions to International Polar Year Science. Smithsonian Poles Symposium 2007. Washington: Smithsonian Institution Scholarly Press.
Peloquin J A, Smith Jr W O. 2007. Phytoplankton blooms in the Ross Sea, Antarctica: Interannual variability in magnitude, temporal patterns, and composition. Journal of Geophysical Research-Oceans, 112(C8): C08013.
Pinkerton M H, Décima M, Kitchener J A, et al. 2020. Zooplankton in the southern ocean from the continuous plankton recorder: distributions and long-term change. Deep Sea Research Part I Oceanographic Research Papers, 162: 103303.
Pinkerton M H, Smith A N H, Raymond B, et al. 2010. Spatial and seasonal distribution of adult *Oithona similis* in the Southern Ocean: predictions using boosted regression trees. Deep Sea Research I, 57: 469-485.
Reynolds C S, Huszar V, Kruk C, et al. 2002. Towards a functional classification of the freshwater phytoplankton. Journal of Plankton Research, 24(5): 417-428.
Ryther J H. 1969. Photosynthesis and fish production in sea. Science, 166(3901): 72.
Safi K A, Robinson K V, Hall J A, et al. 2012. Ross sea deep-ocean and epipelagic microzooplankton during the summer-autumn transition period. Aquatic Microbial Ecology, 67(2): 123-137.
Saggiomo M, Escalera L, Bolinesi F, et al. 2021. Diatom diversity during two austral summers in the Ross Sea (Antarctica). Marine Micropaleontology, 165: 101993.
Sedwick P N, Garcia N S, Riseman S F, et al. 2007. Evidence for high iron requirements of colonial *Phaeocystis antarctica* at low irradiance. Biogeochemistry, 83(1-3): 83-97.
Sedwick P N, Marsay C M, Sohst B M, et al. 2011. Early season depletion of dissolved iron in the Ross Sea polynya: Implications for iron dynamics on the Antarctic continental shelf. Journal of Geophysical Research-Oceans, 116: C12019.

Smith W O Jr, Ainley D G, Cattaneo-Vietti R, et al. 2015. The Ross Sea continental shelf: Regional biogeochemical cycles, trophic interactions, and potential future changes // Rogers A D, Johnston N M, Murphy E J, et al. Antarctic Ecosystems: An Extreme Environment in a Changing World. Vol. 27. Oxford: Taylor & Francis: 220.

Smith W O Jr, Ainley D, Arrigo K, et al. 2013. The oceanography and ecology of the Ross Sea. Annual Review of Marine Science, 6(1): 469-487.

Smith W O Jr, Asper V L. 2001. The influence of phytoplankton assemblage composition on biogeochemical characteristics and cycles in the southern Ross Sea, Antarctica. Deep Sea Research Part I: Oceanographic Research Papers, 48(1): 137-161.

Smith W O Jr, Delizo L M, Herbolsheimer C, et al. 2017. Distribution and abundance of mesozooplankton in the Ross Sea, Antarctica. Polar Biol, 40: 2351-2361.

Smith W O Jr, Dennett M R, Mathot S, et al. 2003. The temporal dynamics of the flagellated and colonial stages of *Phaeocystis antarctica* in the Ross Sea. Deep Sea Research Part II: Topical Studies in Oceanography, 50(3): 605-617.

Smith W O Jr, Dinniman M S, Hofmann E E, et al. 2014. The effects of changing winds and temperatures on the oceanography of the Ross Sea in the 21st century. Geophysical Research Letters, 41(5): 1624-1631.

Smith W O Jr, Nelson D M. 1985. Phytoplankton bloom produced by a receding ice edge in the Ross Sea - spatial coherence with the density field. Science, 227(4683): 163-166.

Smith W O Jr, Sedwick P N, Arrigo K R, et al. 2012. The Ross Sea in a sea of change. Oceanography, 25(3): 90-103.

Smith W O Jr, Shields A R, Dreyer J C, et al. 2011. Interannual variability in vertical export in the Ross Sea: magnitude, composition, and environmental correlates. Deep Sea Research Part I: Oceanographic Research Papers, 58: 147-159.

Smith W O Jr. 2022. Primary productivity measurements in the Ross Sea, Antarctica: A regional synthesis. Earth System Science Data, 14(6): 2737-2747.

Stevens C J, Pakhomov E A, Robinson K V, et al. 2015. Mesozooplankton biomass, abundance and community composition in the ross sea and the pacific sector of the southern ocean. Polar Biology, 38(3): 275-286.

Tagliabue A, Arrigo K R. 2003. Anomalously low zooplankton abundance in the Ross Sea: An alternative explanation. Limnology and Oceanography, 48(2): 686-699.

Tang K W, Smith Jr W O, Shields A R, et al. 2009. Survival and recovery of *Phaeocystis antarctica* (Prymnesiophyceae) from prolonged darkness and freezing. Proceedings of the Royal Society B-Biological Sciences, 276(1654): 81-90.

Tortell P D, Payne C D, Li Y, et al. 2008a. CO_2 sensitivity of Southern Ocean phytoplankton. Geophysical Research Letters, 35(4): L04605.

Tortell P D, Payne C, Gueguen C, et al. 2008b. Inorganic carbon uptake by Southern Ocean phytoplankton. Limnology and Oceanography, 53(4): 1266-1278.

Truesdale R S, Kellogg T B. 1979. Ross Sea diatoms: Modern assemblage distributions and their relationship to ecologic, oceanographic, and sedimentary conditions. Marine Micropaleontology, 4: 13-31.

Verhaegen G, Cimoli E, Lindsay D. 2021. Life beneath the ice: jellyfish and ctenophores from the Ross Sea, Antarctica, with an image-based training set for machine learning. Biodiversity Data Journal, 9: e69374.

Weithoff G. 2003. The concepts of 'plant functional types' and 'functional diversity' in lake phytoplankton- a new understanding of phytoplankton ecology? Freshwater Biology, 48(9): 1669-1675.

Yu X, Li X, Liu Q, et al. 2022. Community assembly and co-occurrence network complexity of pelagic ciliates in response to environmental heterogeneity affected by sea ice melting in the Ross Sea, Antarctica. The Science of the Total Environment, 836: 155695.

Zhang Y, Zhao W, Wei H, et al. 2023. Iron limitation and uneven grazing pressure on phytoplankton co-lead the seasonal species succession in the Ross Ice Shelf polynya. Journal of Geophysical Research: Oceans, 128: e2022JC019026.

Zingone A, Forlani G, Percopo I, et al. 2011. Morphological characterization of *Phaeocystis antarctica* (Prymnesiophyceae). Phycologia, 50(6): 650-660.

1.6 底栖生物

底栖生物是指栖息于海洋基底表面或沉积物中的生物，自潮间带到水深万米以上的大洋超深渊带（深海沟底部）都有生存。底栖生物是海洋生物中种类最多的一个生物类群，包括了大多数海洋动物、大型海藻和海洋种子植物。在底栖生物分类方面，按照生物属性分类，可分为底栖植物和底栖动物；按照营养类型分类，可分为自养型底栖生物和异养型底栖生物；按照体型大小分类，可分为大型底栖生物、小型底栖生物和微型底栖生物。

罗斯海是南极洲的一个边缘海，拥有非常高的初级生产力（约占南大洋的1/3）(Smith et al., 2000)，孕育了一个生物多样性丰富且繁荣的生态系统（Clark and Bowden, 2015; Thrush et al., 2006）。在罗斯海已发现有16 000余种生物，包括鱼类、乌贼、虾类、海星、海参和珊瑚等。作为南极海域生物多样性热点区域之一，罗斯海内几乎栖息着南大洋常见的各大类底栖生物，目前已报道的就有9000余种，包括海绵、珊瑚、贝类和节肢动物等。海域内大部分区域还没有遭受人类活动大规模破坏、污染、过度捕捞和物种入侵等干扰，所以罗斯海的大部分生态系统未遭到破坏，罗斯海也被认为是"最后的海洋"(Smith et al., 2012)。

1.6.1 种类和组成

虽然罗斯海底栖生物种类繁多，但是从已报道的底栖生物结果来看，底栖植物种数相对较少，而底栖动物种类繁多。从全球生物多样性信息服务网络平台（Global Biodiversity Information Facility，GBIF）和海洋生物地理信息系统（Ocean Biodiversity Information System，OBIS）等公开数据库搜集到的物种分布数据也直接证明了这一点，罗斯海底栖动物发现记录占绝对优势（82.09%）（表1.4），而底栖植物发现记录数仅占不到1%。

除了底栖鱼类，目前已发现的记录显示罗斯海底栖动物还有软体动物门（Mollusca）、环节动物门（Annelida）、苔藓动物门（Bryozoa）、有孔虫门

(Foraminifera)、棘皮动物门（Echinodermata）、多孔动物门（Porifera）、刺胞动物门（Cnidaria）和节肢动物门（Arthropoda）等，至少有 15 个门类。从不同类群物种数来看，节肢动物是罗斯海底栖生物的优势种群（35%），其次为棘皮动物（16%）和多孔动物（海绵）（12%）（图 1.62）。

表 1.4 罗斯海底栖生物分类

分类	计数/条	占比（%）
动物 Animalia	355 126	82.09
古菌 Archaea	658	0.15
细菌 Bacteria	30 147	6.97
色藻 Chromista	36 305	8.39
真菌 Fungi	4 646	1.07
植物 Plantae	2 983	0.69
原生动物 Protozoa	2 737	0.63

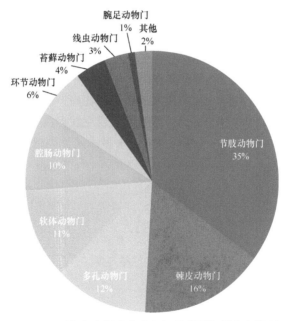

图 1.62 罗斯海底栖生物发现记录所属门类分布情况

（1）大型海藻

大型海藻是指一类肉眼能看见的，绝大多数是多细胞的丝状体、膜状体、管状体或叶状体，它们是无胚的，具叶绿素的，自养的，无真正根、茎、叶分化的孢子植物。生活在南极的大型海藻有超过 120 种，其中有 1/3 是南极特有的（Wiencke and Clayton，2002）。在南极部分区域，大型海藻广泛生长在潮间带或浅岸海底的礁石上。褐藻和红藻在潮下带岩石基底上呈垂直分布,最深可达100 m水深处(刘晨临等,2020)。大型海藻不仅是近岸海洋系统重要的初级生产者,也为其他海洋生物提供庇护场所,是近岸极地生态系统的重要组成部分。

在过去约30年中,研究人员对罗斯海进行了一系列大型海藻生态学研究(如Miller and Pearse,1991;Schwarz et al.,2003,2005;Norkko et al.,2004,2007),以及特拉诺瓦湾底栖藻群的研究(Cormaci et al.,1992,1997,2000)。Wiencke和Clayton(2002)梳理并总结了南极的大型海藻,在南极大陆共发现了116个物种,其中只有30个物种记录来自罗斯海。而此前,Cormaci等(2000)整理了罗斯海大型海藻的记录,报告了37个分类群,其中许多分类群分布范围很小或数量很少。罗斯海地区的底栖藻类种类繁多,包括多种绿藻、红藻和褐藻等,常见的藻类有绿藻门(Chlorophyta)的石莼纲(Ulvophyceae)和共球藻纲(Trebouxiophyceae)、褐藻门(Ochrophyta)的金藻纲(Chrysomeridophyceae)和褐藻纲(Phaeophyceae)、红藻门(Rhodophyta)的红藻纲(Florideophyceae)等物种(图1.63)(Wiencke and Clayton,2002)。其中,绿藻主要生长在海底的岩石和沙土等地方,而红藻偏好生长在深海中,适应于低光照、低温和高盐度的环境,褐藻更喜欢生长在海底的泥沙等地方。这些底栖藻类通过光合作用产生氧气,对海洋生态系统中的碳循环起到重要作用。从空间分布来看,Cormaci等(2000)观察到纬度高于70°S地区(如罗斯海的特拉诺瓦湾)的大型海藻种类要少得多(只有5%~10%),Miller和Pearse(1991)在麦克默多湾记录的也是较少,只有7个分类群。因此,他们认为区域越靠南,大型海藻种类越少。

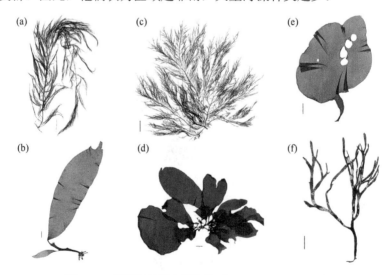

图1.63 罗斯海常见大型海藻(Nelson et al.,2022)

(a) *Desmarestia menziesii*;(b) *Himantothallus grandifolius*;(c) *Georgiella confluens*;(d) *Notophycus fimbriatus*;(e) *Iridaea* sp.;(f) *Phyllophorella* sp.。图中标尺为2 cm

（2）有孔虫门

有孔虫是一种大型的非软体原生动物（单细胞），具有网状的假足，细胞质的细丝分支合并形成一个动态的网。它们通常有一个或多个腔室，由碳酸钙（$CaCO_3$）或矿物颗粒或其他颗粒黏合而成。大小通常小于 0.5 mm，但最大的个体宽度可达 20 cm。有孔虫是数量最多和科研价值最高的生物类群之一，特别是对于生物地层学、古环境学和同位素地球化学等方面的研究有重要价值。

有孔虫依据其特性，一般可以分为两大类：钙质类（calcareous taxon）和黏着类（agglutinated taxon）。在世界有孔虫数据库（https://www.marinespecies.org/foraminifera/）中，罗斯海仅有 49 种有孔虫，但目前对罗斯海的研究报道比较少，仍可能存在很多的遗漏。Capotondi 等（2018，2020）在罗斯海表层沉积物中鉴定出 30 种有孔虫（图 1.64），包括 23 种黏着种和 7 种钙质种。对不同站点组成分析发现，不同站点表现出空间异质性（Capotondi et al.，2018，2020）。

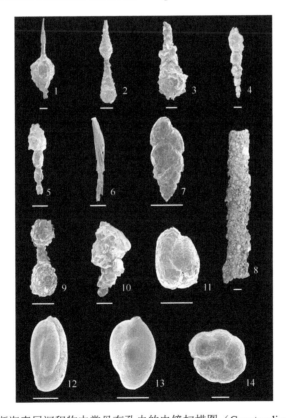

图 1.64　罗斯海表层沉积物中常见有孔虫的电镜扫描图（Capotondi et al.，2018）

1. *Hormosinella distans*；2. *Hormosinella ovicula*；3. *Lagenammina difflugiformis*；4、5. *Reophax subfusiformis*；6. *Reophax spiculifer*；7. *Pseudobolivina antarctica*；8. *Rhabdamminella* sp.；9. *Reophax guttifer*；10. *Reophax scorpiurus*；11. *Adercotryma glomerata*；12、13. *Miliammina arenacea*；14. *Recurvoides contortus*。图中标尺为 100 μm

此外，活体和死亡组合的特点普遍存在于黏着类中，活体组合主要有黏着种 *Reophax spiculifer*、*Trochammina* sp.、*Rhabdamminella cylindrica*、*Lagenammina diflugiformis* 和两个钙质种 *Nonionella bradii*、*Astrononion echolsi*。相比之下，黏着种如 *Astrononion glomeratum*、*Rhabdamminella contortus*、*Rhabdamminella subfusiformis* 和钙质种 *Nonionella bradii*、*Astrononion echolsi* 在死亡组合中的丰度较低。*Cribrostomoides jeffreysii*、*Deuterammina grisea*、*Portatrochammina malovensis*、*Pseudobolivina antarctica* 和 *Trochammina* cf. *quadricamerata* 在活体群落中完全不存在。而且 70 m 水深以下的沉积物中有孔虫的空壳数量占比非常高（Capotondi et al., 2018）。

（3）多孔动物门

多孔动物主要是在海洋中营固着生活的一类单体或群体动物，是最原始的一类后生动物。身体由多细胞组成，但细胞间保持着相对的独立性，还没有形成组织或器官。身体由两层细胞构成体壁，体壁围绕一中央腔，中央腔以出水口与外界相通。体壁上也有许多小孔或管道，并与外界或中央腔相通，所以多孔动物门也被称为海绵动物门（Spongia）。根据其骨骼特点分为 3 个纲：钙质海绵纲（Calcarea）、六放海绵纲（Hexactinellida）和寻常海绵纲（Demospongiae）。作为海洋生态系统中的重要组成部分，南极的海绵有 44% 是特有种（Costa et al., 2023）。此前有研究表明，南极海绵具有非常长的寿命，例如，有研究表明两种南极六放海绵 *Rhabdocalyptus dawsoni* 和 *Rossella* sp. 标本的年龄分别为 220 年和 400 多年（Leys and Lauzon, 1998; Fallon et al., 2010）。

海绵在整个罗斯海都很丰富（图 1.65，图 1.66），是除海星以外记录最多的无脊椎动物分类群（Parker et al., 2009）。虽然渔业捕捞记录中，海绵的常见深度是 1000~1300 m，但科考航次采样发现，海绵在罗斯海大陆架上也很常见，从沿岸一直延伸到 4000 多米深（Janussen et al., 2004）。罗斯海内许多海绵体型较小，但也有几个物种体型较大（长度超过了 1 m），并且在局部地区可能形成丰富度非常高的群落。罗斯海内 3 个纲的海绵均有发现，寻常海绵纲（Demospongiae）是最为常见的一类（McClintock et al., 2005），但六放海绵（Hexactinellida）的数量也非常丰富，可以形成极为密集的斑块。这些海绵有些可形成厚达 2 m 海绵垫（spicule mat），并为许多其他物种提供栖息地（Barthel, 1992; Gutt, 2007）。虽然这些斑块分布的海绵垫经常受冰山冲刷的影响，但这并不影响海绵是罗斯海底栖生物群落结构的主要组成之一这一事实（Barthel and Gutt, 1992; Gutt and Koltun, 1995）。

图 1.65　在特拉诺瓦湾拍摄的海绵 *Lycopodina* cf. *vaceleti*（箭头所示物种）
（Ghiglione et al.，2018）

图 1.66　在罗斯海 250 m 深处发现的海绵 *Tedania* (*Tedaniopsis*) *oxeata*
（Ghiglione et al.，2018）

罗斯海的多孔动物群落丰富且多样（Vargas et al.，2015），海域内多孔动物群落组成在海山内部和海山之间的差异很大。目前对罗斯海多孔动物门的物种研究多数集中在物种分类和鉴定上，虽然不断有新种的发现和报道（Ghiglione et al.，2018；Costa et al.，2023），但是随着传统分类学家的全球性减少以及海绵形态学鉴定的难度较大，这类动物的研究将面临更大的挑战。

（4）刺胞动物门

刺胞动物门（Cnidaria）又称刺细胞动物门，过去称为腔肠动物门（Coelenterata），因为它的含义适用于刺胞动物及栉水母动物，所以现多已废弃不用。刺胞动物体呈辐射或两辐射对称，仅具二胚层，是最原始的后生动物。刺胞动物的生活史非常复杂且多样，除了钵水母纲（Scyphozoa）和立方水母纲（Cubozoa）终身营浮游生活，其他刺胞动物都是底栖生物的重要组成部分。例如，珊瑚纲（Anthozoa）中的六放珊瑚亚纲（Hexacorallia）的石珊瑚目（Scleractinia）、黑角珊瑚目（Antipatharia）、海葵目（Actiniaria）、六放珊瑚目（Zoanthidea），以及八放珊瑚亚纲（Octocoralia）的软珊瑚目（Alcyonacea）、柳珊瑚目（Gorgonacea）和海鳃目（Pennatulacea）都是许多底栖生物的生境提供者（Parker and Bowden，2010）。

罗斯海石珊瑚目的主要种类是杯状珊瑚，而不是南太平洋其他地方常见的 *Solenosmilia variabilis* 等造礁珊瑚物种（Parker and Bowden，2010）。此外，石珊瑚大多是在靠近陆坡边缘的外大陆架以及罗斯海北部和西部的一些海山上被发现的，并且在水深超过 1000 m 的水域并不常见。在公开数据库和已发表的文献中，记录到的物种主要是 *Caryophyllia antarctica*、*Gardineria antarctica* 和 *Flabellum impensum*。这些物种相对较小（尺寸小于 10 cm），通常附着在其他造礁生物上，但 *F. impensum* 可能生活在松软的沉积物上。另外，一些杯状珊瑚（如 *Desmophyllum* sp.）也可以在罗斯海更深的海域被发现，但这些珊瑚往往生长非常缓慢（0.5～2 mm/a），有些寿命可能超过 200 年（Risk et al.，2002；Adkins et al.，2004）。海葵分布于整个罗斯海地区，尽管科学研究收集的海葵样本从沿岸到水深 5000 m 都有，但通常因为渔业捕捞而被发现，所以已有记录通常集中在 1000～1300 m 水深的海域内。最常观察到的物种是 *Stomphia selaginella*、*Capnea georgiana* 和 *Hormathia lacunifera*（Parker and Bowden，2010）。由于身体内缺乏永久性的结构，海葵的年龄难以确定，不过依据热带珊瑚礁和水族馆中监测到的样品推测，罗斯海的海葵估计可以活 50～210 年（Ottaway，1980）。由于海葵的大小或密集成片时产生的表面复杂性，其可以为罗斯海内的底栖生物提供栖息地。

黑珊瑚虽然存在于罗斯海，但似乎更常见于巴勒尼群岛附近以及群岛北部的海山上。它们可能很大，高度超过 3 m，可能呈现分枝（灌木状、羽状或扇形）或鞭状生长形态（Lumsden et al.，2007）。从罗斯海大陆架的极浅水域到近 5000 m

深处都有发现。观察到的最常见的属是 *Bathypathes*。在罗斯海大陆架和陆坡采集和报道的软珊瑚样品比较少，不过有些物种在麦克默多湾（McMurdo Sound）浅水中数量丰富（Slattery and McClintock，1997）。在罗斯海深度超过 2000 m 的区域没有观察到软珊瑚。罗斯海深海中最常观察到的珊瑚属是 *Anthomastus*，其体型很大，并表现出复杂的三维结构（Parker and Bowden，2010）。柳珊瑚是罗斯海中形态多样的成礁珊瑚类群（Hourigan et al.，2007），其分布深度从很浅到 3000 多米不等。海笔适合生活在较松软的沉积物中，从沿岸到深渊都有发现（Williams，1995），它们在水深 1000 m 附近最为常见。六放珊瑚有多种形态，如 *Savalia* 属的个体可高达 3 m，寿命极长（Roark et al.，2006），其分布也是从浅海到较深海域均有报道，不过由于受威胁程度较低，受关注较少。水螅珊瑚和柱孔珊瑚在罗斯海陆架和大陆架坡折带的调查中较为常见（图 1.67），经常被发现附着在其他成礁物种上，它们在罗斯海渔业作业深度范围内都很常见，特别是在大陆架坡折和上陆坡带的高流速区域。它们很少在水深 1500 m 以下的地方被观察到，而且在罗斯海陆架上相对较少发现（Parker and Bowden，2010；Peña Cantero，2023）。

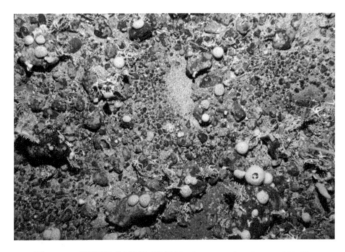

图 1.67　罗斯海刺柱螅栖息地（Bax and Cairns，2014）

（5）苔藓动物门

苔藓动物门为一类外形似苔藓植物，营固着生活的群体动物，包括 3 个纲：窄唇纲（Stenolaemata）、裸唇纲（Gymnolaemata）和护唇纲（Phylactolaemata）。苔藓动物绝大多数生活在海洋中，多栖息在大陆架浅海，一般固着在坚硬的附着基上，少数种类借附着器定着于泥沙中，摄食水中的悬浮物（图 1.68）。南极苔藓动物形态比较多样，其中大部分为直立和叶状的生长形式，它们是底栖生物群的重要结构成分（Barnes and Griffiths，2008）。

图 1.68　罗斯海大陆架 450 m 深处的苔藓动物群落（Parker and Bowden，2010）
标尺为 20 cm

罗斯海的苔藓动物主要为裸唇纲和窄唇纲，大部分是裸唇纲的物种（约占 80.5%）。在罗斯海陆架上，苔藓动物通常聚集在一起，形成高度超过 30 cm 的复杂结构，供其他物种栖息。除了东罗斯海附近没有搜集到任何样品，苔藓动物几乎在整个陆架上都有分布。在空间的水平分布上，维多利亚地近岸地区苔藓动物呈现集中分布，且分布密度明显大于玛丽伯德地近岸海域。在垂直分布上，底栖苔藓动物主要分布于 200～3600 m 的深度，分布较为均匀（图 1.69）。

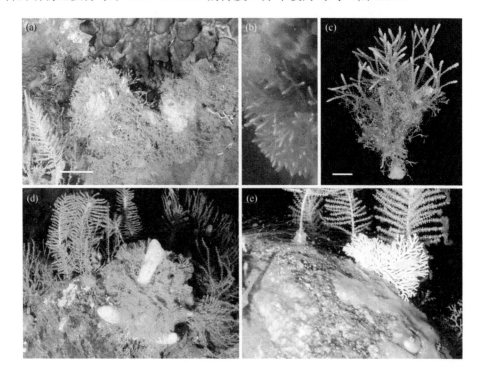

图 1.69　罗斯海苔藓动物（Cecchetto et al., 2019）
(a) ~ (c) *Klugella buski*; (d)、(e) *Hornera* sp.; (f) *Reteporella* sp.; (g) *Fasciculipora ramosa*

（6）环节动物门

环节动物为两侧对称且分节的裂生体腔动物。已发现的环节动物约有 17 000 种，常见种有蚯蚓、蚂蟥和沙蚕等。体长从几毫米到 3 m，栖息于海洋、淡水或潮湿的土壤，是软底质生境中最占优势的潜居动物。

罗斯海区域的环节动物主要包括多毛纲（Polychaeta）和环带纲（Clitellata），优势种主要是多毛纲的物种（约占 96.9%）（图 1.70），在多毛纲中，多鳞虫科（Polynoidae）的物种多样性最丰富，其物种数约占多毛纲物种总数的 38.1%。Knox 和 Cameron（1998）记录了罗斯海环节动物 184 个物种[不包括吸口虫科（Myzostomatidae）]，其中较多的是多鳞虫科（Polynoidae）（21 种）、裂虫科（Syllidae）（18 种）和蛰龙介科（Terebellidae）（17 种），并描述了 3 个新种：*Aphrodita rossi*、*Typosyllis pennelli* 和 *Clymenella antarctica*。以下 16 个物种仅产于罗斯海地区：*Aphrodita rossi*、*Austrolaenilla* sp.、*Anaitides adarensis*、*Syllidia inermis*、*Autolytus longstaffi*、*Eurysyllis ehlersi*、*Typosyllis pennelli*、*Spio obtusa*、*Clymenella antarctica*、*Spio obtusa*、*Clymenella antarctica*、*Melinnoides nelsoni*、*Octobranchus phyllocomus*、*Polycirrus antarcticus*、*Myxicola sulcata* 和 *Chitinopomoides wilsoni*（Knox and Cameron, 1998）。在空间的水平分布上，维多利亚地近岸地区底栖环节动物呈现集中分布，且分布密度明显大于玛丽伯德地近岸海域。在垂直分布上，底栖环节动物主要分布于 200~4222 m 的深度区域，分布较为均匀。由于目前环节动物的分类鉴定具有很大的挑战，很多多毛类和寡毛类的生物多样性被低估了，罗斯海海域的环节动物亦有可能面临这些问题。最近，Jeunen 等（2023）结合环境 DNA 等技术，发现环节动物是罗斯海 7 个调查站位中最为丰富的一类动物，也侧面证实了这一点。

图1.70 我国第39次南极科考在罗斯海搜集到的多毛纲物种

（7）节肢动物门

节肢动物门是动物界最大的一门，其特征是身体两侧对称，异律分节，可分为头、胸、腹三部分，体外覆盖几丁质外骨骼，水生种类用鳃或书鳃呼吸。南极拥有丰富的节肢动物资源，这些资源不仅是维持南极生态系统的重要组成部分，也是很多国家开发的资源，如磷虾是目前最为热门的利用对象。在底栖动物研究中，Ingels等（2012）将等足目（Isopoda）和端足目（Amphipoda）列为南大洋五大类群之一，它们是南极生物多样性的主要贡献者。目前在南大洋描述的等足目和端足目物种数量高于原足目（Tanaidacea）（De Broyer and Danis，2011），但最近的大多数研究（如Pabis et al.，2015a）表明，南极大陆架原足目的物种丰富度被严重低估，且深海原足目的物种丰富度同样没有得到充分认识（Brandt et al.，2007）。南极大陆架原足目的物种丰富度极高，丰度却很低，这显然表明该类动物在南极有广泛的辐射（图1.71）。

在罗斯海海域内，基于已有发现的记录来看，桡足纲（50.94%）和软甲纲（36.66%）的物种占比远高于其他物种（OBIS数据库，2023年12月26日）。罗斯海底栖节肢动物主要为软甲纲的端足类、等足类和原足类。通过整理公开数据发现，罗斯海端足类主要是 *Hyperiella* spp.、*Cyllopus* spp.和 *Hyperoche* spp.（OBIS数据库，2023年12月26日）。在对罗斯海维多利亚地附近海域18个站点的调查中，收集了9494个等足类样品，其隶属于19个科。Desmosomatidae是数量最多的科（35 297个/1000 m^2），其次是Paramunnidae（23 973个/1000 m^2），Paramunnidae是最常见的分类群，在所有站点都有收集到，Munnidae、Janiridae和Gnathiidae也经常被搜集到，但并非在每个站点都有（Choudhury and Brandt，

2007)。在从罗斯海及其邻近海域 11 个采样点采集的原足类动物中，共鉴定出 72 种，隶属于 11 科 26 属（共 244 个样品）。物种较多的属是 *Typhlotanais*（13 种）、*Pseudotanais*（11 种）、*Paraleptognathia*（8 种）和 *Leptognathia*（5 种）。物种最多的科是 Typhlotanaidae，共有 21 种（Pabis et al.，2015b）。

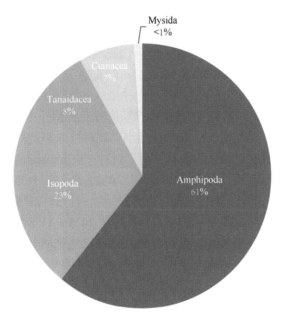

图 1.71　罗斯海维多利亚地近海节肢动物不同类群占比（Choudhury and Brandt，2007）
Mysida. 糠虾类；Cumacea. 下涎虫类；Tanaidacea. 原足类；Isopoda. 等足类；Amphipoda. 端足类

从空间格局来看，整个节肢动物的分布密度表现出随纬度降低而增大的趋势（Rehm et al.，2006），这一趋势在南极并不常见。例如，在麦克默多湾西海岸的南部地区也发现节肢动物分布密度随纬度变化的趋势（Dayton and Oliver，1977），但从智利麦哲伦地区到南极高纬度地区的生物密度和生物量并没有随着纬度增加而呈现出变化（Gerdes and Montiel，1999；Piepenburg et al.，2002）。从垂直分布来看，随着水体深度的增加，等足目在甲壳纲总数中所占的比例也在增加，与之相适应的是端足目所占比例下降，其余的分类群没有显示出明显的深度变化规律（Rehm et al.，2006）。进一步研究发现，罗斯海深海海域内的等足动物多样性可能与物种丰富的威德尔海深海相当（Lörz et al.，2013）。

（8）软体动物门

软体动物门是无脊椎动物中的第二大门，主要由腹足纲（Gastropoda）、双壳纲（Mollusca）、多板纲（Polyplacophora）、掘足纲（Scaphopoda）、头足纲（Cephalopoda）和沟腹纲（Solenogastres）组成，种类数量仅次于节肢动物门，目前世界上已报道的软体动物近 10 万种，是不同海区海洋生物多样性研究的关键类群之一。在南极周围海域，腹足纲和双壳纲是底栖软体动物的重要组成部分，在对这两类动物的分布研究中发现，其分布具有很强的异质性，可以很明显地分为南极半岛、威德尔海、东南极-毛德王后地、东南极-恩德比地、东南极-威尔克斯地、罗斯海，以及独立的斯科舍岛弧和亚南极圈岛屿等区域（Linse et al.，2006）。

在 OBIS 公开数据库中，罗斯海区域的软体动物包括腹足纲、双壳纲、头足纲、多板纲（图 1.72）、单板纲、掘足纲和沟腹纲，其中的优势种为腹足纲（物种数约占罗斯海软体动物总物种数的 47.9%）、双壳纲（物种数约占罗斯海软体动物总物种数的 28.4%）及头足纲物种（物种数约占罗斯海软体动物总物种数的 16.1%）。2004 年，在维多利亚地沿岸和巴勒尼群岛的调查中，共采集了 142 种软体动物（包括 4 种多板纲动物、99 种腹足纲动物、37 种双壳纲动物和 2 种掘足纲动物）。其中约 20%的物种是罗斯海的新记录种（Schiaparelli，2006）。在空间的水平分布上，维多利亚地近岸地区底栖软体动物呈现集中分布，且分布密度明显大于玛丽伯德地近岸海域。通过多样性比较发现，71°S～72°S 地区（哈利特角—阿代尔角）底栖软体动物的物种丰富度较高，而 74°S～75°S 地区（特拉诺瓦湾—拉塞尔角）的物种丰富度较低。底栖软体动物的这些空间分布格局可能受到洋流和冰山冲刷的双重影响。在垂直分布上，底栖软体动物从浅海到 3000 m 的深度上均有分布，多分布于 867 m 以上的深度，更深的区域软体动物报道较少。

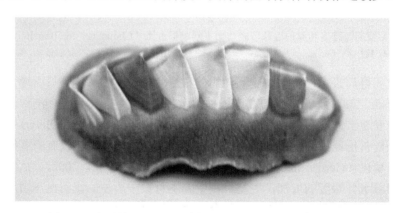

图 1.72　我国第 39 次南极科考在罗斯海搜集到的多板纲动物

（9）棘皮动物门

棘皮动物门是一类后口动物（deuterostome），大多数底栖，从浅海到数千米的深海都有广泛分布。现存种类 6000 多种，但化石种类多达 20 000 多种，从早寒武世出现到整个古生代都很繁盛，其中有 5 个纲已完全灭绝。成体五辐射对称（次生辐射对称），由管足排列表现出来。就数量和多样性而言，棘皮动物是南极海域内最主要的大型底栖动物分类群，在底栖动物群落结构中起着主导作用（Moles et al., 2015）。在罗斯海中，棘皮动物同样也非常重要，因为它们对底栖生物的生物量有重大贡献，因此在碳循环中发挥着重要作用（Lebrato et al., 2010）。例如，有研究发现海星在罗斯海以海绵为主的底栖生物群落的调节方面发挥着关键作用（Dayton et al., 1974）。

在已知的南极大型底栖生物物种中，约有 10%是棘皮动物，其中海星（Asteroidea）（208 种；De Broyer and Danis, 2011）、海参（Holothuroidea）（187 种；O'Loughlin et al., 2011）和海蛇尾（Ophiuroidea）（126 种；Stöhr et al., 2012）是物种最丰富的类别。De Domenico 等（2006）对来自罗斯海的 14 376 个棘皮动物标本进行鉴定发现，这些标本隶属于 84 个类群，其中 37 个类群属于海星、29 个类群属于海蛇尾、18 个类群属于海胆（图 1.73）。海星中较为常见的种为 *Diplasterias brucei*、*Odontaster validus*、*Notasterias armata* 和 *Glabraster antarctica*，海蛇尾中较为常见的种为 *Ophiacantha antarctica*、*Ophiacantha vivipara*、*Ophioceres incipiens* 和 *Ophiurolepis gelida*，海胆中较为常见的种为 *Sterechinus neumayeri*、*Sterechinus antarcticus* 和 *Ctenocidaris* spp.。从空间分布来看，在罗斯海水深 33 m 以下以海绵为主的群落中，*Odontaster validus* 是一个非常常见的物种，而 *Ophionotus victoriae* 在软底栖息地很常见[例如，在罗斯海新港区域 30 m 深处为 5~10 个/m²（White et al., 2012）]。在维多利亚地沿岸，棘皮动物多样性会随着纬度变化而变化，且 α 多样性从北向南增加，而从更大的空间尺度来看，纬度梯度以潜在的和非线性的方式影响着棘皮动物的群落结构。此外，沿岸冰山的扰动也是影响棘皮动物分布的重要因素（De Domenico et al., 2006）。

图 1.73　我国第 39 次南极科考在罗斯海搜集到的海胆

（10）其他类群动物

腕足动物（Brachiopoda）也是罗斯海底栖生物群落的组成部分。腕足动物是具两枚壳瓣的海生底栖固着动物。腕足动物无柄，外形与双壳类软体动物相似，外壳非常脆弱，直径通常小于 40 mm，可以密集地聚集在一起。目前，腕足动物经动物学家和古生物学家整理和分类，自 20 世纪 50 年代，在南极共发现 4 个目，包括 Lingulida、Craniida、Rhynchonellida 和 Terebratulida。根据视频观察，南极海域内的腕足动物通常密集地聚集在一起。在罗斯海中，腕足动物经常在延绳钓渔业的渔获物中被发现，但经常被误认为是软体动物（Parker and Bowden，2010）。

脊索动物门的海樽纲动物是南极特别是较浅的陆架水域的常见底栖生物，它们可以形成密集的种群（Primo and Vázquez，2007）。海樽纲动物全世界总共有 1250 多种，包括单海鞘和复海鞘，有些较大的单生和有柄物种（如 *Cnemidocarpa verrucosa*）可长到 30 cm 或更长，在底栖生物群落中占主导地位。从现有的发现报道来看，海樽似乎在罗斯海无处不在，在整个陆架、陆坡和北部海山上都有观察到（Parker and Bowden，2010）。

1.6.2 群落特征

罗斯海底栖生物是南大洋中种类最多的海底生物之一，这种丰富性的原因可能源于由深度和洋流决定的栖息地多样性。包括罗斯海在内的南极底栖生物群落被认为是世界上生态最稳定的群落之一，其特征是对环境变化具有显著的抵抗力，生物量、生物多样性和特有性水平高。许多物种表现出环极分布、构造多样、广食性、生长速度慢和寿命长的特点。

罗斯海底栖生物群落表现出整个南极地区的特征（如体型大、寿命长和生长率低），海域内的大多数生物都是食腐动物或食碎屑动物，因此，底栖生物量在很大程度上受食物供应的控制（Clarke，1996）。罗斯海具有独特的底栖生物群落组成特征，如海绵生物量高、缺乏爬行类甲壳动物以及较低的底栖鱼类多样性和丰富性（Clarke and Johnston，2003）。特拉诺瓦湾（Terra Nova Bay）的硬底底栖生物群落在生物量和物种数量方面都相对丰富，特别是海绵动物和腔肠动物群落，该群落以滤食性动物为主，是南极最独特的底栖生物群落之一（Kang et al.，2019）。在特提斯湾内，双壳贝类（如 *Adamussium colbecki*）和海胆（如 *Sterechinus neumayeri*）等物种在食物网中发挥着关键作用（Caputi et al.，2020）。通常主导南极底栖生物群落的关键物种（海胆、扇贝、海葵和片足类动物）是食物网中的关键物种，直接或间接影响这些顶层关键种群的干扰会通过营养级联迅速扩散，最终导致食物网崩溃（Estrada，2007）。

1.6.3 分布特征

（1）水平分布特征

基于公开数据的发现记录，罗斯海的底栖生物主要分布在罗斯冰架以外的维多利亚地近岸海域（包括特拉诺瓦湾），其物种分布点明显多于玛丽伯德地近岸海域。罗斯海海域内底栖生物分布较密集，明显高于罗斯海海域外的分布密度（图1.74）。罗斯海底栖生物整体分布偏向于维多利亚地近岸海域，这与各门类底栖生物分布概况基本相同。

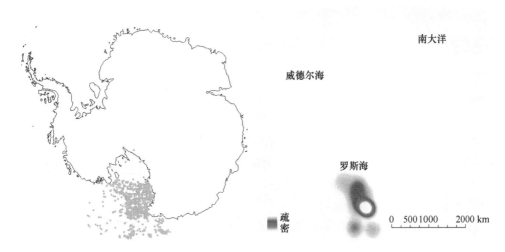

图 1.74　罗斯海底栖生物分布概况
左图表示数据库中查询到的发现记录，右图是基于发现记录得到的分布热图

与底栖生物在罗斯海的总体分布情况类似，软体动物门（Mollusca）、环节动物门（Annelida）、苔藓动物门（Bryozoa）、节肢动物门（Arthropoda）、棘皮动物门（Echinodermata）、多孔动物门（Porifera）和刺胞动物门（Cnidaria）在罗斯冰架以外的维多利亚地近岸海域的分布密度明显大于玛丽伯德地近岸海域。有孔虫门（Foraminifera）的物种分布数据较少，但也呈现出维多利亚地近岸海域分布更密集的特点，玛丽伯德地近岸海域几乎没有分布（图1.75）。

根据1955～1958年收集的样品，对罗斯海南部底栖生物群落进行了首次系统分类。Bullivant（1967）描述了3个主要底栖生物群落，包括大陆架混合类群，主要是多毛纲、苔藓动物门、柳珊瑚目和棘皮动物门；陆架泥底类群，重要成分是多毛纲和棘皮动物门；而在彭内尔浅滩（Pennell Bank）类群中，苔藓动物门、多孔动物门、被囊动物、刺胞动物门和棘皮动物门很常见（Bullivant，1967）。罗斯海的海山区的底栖生物组成略有不同，例如，斯科特岛海山发现了大量的底栖

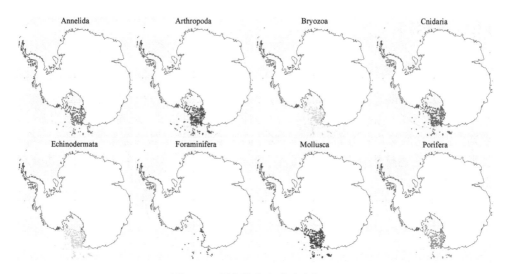

图 1.75　罗斯海各门类分布概况

Annelida. 环节动物门；Arthropoda. 节肢动物门；Bryozoa. 苔藓动物门；Cnidaria. 刺胞动物门；Echinodermata. 棘皮动物门；Foraminifera. 有孔虫门；Mollusca. 软体动物门；Porifera. 多孔动物门

生物，有海葵、腕足动物、原生珊瑚、海绵和水螅群落，海底还记录到了成群的磷虾（Clark and Bowden，2015）。罗斯冰架（Ross Ice Shelf）的主要底栖动物为苔藓虫、海绵、珊瑚、海参、寡毛类、海百合、等足类和双壳贝类等。与大陆坡或深海平原相比，大陆架上的大型海底动物种类更丰富，数量也更多（Cummings et al.，2021）。维多利亚地沿岸底栖动物群落的优势类群为节肢动物门（65.7%），其次为环节动物门（20.7%）、软体动物门（9.6%）和棘皮动物门（2.5%）（Rehm et al.，2006）。有研究在罗斯海的麦克默多海峡发现了许多海星、海胆、海葵、水螅、软珊瑚、刺胞动物、被囊动物和一些海绵。更深的海底被各种生长非常缓慢的六放海绵占据，海绵覆盖了大约 50% 的海底（Dayton，1979；Rehm et al.，2006）。

（2）垂直分布特征

除麦克默多湾和特拉诺瓦湾外，罗斯海的沿海底栖生物群落目前研究报道仍相对较少。从目前已有的大部分报道来看，在罗斯海的不同区域，底栖生物的种类和数量也有所不同。一般来说，浅水区的底栖生物种类和数量较多，而深水区的种类和数量相对较少（表 1.5）。整体来看，罗斯海大部分区域底栖生物的丰度随水体深度的增加而减小，生物量也显示出同样的趋势，除了 400~500 m 的深度区域，丰度和生物量随着深度增加都有所减少（Rehm et al.，2006）。

表 1.5　罗斯海不同区域底栖生物生物量（Pinkerton et al., 2009）

底栖生物	生物量（g C/m²）				占比（%）
	陆架（<600 m, 421 897 km²）	陆坡（600～1 800 m, 75 206 km²）	深海（>1 800 m, 139 895 km²）	总和（636 998 km²）	
海星	0.089	0.077	0.017	0.072	5.1
海蛇尾	0.219	0.149	0.027	0.169	12.1
海胆	0.001	0.000	0.000	0.001	0.0
海参	0.316	0.006	0.077	0.227	16.2
海百合	0.118	0.004	0.004	0.079	5.7
底栖虾类	0.088	0.004	0.011	0.061	4.4
腹足类	0.001	0.000	0.000	0.001	0.1
环节动物	0.202	0.000	0.007	0.136	9.7
海蜘蛛	0.001	0.000	0.000	0.001	0.1
海绵	0.196	0.122	0.019	0.148	10.6
石珊瑚	0.000	0.001	0.000	0.000	0.0
水螅体	0.101	0.000	0.000	0.067	4.8
海樽	0.044	0.002	0.003	0.030	2.1
软珊瑚	0.012	0.000	0.001	0.008	0.6
海笔	0.011	0.002	0.002	0.007	0.5
柳珊瑚	0.010	0.001	0.001	0.007	0.5
海葵	0.306	0.749	0.074	0.307	22.0
苔藓动物	0.115	0.001	0.000	0.076	5.5
总和	1.829	1.118	0.241	1.396	100

注：表中总和为实际求和修约所得。

从特拉诺瓦湾的垂直分布研究来看，底栖生物存在很明显的垂直分区（图1.76）。从硬基质的海床来看，由于浮冰的存在，从潮间带到水深 2～3 m 的区域底栖生物群落非常贫瘠，主要由蓝藻、硅藻以及端足类 *Paramoera walkeri* 组成；从 2～4 m 到 70 m，主要是大型海藻组成的群落，这些藻类提供了底栖动物的庇护所和食物来源，主要底栖动物为海胆 *Sterechinus neumayeri* 和海星 *Odontaster validus*。在 70～120 m 水深处，群落组成逐渐演变为以海绵为主导的复杂群落，其他无脊椎动物，如多毛类、星虫动物、等足目、端足目、苔藓动物、双壳类、蛇尾类、海参类（如 *Psolidium* sp.）和海樽（如 *Cnemidocarpa verrucosa*）也是这一群落的重要组成部分。在 120～130 m 水深以下，有硬质的区域变得非常稀少，群落也演变成主要由多毛目动物 *Serpula narconensis*，几种苔藓动物如 *Ellisina antarctica*、*Arachnopusia decipiens*、*Reteporella* sp.、*Isoschizoporella similis*、

Antarcticaetos bubeccata、*Notoplit* sp.、*Cellarinella* sp.、*Isosecuriflustra angusta* 和 *Isosecuriflustra vulgar* 组成（Rosso，1992），在该深度区域内微环境具有很大的异质性。

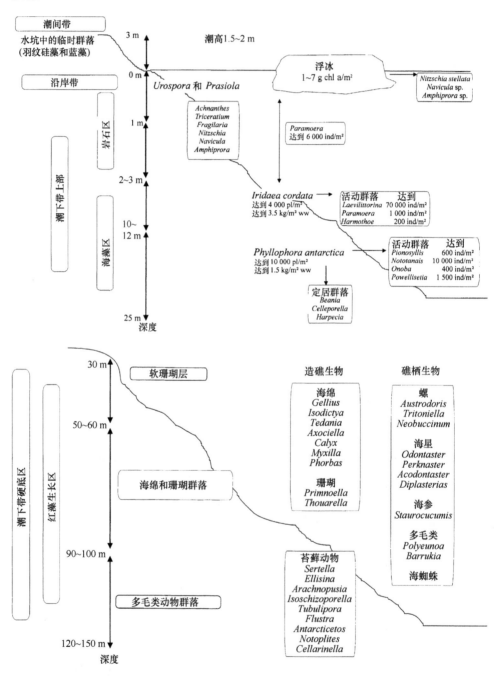

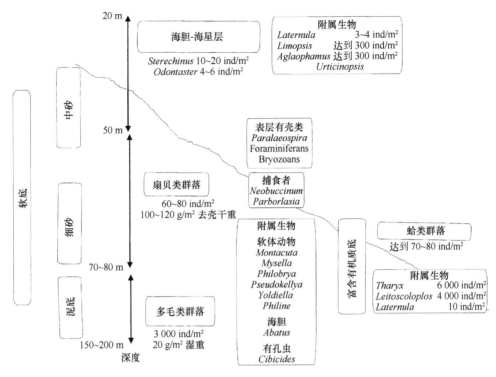

图 1.76 特拉诺瓦湾底栖生物垂直分布示意图（Cattaneo-Vietti et al.，2000）

软底通常从 20～30 m 深处开始，由粗沙和砾石构成，在此区域经常发现 *Alcyonium* sp.，群落的特征是主要由双壳类（*Laternula elliptica*、*Aequiyoldia eightsii*、*Adamussium colbecki*）和多毛类动物（*Aphelochaeta cincinnata*、*Aglaophamus trissophyllus*、*Spiophanes tcherniai*、*Leitoscoloplos mawsoni*）组成（Gambi et al.，1997）。此外，*Sterechinus neumayeri* 和 *Odontaster validus* 也很常见。在 30～70 m 水深区域，底质变得更细，底栖硅藻数量密集，有时完全被大型扇贝（*Adamussium colbecki*）覆盖（Cattaneo-Vietti et al.，2000）。在 70 m 水深以下的区域，主要由有孔虫（Mullineaux and De Laca，1984；Berkman，1990）、桡足类（*Ellisina antarctica*、*Micropora brevissima*、*Arachnopusia decipiens* 和 *Aimulosia antarctica*）和多毛类（*Paralaeospira levinseni*）组成小生境群落。在这个群落中，通常还有大型海绵（如 *Rossella* spp.），以及 *Neobuccinum eatoni* 和 *Parborlasia corrugatus* 等大型底栖动物。在大约 150 m 深的泥沙上，多毛类动物 *Laonice weddellia* 是主要物种，偶尔可以在小砾石上找到腕足类动物（Cattaneo-Vietti et al.，2000）。

罗斯海底栖生物的分布受到多种因素的影响，如温度、盐度、水流、底质和食物来源等。一般来说，鱼类的分布主要受到温度和盐度的控制，而虾类和蟹类的分布则受到洋流的影响较大。整体而言，浅水区的底栖生物多样性高，而深水区的相对较低。这可能主要是因为浅水区的底质较为复杂，提供了更多的栖息和繁殖场所，同时也有更多的食物来源。此外，底栖生物的分布还会受到季节的影响。例如，冰川的季节性变化不仅直接影响底栖生物栖息地的面积，而且冲刷作用也是能够直接改变群落结构的力量。总的来说，罗斯海底栖生物的空间分布规律是复杂的，受到多种因素的影响。要深入了解这一规律，需要进行更加详细和深入的研究。

1.6.4 小结及建言

本节基于目前已梳理的文献结合国际发展和研究趋势，提出未来我国参与极地资源利用与保护的建议。①建立相关的物种记录和遗传资源等相关数据库，为罗斯海底栖生物群落和生态系统科学研究与保护提供基础支持；②建立相关的标本馆、样品库和图集图册，并培养相关的分类鉴定人才，让我国成为罗斯海乃至极地样品的研究先驱；③增加罗斯冰架下底栖生物调查，分析罗斯海底栖生物的空间分布格局以及影响因素，解析其季节性变化，探讨底栖生物对冰川消融和冲刷等因素扰动后的韧性和恢复力；④开发新型的调查方法和技术手段，克服罗斯海低温、冰川阻碍以及其他不利因素，最终实现长时间尺度和大空间范围的底栖生物观监测。

参 考 文 献

刘晨临, 王秀良, 林学政. 2020. 南极红藻 *Iridaea cordata* 和 *Curdiea racovitzae* 转录组分析及其极端光环境适应相关基因的挖掘. 海洋学报, 42(10): 110-120.

Adkins J F, Henderson G M, Wang S L, et al. 2004. Growth rates of the deep-sea scleractinia *Desmophyllum cristagalli* and *Enallopsammia rostrata*. Earth and Planetary Science Letters, 227(3-4): 481-490.

Barnes D K, Griffiths H J. 2008. Biodiversity and biogeography of southern temperate and polar bryozoans. Global Ecology and Biogeography, 17(1): 84-99.

Barthel D, Gutt J. 1992. Sponge associations in the eastern Weddell Sea. Antarctic Science, 4(2): 137-150.

Barthel D. 1992. Do hexactinellids structure Antarctic sponge associations? Ophelia, 36(2): 111-118.

Bax N N, Cairns S D. 2014 Stylasteridae (Cnidaria: Hydrozoa) // DeBroyer C, Koubbi P, Griffisths H J, et al. Biogeographic Atlas of the Southern Ocean: chapter 5.7. Cambridge: The Scientific Committee on Antarctic Research, Scott Polar Research Institute: 107-112.

Berkman P A. 1990. The population biology of the Antarctic scallop, Adamussium colbecki (Smith 1902) at New Harbor, Ross Sea // Kerry K R, Hempel K. Antarctic Ecosystems, Ecological Change and Conservation. Berlin: Springer: 281-288.

Brandt A, Gooday A J, Brandao S N, et al. 2007. First insights into the biodiversity and biogeography of the Southern Ocean deep sea. Nature, 447(7142): 307-311.

Bullivant J S. 1967. Ecology of the Ross Sea benthos. New Zealand Department of Scientific and Industrial Research Bulletin, 176: 49-75.

Capotondi L, Bergami C, Giglio F, et al. 2018. Benthic foraminifera distribution in the Ross Sea (Antarctica) and its relationship to oceanography. Bollettino della Società Paleontologica Italiana, 57: 187-202.

Capotondi L, Bonomo S, Budillon G, et al. 2020. Living and dead benthic foraminiferal distribution in two areas of the Ross Sea (Antarctica). Rendiconti Lincei. Scienze Fisiche e Naturali, 31: 1037-1053.

Caputi S S, Careddu G, Calizza E, et al. 2020. Seasonal food web dynamics in the Antarctic benthos of Tethys Bay (Ross Sea): implications for biodiversity persistence under different seasonal sea-ice coverage. Frontiers in Marine Science, 7: 594454.

Cattaneo-Vietti R, Chiantore M, Gambi M C, et al. 2000. Spatial and vertical distribution of benthic littoral communities in Terra Nova Bay // Faranda F M, Guglielmo L, Ianora A. Ross Sea Ecology: Italiantartide Expeditions (1987–1995). Heidelberg: Springer: 503-514.

Cecchetto M, Lombardi C, Canese S, et al. 2019. The Bryozoa collection of the Italian National Antarctic Museum, with an updated checklist from Terra Nova Bay, Ross Sea. ZooKeys, (812): 1-22.

Choudhury M, Brandt A. 2007. Composition and distribution of benthic isopod (Crustacea, Malacostraca) families off the Victoria-Land Coast (Ross Sea, Antarctica). Polar Biology, 30: 1431-1437.

Clark M R, Bowden D A. 2015. Seamount biodiversity: high variability both within and between seamounts in the Ross Sea region of Antarctica. Hydrobiologia, 761: 161-180.

Clarke A. 1996. Marine benthic populations in Antarctica: patterns and processes. Antarctic Research Series, 70: 373-388.

Clarke A, Johnston N M. 2003. Antarctic marine benthic diversity. Oceanography and Marine Biology, 41: 47-114.

Cormaci M, Furnari G, Scammacca B. 1992. The benthic algal flora of Terra Nova Bay (Ross Sea, Antarctica). Botanica Marina, 35(6): 541-552.

Cormaci M, Furnari G, Scammacca B. 2000. The macrophytobenthos of Terra Nova Bay // Faranda F M, Guglielmo L, Ianora A. Ross Sea Ecology: Italiantartide Expeditions (1987–1995). Heidelberg: Springer: 493-502.

Cormaci M, Furnari G, Scammacca B, et al. 1997. Summer biomass of a population of *Phyllophora antarctica* (Phyllophoraceae, Rhodophyta) from Antarctica. Hydrobiologia, 362(1-3): 85-91.

Costa G, Lo Giudice A, Papale M, et al. 2023. Sponges (Porifera) from the Ross Sea (Southern Ocean) with taxonomic and molecular re-description of two uncommon species. Polar Biology, 46(12): 1335-1338.

Cummings V J, Bowden D A, Pinkerton M H, et al. 2021. Ross Sea Benthic ecosystems: Macro-and mega-faunal community patterns from a multi-environment survey. Frontiers in Marine Science, 8: 629787.

Dayton P K. 1979. Observations of growth, dispersal and population dynamics of some sponges in McMurdo Sound, Antarctica. Colloques Internationaux Du CNRS, 291: 271-282.

Dayton P K, Robilliard G A, Paine R T, et al. 1974. Biological accommodation in the benthic community at McMurdo Sound, Antarctica. Ecological Monographs, 44: 105-128.

Dayton P, Oliver P. 1977. Antarctic soft-Bottom benthos in oligotrophic and eutrophic environments. Science, 197(4298): 55-58.

De Broyer C, Danis B. 2011. How many species in the Southern Ocean? Towards a dynamic inventory of the Antarctic marine species. Deep Sea Research Part II: Topical Studies in Oceanography, 58(1-2): 5-17.

De Domenico F, Chiantore M, Buongiovanni S, et al. 2006. Latitude versus local effects on echinoderm assemblages along the Victoria Land coast, Ross Sea, Antarctica. Antarctic Science, 18(4): 655-662.
Eastman J T, Hubold G. 1999. The fish fauna of the Ross Sea, Antarctica. Antarctic Science, 11(3): 293-304.
Estrada E. 2007. Characterization of topological keystone species:Local, global and "meso-scale" centralities in food webs. Ecological Complexity, 4(1-2): 48-57.
Fallon S J, James K, Norman R, et al. 2010. A simple radiocarbon dating method for determining the age and growth rate of deep-sea sponges. Nuclear Instruments and Methods in Physics Research Section B: Beam Interactions with Materials and Atoms, 268(7-8): 1241-1243.
Gambi M C, Castelli A, Guizzardi M. 1997. Polychaete populations of the shallow soft bottoms off Terra Nova Bay (Ross Sea, Antarctica): distribution, diversity and biomass. Polar Biology, 17: 199-210.
Gerdes D, Montiel A. 1999. Distribution patterns of macrozoobenthos: A comparison between the Magellan region and the Weddell Sea (Antarctica). Scientia Marina, 63(Supl. 1): 149-154.
Ghiglione C, Alvaro M C, Cecchetto M, et al. 2018. Porifera collection of the italian national antarctic museum (MNA), with an updated checklist from Terra Nova Bay (Ross Sea). ZooKeys, (758): 137.
Gutt J. 2007. Antarctic macro-zoobenthic communities:a review and an ecological classification. Antarctic Science, 19(2): 165-182.
Gutt J, Koltun V M. 1995. Sponges of the Lazarev and Weddell Sea, Antarctica: explanations for their patchy occurrence. Antarctic Science, 7(3): 227-234.
Hourigan T F, Lumsden S E, Dorr G, et al. 2007. Deep coral ecosystems of the United States:introduction and national overview // Lumsden S E, Hourigan T F, Bruckner A W, et al. The State of Deep Coral Ecosystems of the United States. Silver Spring MD: NOAA Technical Memorandum CRCP-3: 1-64.
Ingels J, Vanreusel A, Brandt A, et al. 2012. Possible effects of global environmental changes on Antarctic benthos:a synthesis across five major taxa. Ecology and Evolution, 2(2): 453-485.
Janussen D, Tabachnick K R, Tendal O S. 2004. Deep-sea hexactinellida (porifera) of the Weddell sea. Deep Sea Research Part II: Topical Studies in Oceanography, 51(14-16): 1857-1882.
Jeunen G J, Lamare M, Cummings V, et al. 2023. Unveiling the hidden diversity of marine eukaryotes in the Ross Sea: A comparative analysis of seawater and sponge eDNA surveys. Environmental DNA, 5(6): 1780-1792.
Kang Y H, Kim S, Choi S K, et al. 2019. Composition and structure of the marine benthic community in Terra Nova Bay, Antarctica: Responses of the benthic assemblage to disturbances. PLoS One, 14(12): e0225551.
Knox G A, Cameron D B. 1998. The marine fauna of the Ross Sea: Polychaeta. NIWA Biodiversity Memoir, 108: 1-125.
Lebrato M, Iglesias-Rodríguez D, Feely R A, et al. 2010. Global contribution of echinoderms to the marine carbon cycle: $CaCO_3$ budget and benthic compartments. Ecological Monographs, 80(3): 441-467.
Leys S P, Lauzon N R. 1998. Hexactinellid sponge ecology: growth rates and seasonality in deep water sponges. Journal of Experimental Marine Biology and Ecology, 230(1): 111-129.
Linse K, Griffiths H J, Barnes D K, et al. 2006. Biodiversity and biogeography of Antarctic and sub-Antarctic mollusca. Deep Sea Research Part II: Topical Studies in Oceanography, 53(8-10): 985-1008.

Lörz A N, Kaiser S, Bowden D. 2013. Macrofaunal crustaceans in the benthic boundary layer from the shelf break to abyssal depths in the Ross Sea (Antarctica). Polar Biology, 36: 445-451.

Lumsden S E, Hourigan T F, Bruckner A W, et al. 2007. The State of Deep Coral Ecosystems of the United States. Silver Spring: NOAA Technical Memorandum CRCP-3: 365.

McClintock J B, Amsler C D, Baker B J, et al. 2005. Ecology of Antarctic marine sponges: an overview. Integrative and Comparative Biology, 45(2): 359-368.

Miller K A, Pearse J S. 1991. Ecological studies of seaweeds in McMurdo Sound, Antarctica. American Zoologist, 31(1): 35-48.

Moles J, Figuerola B, Campanya-Llovet N, et al. 2015. Distribution patterns in Antarctic and Subantarctic echinoderms. Polar Biology, 38: 799-813.

Mullineaux L S, De Laca T E. 1984. Distribution of Antarctic benthic foraminifers settling on the pecten Adamussium colbecki. Marine Biology, 3: 185-189.

Nelson W A, Neill K F, D'Archino R, et al. 2022. Marine macroalgae of the Balleny Islands and Ross Sea. Antarctic Science, 34(4): 298-312.

Norkko A, Thrush S F, Cummings V J, et al. 2004. Ecological role of *Phyllophora antarctica* drift accumulations in coastal soft-sediment communities of McMurdo Sound, Antarctica. Polar Biology, 27: 482-494.

Norkko A, Thrush S F, Cummings V J, et al. 2007. Trophic structure of coastal Antarctic food webs associated with changes in sea ice and food supply. Ecology, 88(11): 2810-2820.

O'Loughlin P M, Paulay G, Davey N, et al. 2011. The Antarctic region as a marine biodiversity hotspot for echinoderms: Diversity and diversification of sea cucumbers. Deep Sea Research Part II: Topical Studies in Oceanography, 58(1-2): 264-275.

Ottaway J R. 1980. Population ecology of the itertidal anemone *Actinia tenebrosa*. IV. Growth rates and longevities. Marine and Freshwater Research, 31(3): 385-395.

Pabis K, Błażewicz-Paszkowycz M, Jóźwiak P, et al. 2015a. Tanaidacea of the Amundsen and Scotia seas:an unexplored diversity. Antarctic Science, 27(1): 19-30.

Pabis K, Jóźwiak P, Lörz A N, et al. 2015b. First insights into the deep-sea tanaidacean fauna of the Ross Sea: species richness and composition across the shelf break, slope and abyss. Polar Biology, 38: 1429-1437.

Parker S J, Bowden D A. 2010. Identifying taxonomic groups vulnerable to bottom longline fishing gear in the Ross Sea region. CCAMLR Science, 17(2010): 105-127.

Parker S J, Mormede S, Tracey D M, et al. 2009. Evaluation of VME taxa monitoring by scientific observers from five vessels in the Ross Sea region Antarctic toothfish longline fisheries during the 2008/09 season. Hobart: Document TASO-09/8. CCAMLR: 13.

Peña Cantero Á L. 2023. New insights into the diversity and ecology of benthic hydroids (Cnidaria, Hydrozoa) from the Ross Sea (Antarctica). Polar Biology, 46(9): 933-957.

Piepenburg D, Schmid M K, Gerdes D. 2002. The benthos off King George Island (South Shetland Islands, Antarctica): further evidence for a lack of a latitudinal biomass cline in the Southern Ocean. Polar Biology, 25: 146-158.

Pinkerton M H, Bradford-Grieve J M, Bowden D A. 2009. Benthos:Trophic modelling of the Ross Sea. CCAMLR Science, 17: 1-31.

Primo C, Vázquez E. 2007. Zoogeography of the Antarctic ascidian fauna in relation to the sub-Antarctic and South America. Antarctic Science, 19(3): 321-336.

Rehm P, Thatje S, Arntz W E, et al. 2006. Distribution and composition of macrozoobenthic communities along a Victoria-Land Transect (Ross Sea, Antarctica). Polar Biology, 29: 782-790.

Risk M J, Heikoop J M, Snow M G, et al. 2002. Lifespans and growth patterns of two deep-sea corals: *Primnoa resedaeformis* and *Desmophyllum cristagalli*. Hydrobiologia, 471: 125-131.

Roark E B, Guilderson T P, Dunbar R B, et al. 2006. Radiocarbon-based ages and growth rates of Hawaiian deep-sea corals. Marine Ecology Progress Series, 327: 1-14.

Rosso A. 1992. Bryozoa from Terra Nova Bay (Ross Sea, Antarctica) // Gallardo V A, Ferretti O, Moyano H I. Oceanografia in Antartide. Centro Eula: Universidad de Concepcion: 359-369.

Sala A, Azzali M, Russo A. 2002. Krill of the Ross Sea: distribution, abundance and demography of *Euphausia superba* and *Euphausia crystallorophias* during the Italian Antarctic Expedition (January-February 2000). Scientia Marina, 66(2): 123-133.

Schiaparelli S, Lörz A N, Cattaneo-Vietti R. 2006. Diversity and distribution of mollusc assemblages on the Victoria Land coast and the Balleny Islands, Ross Sea, Antarctica. Antarctic Science, 18(4): 615-631.

Schwarz A M, Hawes I, Andrew N, et al. 2003. Macroalgal photosynthesis near the southern global limit for growth; Cape Evans, Ross Sea, Antarctica. Polar Biology, 26: 789-799.

Schwarz A M, Hawes I, Andrew N, et al. 2005. Primary production potential of non-geniculate coralline algae at Cape Evans, Ross Sea, Antarctica. Marine Ecology Progress Series, 294: 131-140.

Slattery M A R C, McClintock J B. 1997. An overview of the population biology and chemical ecology of three species of antarctic soft corals // Battaglia B, Valencia J, Walton D W H. Antarctic Communities:Species, Structure and Survival. Cambridge: Cambridge University Press:309-315.

Smith W O Jr, Ainley D G, Cattaneo-Vietti R. 2007. Trophic interactions within the Ross Sea continental shelf ecosystem. Philosophical Transactions of the Royal Society B: Biological Sciences, 362(1477): 95-111.

Smith W O Jr, Marra J, Hiscock M R, et al. 2000. The seasonal cycle of phytoplankton biomass and primary productivity in the Ross Sea, Antarctica. Deep Sea Research Part II: Topical Studies in Oceanography, 47(15-16): 3119-3140.

Smith W O Jr, Sedwick P N, Arrigo K R, et al. 2012. The Ross Sea in a sea of change. Oceanography, 25(3): 90-103.

Stöhr S, O'Hara T D, Thuy B. 2012. Global diversity of brittle stars (Echinodermata: Ophiuroidea). PLoS One, 7(3): e31940.

Thrush S, Dayton P, Cattaneo-Vietti R, et al. 2006. Broad-scale factors influencing the biodiversity of coastal benthic communities of the Ross Sea. Deep Sea Research Part II: Topical Studies in Oceanography, 53(8-10): 959-971.

Tracey D, Mackay E, Cairns S D, et al. 2014. Coral Identification Guide. 2nd. Wellington: Department of Conservation Report: 16.

Vargas S, Kelly M, Schnabel K, et al. 2015. Diversity in a cold hot-spot: DNA-barcoding reveals patterns of evolution among Antarctic Demosponges (class Demospongiae, phylum Porifera). PLoS One, 10(6): e0127573.

White B A, McClintock J, Amsler C D, et al. 2012. The abundance and distribution of echinoderms in nearshore hard-bottom habitats near Anvers Island, western Antarctic Peninsula. Antarctic Science, 24(6): 554-560.

Wiencke C, Clayton M N. 2002. Antarctic seaweeds // Wagele J W. Synopses of the Antarctic benthos. Oberreifenberg: Koeltz Botanical Books.

Williams G C. 1995. Living genera of sea pens (Coelenterata: Octocorallia: Pennatulacea): illustrated key and synopses. Zoological Journal of the Linnean Society, 113(2): 93-140.

1.7 鱼 类

罗斯海是地球上受人类活动影响最小的海域之一，该海域拥有极高的生物多样性，其中有记录的鱼类 100 多种（Pinkerton et al., 2010），主要包括南极鱼亚目（Notothenioidei）的 4 科 53 种。鱼类是罗斯海低等（无脊椎动物）和高等（鸟类和哺乳动物）食物网之间的主要纽带：作为捕食者，它们依赖于底栖生物和浮游生物，且占据了生态系统中大部分营养生态位；作为被捕食者，它们是彼此重要的食物来源，也是在大陆架生活和觅食的众多顶级捕食者的重要食物来源（La Mesa et al., 2004）。作为地球上最后一个完整的海洋生态系统，罗斯海为科学家提供了一个了解健康、完整的海洋生态系统如何运作的绝佳机会。然而，自 1996/1997 年捕捞季捕捞以来，罗斯海的鱼类研究受到了捕捞的干扰。例如，科学家从 20 世纪 70 年代开始一直研究麦克默多海峡的犬牙鱼，每个季节都能轻松捕获数百条。但现在已经无法捕捞到样本，犬牙鱼的研究停止了近四十年。对罗斯海鱼类认识的不足将阻碍人们对其内部食物网进行构建，无法理解生态系统的运作，以至于不能科学有效地管理这片海域。

尽管鱼类是罗斯海生态系统中食物链的重要组成部分，但大部分罗斯海鱼类的生物量却是未知的。2004 年的 BioRoss 航次（Mitchell and Clark, 2004）和 2008 年的 IPY-CAML 航次（Hanchet et al., 2008）监测加深了人们对罗斯海鱼类的认识。其中 IPY-CAML 航次在覆盖罗斯海西部大陆架和阿代尔角北部陆坡地区的分层设计中，采用了多频声学结合中拖网和底拖网技术进行鱼类监测，但这些数据尚未全部可用。为了有效地保护和可持续利用罗斯海的鱼类资源，亟须厘清其监测现状，并基于有限的数据大致摸清罗斯海鱼类种群、常见种及多样性变动规律。

1.7.1 监测现状

（1）非渔业依赖型监测

BioRoss：这是新西兰渔业部的项目，该项目的 R/V Tangaroa 号于 2004 年航行至罗斯海，主要目标是对包括巴勒尼群岛在内的罗斯海地区选定的海洋生物群落（包括鱼类）进行定量调查。

IPY-CAML：新西兰 IPY-CAML 调查在 2008 年 2 月和 3 月进行，旨在测量罗斯海大陆架和陆坡上底栖鱼类的丰度。IPY-CAML 调查在罗斯海大陆架（10 条拖网）和陆坡区域（7 条拖网）上进行了拖网。捕获的物种生物量占比由大到小依次为侧纹南极鱼（*Pleuragramma antarcticum*）（42%）、龙嘴雪冰鱼（*Chionodraco myersi*）（6.3%）、怀氏长尾鳕（*Macrourus whitsoni*）（5.0%）、真鳞肩孔南极鱼（*Trematomus eulepidotus*）（4.1%）、独角雪冰鱼（*Chionodraco hamatus*）（3.5%）、吻鳞肩孔南极鱼（*Trematomus lepidorhinus*）（2.4%）、雪冰䲢（*Chionobathyscus dewitti*）（0.6%）。

（2）渔业依赖型监测

南极海洋生物资源养护委员会（Commission for the Conservation of Antarctic Marine Living Resources，CCAMLR）：渔获量、捕捞努力量数据被用于监测 CCAMLR 管理区域的渔业和预测渔场的关闭。渔获量和捕捞努力量数据由船旗国或其船只使用 CCAMLR 表格提交给 CCAMLR 秘书处。自 1976 年起，累计有 15 个国家向 CCAMLR 提交了罗斯海的鱼类捕捞数据，包括捕捞的种类、捕捞方式、捕捞目的、捕捞区域、物种及其重量等信息。相比于其他罗斯海的监测数据，该数据是完全开放的，且时间跨度较大（1976～2024 年）。

（3）底栖鱼类监测

20 世纪 70 年代，几艘苏联研究船在罗斯海进行了探索性拖网捕捞。他们主要捕获了侧纹南极鱼（*Pleuragramma antarcticum*）和纽氏肩孔南极鱼（*Trematomus newnesi*），少量捕获了伯氏肩孔南极鱼（*Trematomus bernacchii*）、彭氏肩孔南极鱼（*Trematomus pennellii*）、真鳞肩孔南极鱼（*Trematomus eulepidotus*）及独角雪冰鱼（*Chionodraco hamatus*）。

1978 年 12 月至 1979 年 2 月，Daini Banshu Maru 号在罗斯海西部 72°S～77°S 280～600 m 水深处进行了 4 次底拖网捕捞（Iwami and Abe，1981）。渔获物中南极鱼亚目（Notothenioidei）物种最常见，其中以侧纹南极鱼和迈尔氏卡奎丽鱼（*Caquetaia myersi*）为主。

1996 年和 1997 年，R/V Nathaniel B. Palmer 破冰船在罗斯海西南部（73°S 以南和 177°E 以西）进行了大约 20 次底拖网捕捞，覆盖深度为 107～1191 m（Eastman and Hubold，1999）。渔获物中南极鱼亚目物种是最多的，其中包括斯氏肩孔南极鱼（*Trematomus scotti*）（29.7%）、斑条渊龙䲢（*Bathydraco marri*）（10.4%）、真鳞肩孔南极鱼（*Trematomus eulepidotus*）（8.7%）和长背多罗龙䲢（*Dolloidraco longedorsalis*）（6.1%）。在 310 m 和 910 m 深度的两个站点的底栖鱼类密度分别为 438 kg/km² 和 90 kg/km²。

R/V Nathaniel B. Palmer 破冰船在 128°W～160°W 的 238～517 m 水深处进行了 6 次底拖网作业（Donnelly et al.，2004）。这次采样地点位于罗斯海的最东部。

捕获最多的鱼类仍是南极鱼亚目物种，其中包括真鳞肩孔南极鱼（*Trematomus eulepidotus*）(36.5%)、斯氏肩孔南极鱼（*Trematomus scotti*）(32%)、锯渊龙䲢（*Prionodraco evansii*）(4.9%)、韦尔德肩孔南极鱼（*Trematomus loennbergii*）(4.7%)、威氏棘冰鱼（*Chaenodraco wilsoni*）(4.3%)。小型底栖鱼类密度为 0.67～3.5 g/m²，平均为 1.7 g/m²。

1.7.2 常见种状况

Pinkerton 等（2010）学者将罗斯海鱼类主要划分为大型底栖鱼类、中型底栖鱼类、小型底栖鱼类、中上层鱼类。

（1）大型底栖鱼类

大型底栖鱼类指的是体长>100 cm 或体重>50 kg，大部分生活史阶段栖息在海洋底层附近的鱼类。成体犬牙鱼是罗斯海几乎唯一符合该标准的鱼类，具体包括较高生物量的罗斯海犬牙鱼（*Dissostichus mawsoni*，也称南极犬牙鱼）、较低生物量的小鳞犬牙南极鱼（*Dissostichus eleginoides*）和稀少的斯氏格伏南极鱼（*Gvozdarus svetovidovi*）。罗斯海犬牙鱼是罗斯海常见鱼类（图 1.77），也是该地区最具商业价值的物种之一。

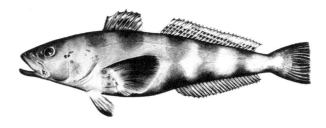

图 1.77　罗斯海犬牙鱼（*Dissostichus mawsoni*）（引自 CCAMLR Secretariat，2021）

罗斯海犬牙鱼主要分布于 69°S～78°S、165°E～160°W。罗斯海犬牙鱼的产卵时间为冬季，产卵场在罗斯海北部的浅滩、海脊和海山（70°S 以北）。罗斯海犬牙鱼最适宜的海表温度为–5～0℃，海表盐度为 30～35 PSU，水深为 1000～2000 m（图 1.78）。罗斯海犬牙鱼的捕捞量是罗斯海商业捕捞中占比最大的。

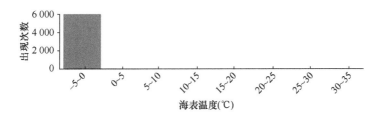

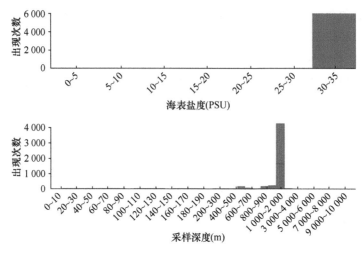

图 1.78　罗斯海犬牙鱼在不同环境条件的出现次数
（引自 https://obis.org/taxon/234836）

（2）中型底栖鱼类

中型底栖鱼类指的是体长为 40～100 cm 或体重为 1～50 kg 的底栖鱼类。罗斯海的主要中型底栖鱼类包括蓝鳕（Antimora rostrata）、马肯鳐（Bathyraja maccaini）、伊顿鳐（Bathyraja eatonii）、深海鳐（Bathyraja spp.）、南极星鳐（Raja georgiana）、小鳞犬牙南极鱼（Dissostichus eleginoides）、怀氏长尾鳕（Macrourus whitsoni）。根据 Dunn 等（2007）的研究，罗斯海的中型底栖鱼类总生物量约 52 000 t，其中怀氏长尾鳕占比最高（39 636 t，76.3%）（表 1.6）。在中型底栖鱼类的副渔获物中，罗斯海犬牙鱼（Dissostichus mawsoni）符合中型底栖鱼类尺寸的生物量也被评估，其种群模型估计的罗斯海犬牙鱼生物量为 9170 t。因此，罗斯海所有的中型底栖鱼类生物量总体约为 61 100 t。

表 1.6　罗斯海研究区域的主要中型鱼类（Dunn et al.，2007）

物种	中文名	生物量（t）	占比（%）
Antimora rostrata	蓝鳕	1 389	2.7
Bathyraja maccaini	马肯鳐	5	
Bathyraja eatonii	伊顿鳐	286	
Bathyraja spp.	深海鳐属	153	
Raja georgiana	南极星鳐	5 196	
所有鳐类		8 322	16.0
Dissostichus eleginoides	小鳞犬牙南极鱼	2 618	5.0
Macrourus whitsoni	怀氏长尾鳕	39 636	76.3
合计		51 965	100

典型的中型底栖鱼怀氏长尾鳕（*Macrourus whitsoni*）分布在 47°S～79°S、180°W～180°E 的海域，是犬牙鱼渔业中最常见的副渔获物（图 1.79）。怀氏长尾鳕最适宜的水温为–5～0℃，海表盐度为 30～35 PSU，水深为 1000～2000 m（图 1.80）。Moore 等（2022）的研究发现，罗斯海的怀氏长尾鳕可存活 43 年，体长达 78 cm。该物种的自然死亡率和捕捞死亡率都很低。怀氏长尾鳕的性腺分期和性腺指数的年际模式表明，其产卵时间较长，夏季为产卵高峰期。

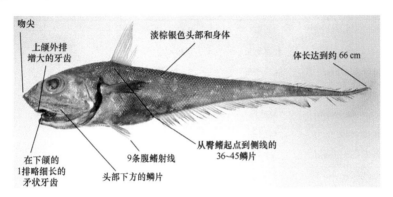

图 1.79　怀氏长尾鳕（McMillan et al.，2014）

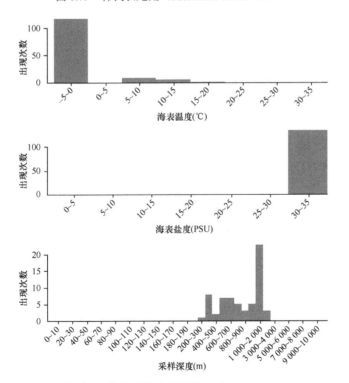

图 1.80　怀氏长尾鳕在不同环境条件的出现次数（引自 https://obis.org/taxon/234606）

（3）小型底栖鱼类

小型底栖鱼类指的是最大体长<40 cm 或最大体重< 1 kg 的底栖鱼类，包括无鳍鱼（尤其是水蚤）、冰鱼、深海鳕鱼、鳗鱼等。犬牙鱼渔业的副渔获物和 IPY-CAML 底拖网的数据显示（表 1.7），罗斯海共有 25 种鱼类属于小型底栖鱼类。

表 1.7 罗斯海的小型底栖鱼类

物种	常用名	副渔获物平均重量（kg）	IPY-CAML 底拖网调查最大重量（kg）
Artedidraco mirus	龙鱼	0.82	
Artedidraco sp.	触须劫鱼	0.49	
Artedidraconidae sp.	触须劫鱼	0.39	
Chaenocephalus aceratus	黑鳍冰鱼	0.41	
Champsocephalus gunnari	鲭冰鱼	0.49	
Channichthyidae sp.	鳄冰鱼	0.41	
Chionobathyscus dewitti	冰鱼	0.37	0.83
Chionodraco myersi	鳄冰鱼	0.53	
Cryodraco hamatus	冰鱼	1.00	0.73
Cryodraco myersi	鳄冰鱼	未作为副渔获物而捕获	0.61
Cryodraco sp.	鳄冰鱼	0.68	
Macrourus whitsoni	怀氏长尾鳕	1.24	4.49
Muraenolepis marmorata	鳗鳞鳕	0.53	
Notomuraenobathys microcephalus	鳗鳞鳕	0.65	
Muraenolepis microps	鳗鳞鳕	0.78	
Muraenolepis orangiensis	鳗鳞鳕	0.86	
Muraenolepis sp.	鳗鳞鳕	0.63	
Neopagetopsis ionah	鳄冰鱼	未作为副渔获物而捕获	1.88
Lepidonotothen squamifrons	南极鱼	0.31	
Lepidonotothen squamifrons	南极鱼	0.27	
Pagetopsis macropterus	鳄冰鱼	0.50	
Pogonophryne permitini	触须劫鱼	0.49	
Pogonophryne sp.	触须劫鱼	0.43	
Trematomus eulepidotus	钝鳞头鱼	未作为副渔获物而捕获	0.49
Trematomus lepidorhinus	细长鳞头鱼	未作为副渔获物而捕获	0.38

注：本表引自 Pinkerton et al., 2010。数据来自罗斯海区域犬牙鱼渔业副渔获物和 IPY-CAML 底拖网调查的非银鱼小型底栖鱼类（Hanchet et al., 2008）。其中一些鉴定是由海上观察员进行的，未经证实。

相对于其他类型鱼类的调查，罗斯海小型底栖鱼类的调查数量较多。不同地区、深度和航次捕获的小型底栖鱼类的密度存在相当大的差异（图1.81）。Pinkerton 等（2010）对罗斯海7个区域小型底栖鱼类的平均密度和生物量进行了估计（表1.8），数据表明，研究区小型底栖鱼类总生物量约为 564 000 t，总体平均密度为 885 kg/km²。绝大多数（89%）的小型底栖鱼类生物量在大陆架上（占总面积的66%），一小部分（10%）在陆坡上（占总面积的15%），总生物量的1%在深水中（占总面积的19%）。

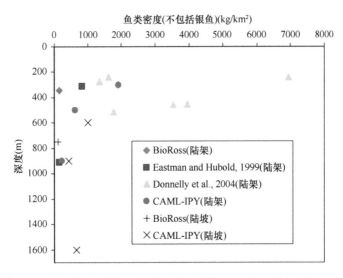

图 1.81　由底拖网调查测量的罗斯海小型底栖鱼类密度（不包括银鱼）(Pinkerton et al., 2010)

表 1.8　罗斯海 7 个地区小型底栖鱼类的平均密度、分布面积和生物量估计

编号	区域（深度）	平均密度（kg/km²）	分布面积（km²）	生物量（t）
1	陆架（0～200 m）	1 580	8 276	13 080
2	陆架（200～400 m）	1 580	73 364	115 951
3	陆架（400～600 m）	1 450	241 796	350 627
4	陆架（>600 m）	215	98 461	21 210
5	陆坡（400～1200 m）	510	35 818	18 254
6	陆坡（1200～2000 m）	668	57 699	38 533
7	深水（>2000 m）	50	121 584	6 079
共计		885	636 998	563 734

独角雪冰鱼（*Chionodraco hamatus*）是罗斯海大陆架一种典型的小型底栖鱼类，属肉食性（图1.82）。该物种在夏季产卵，雌性有2900～4200个卵母细胞的繁殖力，其幼虫有一个很长的浮游阶段。独角雪冰鱼最适宜的海表温度为

–5～0℃，海表盐度为 30～35 PSU，栖息深度为 30～50 m 和 200～500 m（图 1.83）。在 CCAMLR 统计公报第 34 卷中，仅乌克兰在 2003 年捕捞到了 0.001 t 独角雪冰鱼。

图 1.82　独角雪冰鱼（Ratnasingham and Hebert，2007）

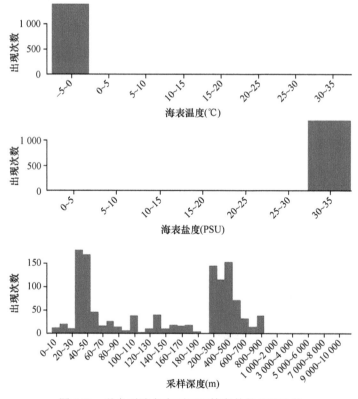

图 1.83　独角雪冰鱼在不同环境条件的出现次数
（引自 https://obis.org/taxon/234795）

（4）中上层鱼类

中上层鱼类是指其一生中大部分时间栖息于海洋中层或上层的鱼类。罗斯海的中上层鱼类以灯笼鱼科（Myctophidae）为主，在罗斯海大陆架以北的大陆坡上，有大量灯笼鱼科鱼类。IPY-CAML 调查捕获到的灯笼鱼科物种包括南极电灯鱼（*Electrona antarctica*）、次南极电灯鱼（*Electrona carlsbergi*）、波氏裸灯鱼（*Gymnoscopelus braueri*）、长颌裸灯鱼（*Gymnoscopelus nicholsi*）、后鳍裸灯鱼（*Gymnoscopelus opisthopterus*）、安氏克灯鱼（*Krefftichthys anderssoni*）和大洋珍灯鱼（*Nannobranchium achirus*）。Donnelly 等（2004）发现，在水深 >1000 m 的罗斯海东部海域，中上层鱼类成鱼的密度为 0.22~0.70 kg/km^2。在我国第 36 次南极科学考察（2019~2020 年）中，捕获到罗斯海中层鱼类 174.73 g（田永军，2020），其中包括侧纹南极鱼（*Pleuragramma antarcticum*）成鱼（6 尾）、南大洋副狮子鱼（*Paraliparis diploprora*）（1 尾）、*Pseudorchomene rossi*（2 尾）、*Epimeria macronyx*（34 尾）、*Eusirus perdentatus*（8 尾）、*Cheirimedon femoratus*（1 尾）。

上层鱼类包括体长 8~60 mm 的鱼类幼体、幼体后期和幼鱼。大多数南极鱼的幼体、幼体后期和幼鱼可能属于上层鱼类。Granata 等（2002）利用中层取样，记录了罗斯海及其北部地区的 43 种鱼类的幼体/幼鱼。该研究鉴定了侧纹南极鱼（*Pleuragramma antarcticum*）的幼体后期和幼鱼阶段，以及其他物种的幼体、幼体后期和幼鱼阶段，如怀氏长尾鳕（*Macrourus whitsoni*）、考氏背鳞鱼（*Notolepis coatsorum*）、眼斑雪冰鱼（*Chionodraco rastrospinosus*）、纽氏肩孔南极鱼（*Trematomus newnesi*）、真鳞肩孔南极鱼（*Trematomus eulepidotus*）、南极螯冰鱼（*Dacodraco hunteri*）、雪冰䲢（*Chionobathyscus dewitti*）、南极深海鲑（*Bathylagus antarcticus*）、背鳞鱼属某种（*Notolepis* sp.）等。我国第 35 次南极科学考察在罗斯海捕获到 2 粒南极鱼属（*Notothenia*）物种的鱼卵（http://www.chinare.org.cn）。

1.7.3 关键种——侧纹南极鱼

侧纹南极鱼（*Pleuragramma antarcticum*），英文名 Antarctic silverfish，是南极沿岸的主要饵料鱼（图 1.84）。该物种分布于环南极高纬度水域，栖息水层可达 700 m（Outram and Loeb，1995）。罗斯海的侧纹南极鱼在浮游生物和顶级捕食者之间扮演关键的纽带角色。侧纹南极鱼的卵直径为 2.2~2.5 mm，产卵季节为晚冬/早春，产卵区域为邻近冰架的海域。早期的仔稚鱼（体长 8~30 mm）可能分布于深度为 700 m 的水层，晚期的仔稚鱼（体长 8~30 mm）

分布于深度为 100 m 的上层水域。侧纹南极鱼的成鱼（体长>60 mm）则栖息于 150～450 m 的水层。

图 1.84　侧纹南极鱼（Sutton and Horn，2011）

罗斯海的侧纹南极鱼分布在陆架上。2008 年新西兰国际极地年南极海洋生物普查的结果显示，研究区域内侧纹南极鱼的声学生物量的最佳估计为 592 000 t（95%置信区间为[326 000, 866 000]）。成鱼往往生活在 100～400 m 的深度，有时出现在接近底部的地方，在那里它们经常被拖网深度低于 500 m 的底拖网捕获。在约 80 m 的深度有 50～80 mm 标准长度的侧纹南极鱼幼鱼（O'Driscoll et al.，2011）。声学后向散射的空间分布显示，侧纹南极鱼成鱼主要分布在 75°S 附近的罗斯海陆架区域，幼鱼主要分布在 70°S～75°S 的罗斯海陆架区域（图 1.85）。

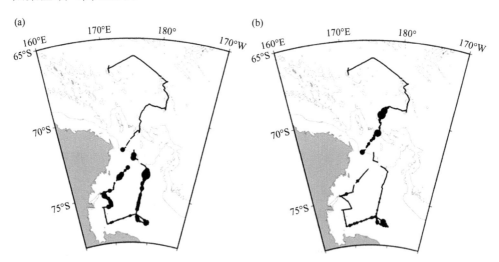

图 1.85　声学后向散射的空间分布（O'Driscoll et al.，2011）
(a) 侧纹南极鱼成鱼；(b) 侧纹南极鱼幼鱼

南极海洋生物普查（2008 年）中不同的拖网调查数据显示，目标中层拖网调查获得了最大的侧纹南极鱼渔获量（223 kg），而底拖网获取到的侧纹南极鱼渔获量较少。较高的侧纹南极鱼渔获量分布在 75°S 附近（图 1.86）。

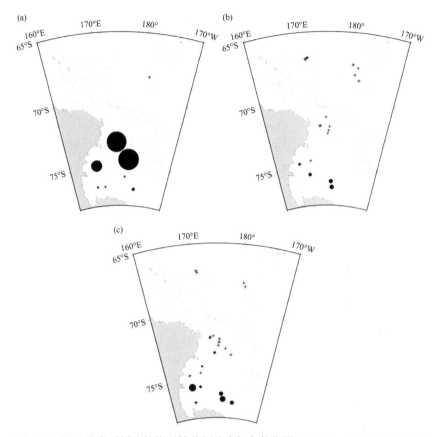

图 1.86 按网具类型划分的拖网捕获侧纹南极鱼的位置（O'Driscoll et al.，2011）
(a) 目标中层拖网；(b) 核心中层拖网；(c) 底拖网。圆圈大小与渔获量成比例。最大渔获量 223 kg。"+"表示渔获量为 0

1.7.4 鱼类种群变动趋势

南极海洋生物资源养护委员会（Commission for the Conservation of Antarctic Marine Living Resources，CCAMLR）每年会发布渔业统计公报，提供 1970 年以来 CCAMLR 公约区内渔业捕捞量和捕捞努力量的汇总数据。其中 99.6%的捕捞量来自商业和试验性捕捞，这些数据能大致提供商业和生态上重要物种（如犬牙鱼）的捕捞动态。根据 CCAMLR 于 2022 年发布的统计公报，本报告对罗斯海[88.1 亚区、小尺度研究单元（Small-Scale Research Unit，SSRU）88.2 亚区 A-B]捕获到的所有鱼类进行了分析。在罗斯海捕获到的鱼类共有 36 种，其中 24 种的捕捞总量占比超过了 99%（表 1.9）。罗斯海犬牙鱼（D. mawsoni）的累计捕捞量最大（55 146.065 t），其次是怀氏长尾鳕（M. whitsoni）（985.729 t）。

表 1.9　罗斯海捕捞总量在 0.05 t 及以上的物种

序号	物种	捕捞量（t）
1	*Dissostichus mawsoni*	55 146.065
2	*Macrourus whitsoni*	985.729
3	*Dissostichus eleginoides*	161.208
4	Channichthyidae sp.	135.262
5	*Bathyraja eatonii*	18.372
6	*Chionobathyscus dewitti*	10.727
7	Actinopterygii sp.	4.678
8	*Trematomus* sp.	0.972
9	*Pleuragramma antarcticum*	0.762
10	*Pogonophryne* sp.	0.434
11	*Chaenocephalus aceratus*	0.383
12	*Electrona carlsbergi*	0.240
13	*Pogonophryne permitini*	0.225
14	*Chionodraco myersi*	0.187
15	*Champsocephalus gunnari*	0.122
16	*Trematomus loennbergii*	0.082
17	*Cryodraco antarcticus*	0.069
18	*Pseudochaenichthys georgianus*	0.060
19	*Trematomus lepidorhinus*	0.015
20	*Chaenodraco wilsoni*	0.011
21	*Notolepis coatsorum*	0.007
22	*Trematomus hansoni*	0.007
23	*Neopagetopsis ionah*	0.006
24	*Gymnoscopelus opisthopterus*	0.005
	共计	56 465.628

2022 年的 CCAMLR 统计公报数据分析显示（图 1.87），罗斯海所有鱼类的捕捞量在 1997～2005 年呈急剧上升趋势，2005 年的捕捞总量超过了 3000 t。2003～2013 年小幅波动上升。2014 年捕捞总量剧烈下降，跌至约 1800 t。随后 2015 年和 2016 年，捕捞总量又攀升至约 4000 t，成为罗斯海鱼类捕捞历史上的最高点。由于罗斯海海洋保护区的建立，2017 年鱼类捕捞总量跌至 1663 t。2018 年捕捞总量又有所上升，但随后呈逐年下降趋势。罗斯海鱼类捕捞总量的变化趋势主要受到罗斯海犬牙鱼（*D. mawsoni*）捕捞量的影响，该物种的捕捞总量占所有鱼类捕捞总量的 97.7%。

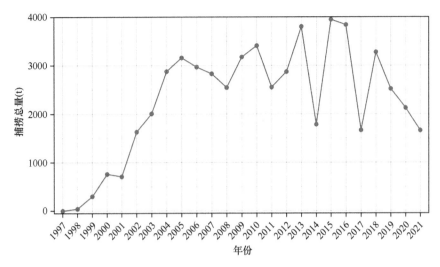

图 1.87 罗斯海鱼类捕捞总量随时间的变化趋势
数据来自 CCAMLR 统计公报第 34 卷

1.7.5 多样性变动

2022 年 CCAMLR 统计公报数据分析显示（图 1.88），罗斯海 2018 年后捕捞到的物种数目出现了较大的波动，2019 年捕捞到的鱼类种类接近 30 种。而 1997～2018 年捕捞到的物种数目整体呈小幅波动，最高为 15 种。与物种数目变化趋势不同的是，罗斯海捕捞鱼类的多样性指数（香农指数和辛普森指数）在 2000～2006 年的变动幅度较大，尤其是香农指数在 2001 年急剧上升，超过了 0.4。2006 年以后，罗斯海捕捞鱼类的多样性总体呈较为平稳的变化趋势。

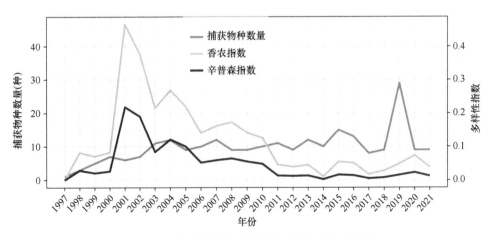

图 1.88 罗斯海捕捞鱼类多样性随时间的变动趋势
数据来自 CCAMLR 统计公报第 34 卷

1.7.6 气候变化对罗斯海鱼类的潜在影响

罗斯海在调节南极海冰和生物生产力方面至关重要。Smith 等（2014）利用罗斯海的高分辨率海冰-海洋-冰架模型，研究了罗斯海未来的海冰、海洋环流变化（图 1.89）。模拟的夏季海冰浓度到 2050 年将下降 56%，到 2100 年将下降 78%。大陆架浅层混合层的持续时间在 2050 年和 2100 年将分别增加 8.5 天和 19.2 天，夏季混合层的平均深度将分别减少 12%和 44%。这些海洋环境的变化会导致未来浮游植物年产量增加，硅藻含量增加。然而，生态系统的重要组成部分如侧纹南极鱼（*Pleuragramma antarcticum*）还将受到海冰浓度下降的负面影响，尤其是在夏季，因为它们利用海冰作为避难所。

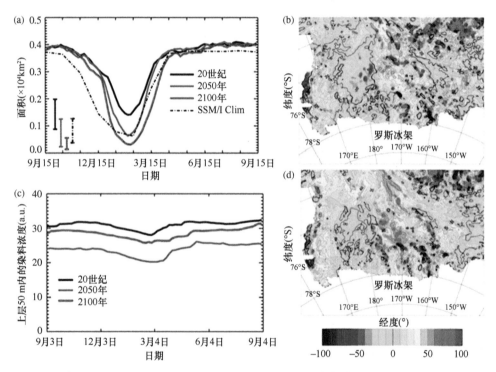

图 1.89 模型预测的 2050 年和 2100 年海冰面积（a）、罗斯海大陆架上 50 m 改性绕极深层水（MCDW）的平均浓度（c）、模拟的 2050 年（b）和 2100 年（d）浅于 25 m 的夏季混合层持续时间变化（Smith et al., 2014）

在罗斯海沿岸，即使在盛夏，海水温度也远低于 1℃。这些水域中的生物已经适应了在这种极端寒冷、稳定的条件下生活，数百万年来都没有经历过超出这个范围的温度。海洋迅速变暖可能会威胁许多罗斯海生物的生存，包括鱼类。南大洋减缓气候变化的另一个重要方式是充当碳汇。它吸收了大气中大约10%的二氧化碳（Antarctic Science Platform，2022）。降低二氧化碳在大气中积聚的速度，有助于减缓气候变化。然而，当二氧化碳溶解在海水中时，海洋变得更酸。海洋酸化会对某些物种产生负面影响，如使用碳酸盐作为外壳或骨骼的生物（如贝类、棘皮动物、珊瑚），它们的早期生命阶段通常最容易受到影响。在酸性较强的水中，这些碳酸盐结构可能会溶解、更难形成或无法正常发育。鱼类生存依赖于内部液体与周围海水的微妙酸碱平衡，如果环境的正常酸度水平发生变化，这种平衡就会被打破。那些进化速度较慢的鱼类，其种群数量和多样性在酸化环境中则更加难以维持。

Corso等（2022）开展了气候变化对罗斯海鱼类的影响研究（图1.90）。他们使用1993～2017年时间序列来模拟环境变化对罗斯海关键物种侧纹南极鱼（*Pleuragramma antarcticum*）幼体的影响。侧纹南极鱼以海冰为产卵栖息地，其是企鹅和其他掠食者的重要食物来源。研究结果显示，海表温度升高和海冰减少与侧纹南极鱼幼体丰度降低有关。强烈的阿蒙森低压（ASL）与侧纹南极鱼幼体的减少有关。21世纪将出现的进一步的区域变暖可能会使侧纹南极鱼种群迁移，从而改变罗斯海上层生态系统。

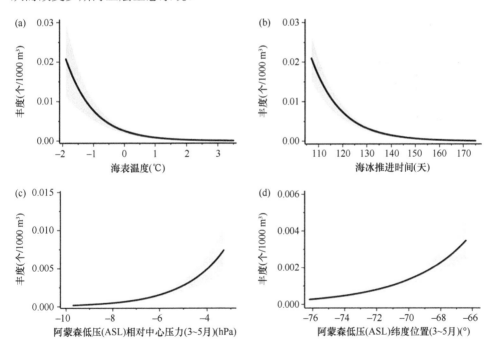

图1.90 海表温度（a）、海冰推进时间（b）、ASL（c、d）与侧纹南极鱼幼体丰度间的关系（Corso et al.，2022）

1.7.7 小结及建言

罗斯海鱼类种类众多，大部分鱼类的生物量却是未知的。现有的监测主要包括少量的非渔业依赖型监测项目、具有连续时间记录的渔业依赖型捕捞记录，以及较多的底栖鱼类监测。除 CCAMLR 的捕捞数据较为容易获取之外，其他数据均较难获取，而且时间跨度较小，无法进行时空变动分析。

犬牙鱼是罗斯海几乎唯一符合大型底栖鱼类的物种，具体包括较高生物量的罗斯海犬牙鱼、较低生物量的小鳞犬牙南极鱼和稀少的斯氏格伏南极鱼。罗斯海犬牙鱼是罗斯海的常见鱼类，也是该地区最具商业价值的物种之一。罗斯海的中型底栖鱼类总生物量约 52 000 t，其中怀氏长尾鳕占比最高（39 636 t，76.3%）。罗斯海共有 25 种鱼类属于小型底栖鱼类，且调查数据相对其他鱼类更多。独角雪冰鱼是罗斯海大陆架一种典型的小型底栖鱼类。罗斯海的大多数南极鱼的幼体、幼体后期和幼鱼可能属于上层鱼类。中上层鱼类以灯笼鱼科（Myctophidae）为主，主要分布在罗斯海大陆架以北的大陆坡上。

从商业捕捞的角度来看罗斯海鱼类资源，2019 年在罗斯海捕捞到的鱼类种类接近 30 种；捕捞鱼类的香农指数和辛普森指数在 2000~2006 年的变动幅度较大。2006 年以后，罗斯海捕捞鱼类的多样性总体呈较为平稳的变化趋势。基于捕捞数据的多样性不能完全反映罗斯海鱼类的真实多样性特征，未来仍需开展非渔业依赖型的长期鱼类监测，以期掌握罗斯海鱼类种群的时空变动特征，为合理的管理策略设计和资源利用提供科学支撑。

罗斯海的变暖、海冰面积变化、混合层变化、酸化以及阿蒙森低压等气候变化，正影响着其内部的生态系统，包括浮游植物年产量增加对鱼类群落产生自下而上的影响；影响侧纹南极鱼的产卵栖息，威胁其种群健康等。预计未来进一步的区域变暖可能会使侧纹南极鱼种群迁移，从而改变罗斯海上层生态系统。未来应结合模型模拟的气候变化、种群变动和保护管理措施，设置最优的气候避难所，为罗斯海的鱼类种群提供科学保护方案。

本节基于对罗斯海鱼类种群的监测和资源现状调研结果，提出的未来需要关注的研究方向如下。①罗斯海鱼类种群和群落结构的形成机制；②耦合物理模型和重要物种分布，模拟鱼类不同生活史阶段对物理环境的适宜性；③罗斯海海洋保护区的生态影响；④气候变化、捕捞、海洋保护措施交互对犬牙鱼等商业捕捞物种的影响机制。可实施的建议：结合拖网、eDNA、声学多种调查手段连续观测罗斯海鱼类的时空分布。

参 考 文 献

Antarctic Science Platform. 2022. Changes in the Ross Sea and the future of carbon storage. https://www.antarcticscienceplatform.org.nz/updates/changes-in-the-ross-sea-and-the-future-of-carbon-storage[2023-12-16].

CCAMLR Secretariat. 2021. Fishery Report 2020: *Dissostichus mawsoni* in Subarea 88.1.

Collins M A, Xavier J C, Johnston N M, et al. 2008. Patterns in the distribution of myctophid fish in the northern Scotia Sea ecosystem. Polar Biology, 31: 837-851.

Corso A D, Steinberg D K, Stammerjohn S E, et al. 2022. Climate drives long-term change in Antarctic Silverfish along the western Antarctic Peninsula. Communications Biology, 5(1): 104.

Donnelly J, Torres J J, Sutton T T, et al. 2004. Fishes of the eastern Ross Sea, Antarctica. Polar Biology, 27: 637-650.

Dunn A, Hanchet S M, Ballara S L, et al. 2007. Preliminary investigations of an assessment model for skates and rays in the Ross Sea. WG-SAM-07/4. CCAMLR document, Hobart, Australia.

Eastman J T, Hubold G. 1999. The fish fauna of the Ross Sea, Antarctica. Antarctic Science, 11(3): 293-304.

Flores H, Van de Putte A P, Siegel V, et al. 2008. Distribution, abundance and ecological relevance of pelagic fishes in the Lazarev Sea, Southern Ocean. Marine Ecology Progress Series, 367: 271-282.

Granata A, Cubeta A, Guglielmo L, et al. 2002. Ichthyoplankton abundance and distribution in the Ross Sea during 1987–1996. Polar Biology, 25: 187-202.

Hanchet S M, Rickard G J, Fenaughty J M et al. 2008. A hypothetical life cycle for Antarctic toothfish (*Dissostichus mawsoni*) in the Ross Sea region. CCAMLR Science, 15: 35-53.

Iwami T, Abe T. 1981. The collection of the fishes trawled in the Ross Sea. Environmental Science, Biology, 71: 130-141.

La Mesa M, Eastman J T, Vacchi M. 2004. The role of notothenioid fish in the food web of the Ross Sea shelf waters: a review. Polar Biology, 27: 321-338.

McMillan P J, Fenaughty J M, Hanchet S M. 2014. Fishes of the Ross Sea Region: a field guide to common species caught in the longline fishery. Ministry for Primary Industries (MPI)

Mitchell J, Clark M. 2004. Voyage report TAN0402 Western Ross Sea voyage 2004: Hydrographic and Biodiversity survey RV Tangaroa, 27 January to 13 March 2004 (BioRoss) Cape Adare, Cape Hallett, Possession Islands and Balleny Islands, Antarctica. NIWA document TAN0402: 108.

Moore B R, Parker S J, Marriott P M, et al. 2022. Comparative biology of the grenadiers *Macrourus caml* and *M. whitsoni* in the Ross Sea region, Antarctica. Frontiers in Marine Science, 9: 968848.

O'Driscoll R L, Macaulay G J, Gauthier S, et al. 2011. Distribution, abundance and acoustic properties of Antarctic silverfish (*Pleuragramma antarcticum*) in the Ross Sea. Deep Sea Research Part II: Topical Studies in Oceanography, 58(1-2): 181-195.

Outram D M, Loeb V J. 1995. Spatial and temporal variability in early growth rates of the Antarctic silverfish (*Pleuragramma antarcticum*) around the Antarctic continent. Antarctic Journal of the United States, 30: 172-174.

Piatkowski U, Rodhouse P G, White M G, et al. 1994. Nekton community of the Scotia Sea as sampled by the RMT 25 during austral summer. Marine Ecology Progress Series, 112: 13-28.

Pinkerton M H, Bradford-Grieve J M, Hanchet S M. 2010. A balanced model of the food web of the Ross Sea, Antarctica. CCAMLR Science, 17: 1-31.

Pusch C, Hulley P A, Kock K H. 2004. Community structure and feeding ecology of mesopelagic fishes in the slope waters of King George Island (South Shetland Islands, Antarctica). Deep Sea Research Part I: Oceanographic Research Papers, 51(11): 1685-1708.

Ratnasingham S, Hebert P D. 2007. BOLD: The Barcode of Life Data System (http: //www.barcodinglife. org). Molecular Ecology Notes, 7(3): 355-364.

Smith W O Jr, Dinniman M S, Hofmann E E, et al. 2014. The effects of changing winds and temperatures on the oceanography of the Ross Sea in the 21st century. Geophysical Research Letters, 41(5): 1624-1631.

Sutton C P, Horn P L. 2011. A preliminary assessment of age and growth of Antarctic silverfish. CCAMLR Science, 18: 75-86.

1.8 海洋哺乳动物

海洋哺乳动物是南大洋生态系统中十分重要的一环，在维持食物网结构稳定和营养物质循环方面扮演着重要的角色。它们通常处于食物链的顶端，通过下行效应控制中下层生物的种群大小来影响整个食物链的结构和动态，对维持海洋生态平衡、生态系统的结构和功能以及生物多样性起到了关键的作用。它们能有效维持不同生态系统的连通性，很多大型海洋哺乳动物都具有季节性迁徙习性，能在极区和热带海域周期性移动，促使不同区域的生物相互作用，推动各个生态系统内的连通性。一些具备深潜能力的海洋哺乳动物可以作为生物泵促进海洋有机物质的垂直循环：深潜鲸类和鳍足类在深海摄食，在海表排泄富含营养物质如铁、氮、磷的粪便，这些排泄物能为海表浮游植物提供养分，促进海洋生态系统有机物质的垂直循环。因此，海洋哺乳动物对海洋生态系统的结构和功能具有重要的影响，对它们的保护和管理对于维持海洋生态平衡和全球海洋健康至关重要。

罗斯海拥有南极洲最广阔的大陆架和冰架、极端的气候、众多重要的冰间湖，为海洋哺乳动物提供了不断变化的多样化栖息环境。罗斯海一年中有 9 个月被浮冰覆盖，被视为世界上最原始的自然区域，是地球上受人类活动影响最小的海洋生态系统，为海洋哺乳动物保留了最后的一片净土。作为南大洋初级生产力最高的海域，罗斯海为许多海洋哺乳动物提供了重要的生存条件。据统计，共有 14 种海洋哺乳动物栖息于罗斯海（表 1.10），包括 5 种须鲸：南极小须鲸（*Balaenoptera bonaerensis*）、鳁鲸（*Balaenoptera borealis*）、蓝鲸（*Balaenoptera musculus*）、长须鲸（*Balaenoptera physalus*）、大翅鲸（*Megaptera novaeangliae*）；4 种齿鲸：抹香鲸（*Physeter macrocephalus*）、阿氏喙鲸（*Berardius arnuxii*）、南瓶鼻鲸（*Hyperoodon planifrons*）、虎鲸（*Orcinus orca*）；5 种海豹：罗斯海豹（*Ommatophoca rossii*）、食蟹海豹（*Lobodon carcinophaga*）、豹海豹（*Hydrurga leptonyx*）、威德尔海豹（*Leptonychotes weddellii*）和南象海豹（*Mirounga leonina*）。此外，有文献显示，罗斯海还可能存在南露脊鲸（*Eubalaena australis*），Ross 可能是唯一在罗斯海南部地区见过该物种的人（Pinkerton，2010）。鲸类通常在夏季从低纬度海域迁徙过来罗斯海觅食，在寒冷的冬季则返回温暖水域越冬。除南象海豹外，鳍足类其他 4 个物种全年定居于罗斯海，在冰盖上休息和繁殖，但威德尔海豹通常生活在坚冰区，其他海豹多栖息于松散的浮冰上，特别大陆架坡折处和冰间湖冰缘（Ainley，1985）。

表 1.10　罗斯海海洋哺乳动物物种组成和种群规模

物种	学名	种群数量（头）	占世界数量比例
鲸目			
须鲸亚目			
须鲸科			
南极小须鲸	*Balaenoptera bonaerensis*	21 000	6%
鳁鲸	*Balaenoptera borealis*	?	?
蓝鲸	*Balaenoptera musculus*	约 30	?
长须鲸	*Balaenoptera physalus*	?	?
大翅鲸	*Megaptera novaeangliae*	?	?
齿鲸亚目			
抹香鲸科			
抹香鲸	*Physeter macrocephalus*	少量	?
喙鲸科			
阿氏喙鲸	*Berardius arnuxii*	约 150	?
南瓶鼻鲸	*Hyperoodon planifrons*	?	?
海豚科			
C 型虎鲸	*Orcinus orca*	3 350	约 50%
A/B 型虎鲸	*Orcinus orca*	70	?
食肉目			
鳍足亚目			
海豹科			
罗斯海豹	*Ommatophoca rossii*	500	?
食蟹海豹	*Lobodon carcinophaga*	204 000	占太平洋 17%
豹海豹	*Hydrurga leptonyx*	8 000	占太平洋 12%
威德尔海豹	*Leptonychotes weddellii*	约 50 000	占太平洋 70%
南象海豹	*Mirounga leonina*	100	<1%

注：种群数量数据引自 Smith et al.，2012。"?"表示未知

海洋哺乳动物可能是罗斯海历史上受人类活动影响最大的动物类群，主要影响包括：19 世纪末和 20 世纪初对南大洋蓝鲸、大翅鲸和长须鲸等大型鲸类的捕

杀；自 20 世纪初以来，对威德尔海豹的大规模捕杀；20 世纪 70 年代和 80 年代对南极小须鲸的捕猎；近年来对罗斯海犬牙鱼的工业化捕捞对海洋哺乳动物食物资源产生了影响。研究表明，捕鲸业和犬牙鱼资源变化都对海洋哺乳动物数量产生了重要影响，并通过营养级联效应进一步导致罗斯海生态系统结构和功能的变化。遗憾的是，目前对包括罗斯海在内的南大洋和南极洲海洋哺乳动物的调查仍然十分匮乏，更缺乏阿氏喙鲸等深潜鲸类物种的研究数据。在气候变化、渔业捕捞和海洋污染等人类活动持续影响的背景下，作为这片海域最高营养级的生物类群，罗斯海海洋哺乳动物的资源现状、种群变化趋势以及对人类活动的响应亟待进一步调查和评估。

1.8.1 海洋哺乳动物物种

（1）南极小须鲸

南极小须鲸是须鲸亚目中体型较小的一种须鲸，该物种直到 1990 年才被认为是一个独特的物种。因体型小、产油量低，南极小须鲸在历史上为捕鲸业所忽视，幸运地避免了其他大型须鲸的悲惨命运，目前保持较大的种群规模，数量达数十万头，成为世界上种群数量最大的须鲸物种之一。在南大洋，超过 90%的南极小须鲸个体以南极磷虾为食，食物中偶尔还包括侧纹南极鱼和南极小带腭鱼等中上层鱼类。A 型虎鲸是南极小须鲸的主要天敌，在苏联捕获 A 型虎鲸的胃中曾发现其残骸，另外，很多南极小须鲸个体身上有齿耙疤痕和平行疤痕，意味这些个体曾受到虎鲸的袭击。

南极小须鲸比普通小须鲸更合群，南大洋群体规模为 2.4 头，记录到的最大聚群数量为 60 头。南极小须鲸是罗斯海内数量最多的鲸类物种，据估计数量约 21 000 头，占全球种群数量的 6%。据报道，除了南极小须鲸，罗斯海中可能还有另外一种未命名小须鲸的亚种——侏儒小须鲸。国际捕鲸委员会（International Whaling Commission，IWC）对罗斯海开放水域的调查表明，南极小须鲸主要分布于罗斯海东部和西部海域，特别是浮冰边缘以及陆坡上数量较多；而罗斯海中南部海域则很少发现（Ainley, 2010）。夏季罗斯海南极小须鲸数量较多，冬季迁徙行为较为复杂，有些个体还会在南极过冬，大多数则撤退到澳大利亚东部、南非西部和巴西东北部等中纬度温暖海域进行越冬和繁殖。信标标记研究还表明，南极小须鲸会在南极大陆周围海域进行大范围的迁徙活动，迁徙经度超过 30°，部分个体甚至可达 100°以上。

（2）鳁鲸

鳁鲸，也称塞鲸，是仅次于蓝鲸和长须鲸的第三大鲸类物种，体长可到 20 m，重28 t。由于个体较大，鳁鲸是捕鲸业的主要对象，在19世纪末和20世纪的大规模商业捕鲸中，超过25万头鳁鲸被猎杀。全面禁止商业捕鲸后，其种群数量不断增加，但目前仍被《世界自然保护联盟濒危物种红色名录》列为濒危物种。鳁鲸是一种滤食性动物，每年夏季迁徙至亚极地水域摄食磷虾等浮游动物。历史上，罗斯海是鳁鲸的分布区，但目前已经极为罕见。

（3）蓝鲸

蓝鲸是世界上最大的动物，也是有史以来已知最大的动物，体长可达33 m，重200 t。蓝鲸是滤食性动物，食物几乎完全由磷虾组成。它们每年在两极附近的夏季觅食区和热带附近的冬季繁殖地之间迁徙，春季向极地移动，以利用寒冷水域的高生产力，秋季进入亚热带，以减少能量消耗，并在温暖海域繁殖。直到19世纪末，全球各大洋中仍然拥有数量很大的蓝鲸种群，但20世纪捕鲸业疯狂的猎杀几乎让它们走向灭绝，仅1930～1931年就有3万头蓝鲸被捕杀。南大洋更是猎杀蓝鲸的重灾区，据不完全统计，20世纪上半叶南极洲附近海域有36万头蓝鲸被捕杀。蓝鲸有4个亚种，分布于南大洋的为南极亚种（*Balaenoptera musculus intermedia*），据估计南极洲附近海域种群规模为5000～8000头。蓝鲸曾是罗斯海的常见鲸类，早期探险家多有发现报道，但经过大规模的捕杀，现在已经难得一见了。

（4）长须鲸

长须鲸是第二大鲸类物种，广泛分布于从极地到热带水域的全球各大海洋中。与蓝鲸类似，长须鲸在20世纪被大量猎杀，据报道，1905～1976年，从南半球就捕获了超过73万头，目前全球数量估计约为14万头（Jefferson et al.，2015）。罗斯海的长须鲸喜欢冰缘附近的栖息地，特别是大陆架边缘海域（Bassett and Wilson，1983）。南极海域长须鲸的食物以磷虾为主，它们的分布热点区域也与磷虾分布热点区域存在高度重合，但目前在罗斯海已经很难遇到。

（5）大翅鲸

大翅鲸也称座头鲸，广泛分布在世界各地的海洋中，每年都进行长距离的迁徙活动，迁徙距离长达16 000 km。它们在极地水域觅食，然后迁移到热带或亚热带水域繁殖和分娩。它们的食物主要包括磷虾和小鱼，能使用气泡来捕捉猎物。大翅鲸也是捕鲸业的主要目标物种，曾因人类无节制地猎杀而接近灭绝的边缘，20世纪仅南半球就有大约20万头被捕杀，导致全球种群数量下降至1960年的5000头左右。捕鲸业全面禁止后，数量已经部分恢复，目前全球约有10万头，其中约6万头分布于南半球。罗斯海是大翅鲸的重要分布区，目前仍然多有目击报道，如 2006 年的一项报告称，超过 50 头大翅鲸在巴勒尼群岛周围和 70°S 以北的斯科特岛东南部被发现（MacDiarmid and Stewart，2015）。

（6）抹香鲸

抹香鲸是最大的齿鲸，以深潜能力闻名，潜水深度可达 3000 m。罗斯海的抹香鲸常常出现在陆架边缘，在中底层水域觅食，主要捕食大型头足类，其次是犬牙鱼等底层鱼类（Pinkerton et al.，2010）。1995 年的一项报告显示，南大洋抹香鲸分布热点位于 70°S～78°S、150°E～180°的海域，即罗斯海陆架边缘，其中 74°S 附近海域种群密度最高（Kasamatsu and Joyce，1995）。

（7）阿氏喙鲸

阿氏喙鲸广泛分布于南半球各大海域，南极洲附近海域是其重要栖息地。在南极洲坎普地（Kemp Land）附近海域曾发现数量多达 47 头的大群体，罗斯海大陆坡也是它们的重要分布区（Smith et al.，2007），麦克默多湾多有目击报告。目前有关阿氏喙鲸的信息极为缺乏，没有种群数量估算等研究报道。

（8）南瓶鼻鲸

南瓶鼻鲸分布区与阿氏喙鲸几乎重叠，大多数目击事件发生在 57°S～70°S。南瓶鼻鲸具有明显的季节性迁徙习性，夏天迁徙至南极水域，往往会在距离冰缘约 120 km 范围内活动，有时甚至到达冰川边缘。与其他喙鲸类似，这些深潜动物一般不出现在大陆架水域。在南大洋呈环极地分布，通常生活在水深超过 1000 m 的开放水域，每次下潜可以在深海停留一个多小时。南瓶鼻鲸是南极圈内最常见的喙鲸，有报道认为南极海域 90%以上的喙鲸目击事件都是南瓶鼻鲸（Kasamatsu，1988），但在罗斯海目击报告较少。

（9）虎鲸

基于形态、生态、声学、行为、栖息地、猎物偏好等差异，在南大洋已经识别出 5 种不同的虎鲸类型，并用不同字母加以区分：A 型、B1 型、B2 型、C 型和 D 型。A 型虎鲸捕食南极小须鲸，B 型虎鲸捕食海豹，C 型虎鲸以鱼为食，D 型虎鲸则是近年来新确认的一个生态型，位于亚南极水域。研究表明，A、B、C 型虎鲸都生活在罗斯海，以罗斯海犬牙鱼为主要食物的 C 型虎鲸是该海域最常见的生态类型（Pitman and Ensor，2003），据估算，C 型虎鲸的种群数量约为 3350 头，约占全球 C 型虎鲸的一半（表 1.10）。B 型和 C 型虎鲸常常出现在大陆架和罗斯海浮冰边缘，而 A 型虎鲸主要出现在大陆坡上，可能与南极锋面和食物偏好等有关（Ainley，1985）。

（10）罗斯海豹

罗斯海豹是南极鳍足类中体型最小、最不常见、最不为人所知的物种（图1.91）。罗斯海豹是南极的特有种，呈环极分布，通常出现在致密的固结冰盖中，偶尔也出现在开阔海域的光滑浮冰上。罗斯海豹通常在10月中旬到11月产崽，12月底至次年2月换毛，换毛后，它们就会向北迁徙，离开浮冰进入开阔水域进行长时间觅食，直到10月往南返回南极大陆（Pinkerton et al.，2010）。它们每天大约潜水100次，大部分深度为100~300 m，有记录的最大潜水深度为792 m。罗斯海豹分布不规则，局部地区种群高度集中，但罗斯海不是该物种集中分布区（Ainley，1985）。据统计，罗斯海约有500头罗斯海豹，常常出现在外层松散的浮冰上。

图1.91　罗斯海豹（戴宇飞拍摄）

（11）食蟹海豹

食蟹海豹是地球上数量最多的大型哺乳动物之一（图1.92），种群数量估算为7500万头（Jefferson et al.，2015）。与其他海豹不同，该物种进化出了筛状牙齿，专门用于捕食南大洋丰富的南极磷虾，具有独特的食物适应性，这是它们能维持如此庞大种群数量的主要原因。食蟹海豹是中层捕食者，在南极食物链中起到承上启下的作用，它们是虎鲸的食物组成，幼崽更是豹海豹的重要食物来源。它们全年都在浮冰区度过，会随着冰盖的季节性变化而前进和后退，主要停留在大陆架区域内不到600 m深的水域。作为南极海豹中最喜欢群居的物种，在冰面上可观察到多达1000头的聚集群体，在海面上也能发现数百头同时游泳的群体，同步进行呼吸和潜水，场面极为壮观。食蟹海豹广泛分布于罗斯海中，常见于厚重松散的浮冰中，特别是在罗斯海北部的南极陆坡前沿，浮冰是其休息、交配、社会聚集和接近猎物的平台。根据船上观测间接估计，罗斯海食蟹海豹种群数量约为20万头，占太平洋种群总数量的17%（Ainley，1985）。

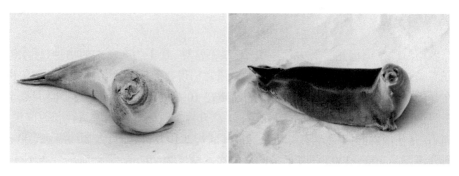

图 1.92 食蟹海豹（戴宇飞拍摄）

（12）豹海豹

豹海豹广泛分布于南半球的南极和亚南极水域，罗斯海栖息着 8000 头豹海豹（图 1.93），占太平洋种群的 12%，大多数出现在浮冰区域。豹海豹被认为在相对较浅的大陆架海域（水深<100 m）觅食，猎食磷虾、鱼、鱿鱼、企鹅（特别是阿德利企鹅）、各种其他类型的海鸟和海豹，包括食蟹海豹和南象海豹幼崽。豹海豹交配发生在 12 月至次年 1 月初，幼崽的出生时间是 10 月到 11 月中旬。与其他海豹不同，豹海豹会随着浮冰的膨胀而向北移动，并停留在开阔水域中，然后向南移动回到冰缘，呈现十分明显的南北运动模式（Bester et al.，2017）。

图 1.93 豹海豹（戴宇飞拍摄）

（13）威德尔海豹

威德尔海豹遍布整个罗斯海（图 1.94），维多利亚地沿岸和罗斯岛是其重要繁殖场（Ainley，1985）。威德尔海豹是罗斯海中第二常见的海豹，种群数量约 50 000 头，约占太平洋种群数量的 70%。威德尔海豹主要在陆架水域（通常在冰层以下）觅食，猎物主要由底栖鱼、罗斯海犬牙鱼、鱿鱼和甲壳类组成。当冰层连续时，威德尔海豹经常聚集在呼吸孔周围。它们会在两个深度层（0～160 m 和 340～450 m）内呈现昼夜进食模式，来应对垂直迁移的猎物。威德尔海豹主要使用固定冰和靠近海岸的浮冰作为栖息地。成年威德尔海豹常常不愿意离开它们的繁殖地，即使觅食期间也会大部分停留在距离夏季繁殖地 50～100 km 的范围内，有些海豹会移动更远的距离，并在厚厚的浮冰中度过漫长冬季。

图 1.94　威德尔海豹（戴宇飞拍摄）

（14）南象海豹

南象海豹是食肉目个体最大的物种，也是现存最大的非鲸类海洋哺乳动物（图1.95）。它的名字来源于它巨大的体型和成年雄性的大长鼻，繁殖季节大长鼻可以发出非常响亮的咆哮声。南象海豹性别具有明显的雌雄二型性，成年雄性个体的体重可达 3000 kg，是雌性个体的 4～5 倍。据 2005 年的估算数据，全球种群数量为 66 万～74 万头。该物种共有三个地理亚种群，最大的亚种群在南大西洋，有超过 40 万头个体，主要分布于南乔治亚岛附近海域。在南半球几乎环极地分布，仅在夏季从北部的繁殖和觅食地进入罗斯海，因此南象海豹是罗斯海中最不常见的海豹。夏季以外的罗斯海中没有南象海豹分布。

图 1.95　南象海豹（戴宇飞拍摄）

1.8.2　海洋哺乳动物的时空分布特征

海洋哺乳动物的时空分布特征十分复杂，受到多种因素的影响，包括气候、海洋环境、食物可获得性、繁殖需求和相互关系等。罗斯海海洋哺乳动物的时空分布模式受到物种本身和环境特征的影响，主要包括季节性、水平和垂直分布三个维度。

季节性分布是指动物的分布与环境和食物资源的季节性变化密切相关。在极地地区，季节性变化非常显著，包括冰雪覆盖和海冰的形成。一些哺乳动物可能会迁徙以寻找更适宜的觅食地点或繁殖场所。季节性的变化也影响到生态系统中的食物链和食物网，从而影响哺乳动物的分布。一般认为除了4种定居型海豹，罗斯海其他海洋哺乳动物都具有季节性迁徙习性，并已经被很多卫星标记实验证实。例如，Lauriano等（2020）于2015年对罗斯海特拉诺瓦湾10头C型虎鲸的卫星标记实验发现，所有个体都在罗斯海近海进行觅食活动，但随后离开罗斯海前往新西兰海域时没有进行觅食活动的证据（图1.96）。另外，Riekkola等（2018）于2015年在新西兰对18头大翅鲸的卫星标记结果也发现这些动物在罗斯海附近海域和中低纬度温暖海域进行季节性的迁徙（图1.97）。他们还发现这些大翅鲸迁徙到南大洋的直线距离达7000 km，带幼崽的4头雌性大翅鲸都迁移到罗斯海，而70%没有幼崽的成年大翅鲸（共计7头）则向东迁移到阿蒙森海和别林斯高晋海地区。

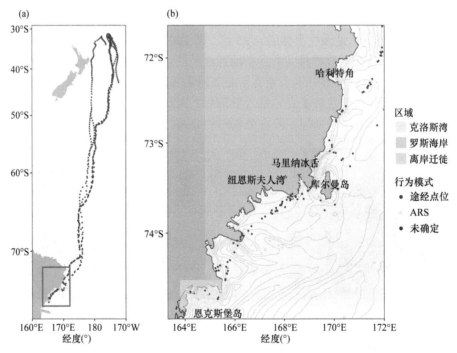

图1.96　卫星标记的C型虎鲸的运动轨迹（a）及克洛斯湾沿罗斯海海岸线和近海迁徙的10头C型虎鲸的估计行为状态（b）（改自 Lauriano et al.，2020）

ARS（area-restricted search）指限制搜索区域，动物频繁出现觅食行为时导致卫星接收不到动物身上发射器的信号

第 1 章　罗斯海生态系统状况 | 137

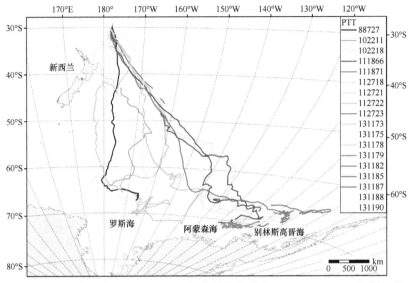

图 1.97　2015 年在拉乌尔岛（Raou Island）和克马德克群岛（Kermadec Island）标记的 18 头大翅鲸的活动轨迹（Riekkola et al.，2018）

PTT 是平台发射终端（卫星信标），图例中数字是不同终端编号，代表不同卫星信标标记不同大翅鲸个体的迁徙路线

除了季节性迁徙，相同季节内海洋哺乳动物在罗斯海的水平分布还会受到陆地距离、海洋生物和冰盖等环境因子的影响。一些哺乳动物可能在陆地上寻找食物、繁殖或栖息，另一些则可能在海洋中寻找食物，特别是在海冰边缘区域。海洋哺乳动物的水平分布还与食物的可获得性和竞争关系等因素密切相关。Ballard 等（2012）通过采集罗斯海几种常见海洋哺乳动物的分布位点信息，结合水深、叶绿素含量和海冰覆盖率等 6 个环境因子构建了这些动物的栖息地适宜模型，结果如图 1.98 所示。虎鲸和威德尔海豹主要利用罗斯海的大陆架和陆坡水域，而南极小须鲸和食蟹海豹的主要栖息地位于罗斯海西部和东部大陆架这些拥有持久性海冰的区域。另外，南极小须鲸在罗斯海的分布也随着冰盖的分布而变化（图 1.99）。

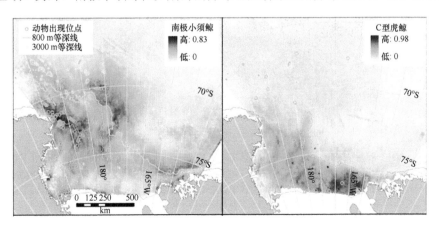

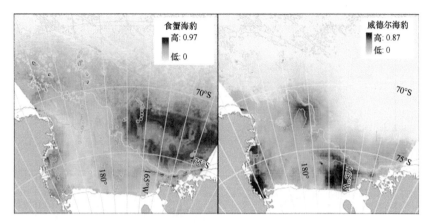

图 1.98　最大熵模型预测的罗斯海几种常见海洋哺乳动物适宜栖息地（Ballard et al.，2012）
橙色圆圈为动物出现位点。威德尔海豹为冬季分布，其他物种均为夏季分布图

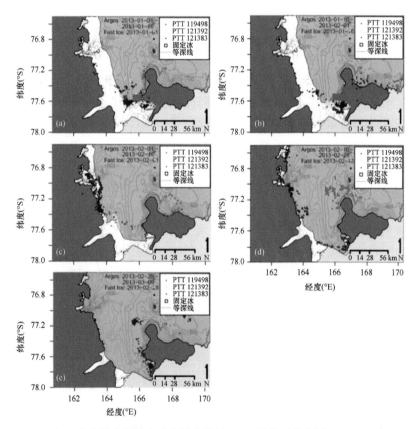

图 1.99　2013 年三头南极小须鲸在麦克默多海峡 1～3 月位置分布图（Ainley et al.，2020）
从图（a）到图（e）是按照每半个月的时间段进行作图的，图中白色部分表示固定冰。从图（a）到图（e）可以看出岸冰面积逐渐减少，到最后几乎消失。Argos 为卫星定位系统。PTT 是平台发射终端（卫星信标），其后面的数字是不同终端编号，代表不同卫星信标标记不同个体的迁徙路线。Fast Ice 为固体冰

此外，海洋哺乳动物在摄食方面还涉及对不同深度食物资源的垂直利用。多数须鲸都在表层水域中寻找食物，而抹香鲸和喙鲸则潜入深层水域，以寻找大型头足类和底层鱼类等猎物（图1.100）。垂直分布还可能与海底地形和生态系统特征有关。罗斯海中海洋哺乳动物在垂直维度上存在陆架和陆坡划分，但不同水层潜水类群间存在重叠。以大陆架作为主要栖息地的物种，也在冬季出现，如威德尔海豹和食蟹海豹，它们都能够利用从陆架底部到海表面的整个水层的食物资源。不同海豹物种间由于存在资源垂直利用方面的分化，不需要太多的水平迁徙运动，但这也会受到冬季厚厚冰层的限制。

图1.100　南大洋顶级捕食者的垂直分布图（Bestley et al.，2020）

1.8.3　海洋哺乳动物的生态作用和捕鲸业影响

罗斯海的鲸类和海豹占据着海洋生态系统的顶层营养级，对该海域营养级联和食物网耦合有着重要影响（图1.101）。即使是少量的鲸类也会对一个地区的食物网结构和碳通量产生重大影响（Tynan，1998），并且由于鲸类繁殖缓慢，它们的数量不会迅速反弹，因此持续时间很长。已有研究证明罗斯海的海洋哺乳动物不仅会对鲸类-企鹅-海豹-鱼类种群变化产生连锁效应，它们的消失还会导致浮游生物和游泳生物群落的区域范围转移和营养级联，如樽海鞘-磷虾的丰度波动。例如，根据在罗斯岛的实地调查，数量增多的南极小须鲸和虎鲸在该海域引发了明显的营养级联效应：鲸类数量的增加降低了阿德利企鹅的猎物可获得性，使得这些企鹅在觅食旅途中花费的时间更长、游得更远、游得更深，它们的食物磷虾比例降低，而包含更多的鱼类（Ainley et al.，2015）。随着企鹅捕食压力的增大，磷虾的分布深度也逐渐加深，磷虾的分布深度与叶绿素含量呈负相关关系，表明两者之间的不耦合以及磷虾为了避免企鹅的捕食压力而牺牲了食物的获得性。当然，由于上行效应，浮游生物和鱼类等较低营养级物种的丰度变化也会影响海洋哺乳动物的数量（Baylis et al.，2015）。海洋哺乳动物与生态系统中其他物种和环境因子的相互作用是十分复杂的，上行效应和下行效应都参与食物网的构建（Ainley et al.，2010b）。

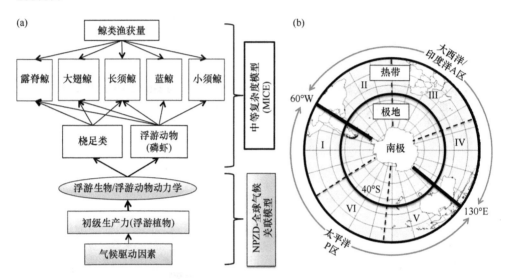

图1.101　南极地区（包含罗斯海）大型鲸类生态作用和捕鲸业影响概念模型（Tulloch et al.，2018）
NPZD. 营养物-浮游植物-浮游动物-碎屑

最近对海洋系统的人为影响的分析表明，罗斯海是地球上受影响最小的一片海洋，然而罗斯海历史上也曾有过规模较大的鲸类和海豹猎杀活动（Ainley，2010）。早期欧美探险队和新西兰政府在20世纪50~80年代捕杀了大量的威德尔海豹，将其作为人类和狗的食物，导致麦克默多海峡的海豹种群数量永久性减少。由于大规模捕鲸，蓝鲸自20世纪20年代从罗斯海大陆架坡折锋水域消失，迄今已经极为罕见。由于大型须鲸的减少，南极小须鲸本来能占领空出来的生态位，扩大种群规模，但20世纪70~80年代它们也遭到了捕杀，直至现在，该海域每年还有一些南极小须鲸以"科学捕鲸"的名义被捕杀。因此，历史上罗斯海的海洋哺乳动物也受到了一些破坏，特别是在距离岸边较远的大陆坡水域，这种破坏更为严重（Ainley，2010）。幸运的是，国际捕鲸委员会1986年通过了《全球禁止捕鲸公约》，禁止商业捕鲸，但是还允许捕鲸用于科学研究。1994年，国际捕鲸委员会将整个南大洋指定为鲸类保护区。随着捕鲸业的全面禁止，南大洋一些鲸类物种有了不同程度的恢复，但据估计1997年南极蓝鲸的丰度仍然不到捕鲸前的1%，处于极度濒危状态（Branch et al.，2004）。

作为顶级捕食者，鲸类资源的衰退可能对包括罗斯海在内的南大洋生态系统产生深远影响。相关学者甚至提出"磷虾盈余假说"用于解释鲸类资源衰退可能带来的生态影响，该假说的中心思想是，鲸类动物是南大洋食物网的支配力量，蓝鲸和大翅鲸等大型鲸种群资源的衰退，会导致磷虾资源的过剩，从而使得企鹅、海豹和小须鲸等其他以磷虾为食物来源的动物种群数量的增加（Surma et al.，2014）。对"磷虾盈余假说"的一个检验方法是测量冰芯中甲基磺酸（methanesulfonic acid，MSA）的含量，甲基磺酸是二甲基硫化物的两种主要最终产物之一，本身来源于浮游植物产生的二甲基磺酰丙酸，当磷虾以浮游植物为食并破坏它们的细胞壁时，二甲基磺酰丙酸就会释放到海水中，导致海水甲基磺酸含量的增加，其含量可以代表磷虾的生物量（图1.102；Ainley et al.，2010b）。Curran等（2003）发现南极甲基磺酸在20世纪初持续增加，并在20世纪50年代达到峰值，这段时间正是南极海域商业捕鲸的高峰期，说明捕鲸活动会使得生态系统中大型须鲸大幅减少，造成短时间内磷虾过剩。然而，目前的研究并没有发现磷虾盈余使得南极小须鲸种群数量增加，这可能是因为南极的食物网比我们理解的更为复杂。例如，企鹅与小须鲸争夺磷虾资源，因此大型须鲸数量减少可能确实减少了磷虾的捕食压力，但较小的小须鲸并不是唯一受益的对象。

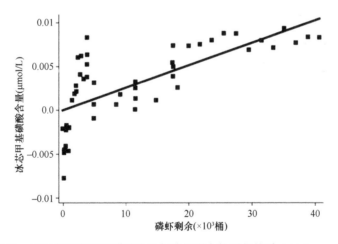

图1.102　1905～1957年冰芯甲基磺酸含量与磷虾剩余的回归关系（Ainley et al.，2010b）

1.8.4　气候变化对罗斯海海洋哺乳动物的影响

由于位处极地，罗斯海海洋哺乳动物受到气候变化的影响可能比生活在热带和温带的同类还要严重，气候变化可以通过影响海冰覆盖率、食物来源、冰湖形成和疾病传播等影响海洋哺乳动物的生存。

食蟹海豹等鳍足类生活和繁殖严重依赖于海冰,气候变化导致罗斯海等南极地区的冰盖融化和海冰减少将直接对这些动物产生影响。食蟹海豹和威德尔海豹的分布和丰度会受到每年海冰范围、持续时间和类型变化的负面影响,而罗斯海豹和豹海豹受浮冰特征变化的负面影响最小(Siniff et al.,2008)。对南大洋大翅鲸的研究表明,30 年来它们到达南极半岛的时间提前了近 30 天(Avila et al.,2020),与此同时卫星追踪显示它们在南极的停留时间变长,可以在无冰的南极半岛水域一直待到冬天(Weinstein et al.,2017)。Herr 等(2019)通过直升机调查 2006~2013 年南极小须鲸与海冰覆盖率的关系,相关数据用于建立物种分布模型从而评估南极小须鲸栖息地受到全球变暖的威胁情况,结果发现,冰缘和中等海冰浓度的地区鲸密度最高,中等密度位于冰缘 500 km 处,而无冰水域几乎没有动物分布。因此,他们得出结论,南极小须鲸依赖于冰缘作为栖息地,南极洲海冰的减少将会对南极小须鲸的栖息地产生重大影响。作为南大洋的顶级捕食者,南象海豹栖息在对快速气候变化最敏感和最脆弱的地区之一,来自不同出生地的南象海豹经常出没于特定的海洋区域觅食,最近研究显示,南象海豹种群数量的长期下降与维多利亚地海岸和罗斯海的海冰动态复杂变化有关,因为海冰浓度和范围的增加限制了海豹进入这些觅食区域,迫使它们提前离开(Hindell et al.,2017)。Kaschner 等(2011)基于对 115 种海洋哺乳动物的全球分布范围的预测,分析了海洋哺乳动物物种多样性分布模式,并评估了未来气候变化扰动下生物多样性的变化趋势,发现到 2050 年海洋变暖和海冰覆盖的变化将对全球海洋哺乳动物空间格局产生中等程度的影响,预测两个半球的高纬度地区鲸类丰富度会增加,而低纬度地区鳍足类和鲸类丰富度都会减少。

气候变化也将通过改变饵料资源和食物链结构对海洋哺乳动物产生影响。在过去 50 年中,南极半岛西部的冬季中期气温上升了约 6℃,无冰季节增加了 90 天。在过去的 30 年里,浮游植物的生物量减少了 12%(Schofield et al.,2010)。由于这些浮游植物的变化,生态系统正在从磷虾占主导地位转变为远洋被囊动物占主导地位,这将对包括鲸类在内的海洋哺乳动物产生深远的影响。浮游生物数量和分布的变化会影响到依赖这些生物生存的鲸类和海豹等哺乳动物的食物来源,它们可能需要移动更远的距离寻找食物,进而影响生存率和繁殖成功率。在麦夸理岛,1 岁龄南象海豹的较高存活率与 ENSO(厄尔尼诺-南方涛动)事件和断奶质量有关。这可能是由于在较冷的年份,海冰更加丰富,猎物的可用性增加,提高了雌性为幼崽获取和储存资源的能力(McMahon and Burton,2005)。气候变化会导致初级生产力发生变动,也会对磷虾等须鲸最重要的食物产生影响(如海水酸化对浮游生物的损害),这些会直接影响到海洋哺乳动物的营养摄入。研究显示，食蟹海豹依靠某些特定的海冰特征来完成其年度代际循环，与气候变化相关的栖息地变化和季节性浮冰收缩可能对它们影响最大。作为主要的磷虾消费者，近年来快速的气候变化会导致海冰消失以及磷虾生物量的下降，导致它们丧失栖息地和食物来源。此外，其种群规模和分布可能也会随着食物网的动态变化而改变。海冰消失减少了对捕食者的保护，增加了与猎物集中区域的距离。而气候变暖造成的海冰大量消失也导致了更多开放水域的出现和未来磷虾捕捞业可能的扩张（Bester et al., 2017）。

冰湖是被海冰包围的开放水域，是高纬度海洋生态系统中重要的初级生产力来源。冰融区年初级生产力的大小受太阳辐射量和对海冰范围变化的敏感性所控制。在这些环境因子中，初级生产力与食物链顶级消费者之间的耦合程度尚不清楚，这阻碍了对未来潜在气候情景下较高营养级物种种群轨迹的可靠预测。有研究发现，南极冰湖的年初级生产力与依赖海冰的威德尔海豹的幼崽数量之间存在强烈的正相关关系（图1.103，Paterson et al., 2015）。这种关系表明，为了利用出生后几个月的高初级生产力时期，威德尔海豹繁殖率增加了。虽然威德尔海豹感知初级生产力的变化，并对自身的繁殖率进行调节的机制尚不清楚，但这项研究结果表明，在较短的时间尺度上，不同营养水平的生物之间存在紧密耦合，加深了人们对海洋生态系统过程的理解，并为评估气候变化对栖息于冰湖的海洋哺乳动物的影响提供了依据。

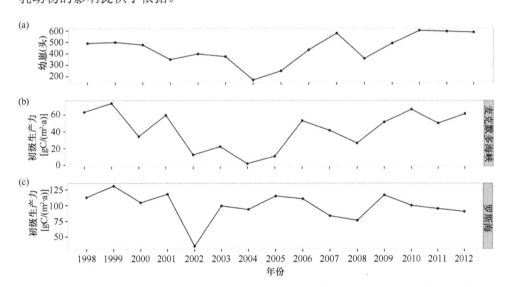

图1.103 1998～2012年埃里伯斯湾出生威德尔海豹幼崽的数量变化（a），麦克默多海峡冰间湖（b）和罗斯海冰间湖（c）的初级生产力表现出高度的年际变化（Paterson et al., 2015）

1.8.5 小结及建言

本节基于对罗斯海海洋哺乳动物物种和时空分布特征的调研，提出未来需要重点研究的方向，并给出建议，从而帮助人们更好地了解罗斯海的海洋哺乳动物以及评估其对气候变化的响应。

未来研究需要关注的要点如下。①全球气候变化对罗斯海食蟹海豹、威德尔海豹、虎鲸、南极小须鲸等常见海洋哺乳动物产生什么样的影响及其机制；②罗斯海地区犬牙鱼和南极磷虾渔业对海洋哺乳动物食物资源和误捕的影响；③罗斯海生态系统动力学机制和海洋哺乳动物生物量变化影响评估。

可实施的建议如下。①对罗斯海地区的海洋哺乳动物资源每年开展系统性调查；②通过与极地旅游公司合作，获取旅行船只的航行轨迹和目击事件位点，探究游客行为影响；③开展国际合作，推动罗斯海鲸类及其栖息地生物多样性和生态保护。

参 考 文 献

Ainley D G. 1985. Biomass of birds and mammals in the Ross Sea // Siegfried W R, Condy P R, Laws R M. Antarctic Nutrient Cycles and Food Webs. Berlin, Heidelberg: Springer: 498-515.

Ainley D G. 2010. A history of the exploitation of the Ross Sea, Antarctica. Polar Record, 46(3): 233-243.

Ainley D G, Ballard G, Blight L K, et al. 2010b. Impacts of cetaceans on the structure of Southern Ocean food webs. Marine Mammal Science, 26(2): 482-498.

Ainley D G, Ballard G, Jones R M, et al. 2015. Trophic cascades in the western Ross Sea, Antarctica: revisited. Marine Ecology Progress Series, 534: 1-16.

Ainley D G, Ballard G, Olmastroni S. 2009. An apparent decrease in the prevalence of "Ross Sea Killer Whales" in the Southern Ross Sea. Aquatic Mammals, 35(3): 334.

Ainley D G, Ballard G, Weller J. 2010a. Ross Sea bioregionalization, part I: validation of the 2007 CCAMLR bioregionalization workshop results towards including the Ross Sea in a representative network of marine protected areas in the Southern Ocean. CCAMLR WG-EMM-10/11.

Ainley D G, Joyce T W, Saenz B, et al. 2020. Foraging patterns of Antarctic minke whales in McMurdo Sound, Ross Sea. Antarctic Science, 32(6): 454-465.

Anonymous. 2004. A summary of observations on board longline vessels operating within the CCAMLR convention area. WGFSA-04/6 Rev. 1 (mimeogr)

Avila I C, Dormann C F, García C, et al. 2020. Humpback whales extend their stay in a breeding ground in the Tropical Eastern Pacific. ICES Journal of Marine Science, 77(1): 109-118.

Ballard G, Jongsomjit D, Veloz S D, et al. 2012. Coexistence of mesopredators in an intact polar ocean ecosystem: the basis for defining a Ross Sea marine protected area. Biological Conservation, 156: 72-82.

Bassett J A, Wilson G J. 1983. Birds and Mammals Observed from the M.V. Benjamin Bowring: During the New Zealand-Ross Sea Cruise, January/February 1981.

Baylis A M, Orben R A, Arnould J P, et al. 2015. Disentangling the cause of a catastrophic population decline in a large marine mammal. Ecology, 96(10): 2834-2847.
Bester M N, Bornemann H, McIntyre T. 2017. Antarctic marine mammals and sea ice // Thomas D N. Sea Ice. 3rd Edition. New Jersey: Wiley-Blackwell: 534-555.
Bestley S, Ropert-Coudert Y, Bengtson Nash S, et al. 2020. Marine ecosystem assessment for the Southern Ocean: birds and marine mammals in a changing climate. Frontiers in Ecology and Evolution, 8: 566936.
Branch T A, Matsuoka K, Miyashita T. 2004. Evidence for increases in Antarctic blue whales based on Bayesian modelling. Marine Mammal Science, 20(4): 726-754.
Curran M A, van Ommen T D, Morgan V I, et al. 2003. Ice core evidence for Antarctic sea ice decline since the 1950s. Science, 302(5648): 1203-1206.
Evans K, Thresher R, Warneke R M, et al. 2005. Periodic variability in cetacean strandings: links to large-scale climate events. Biology Letters, 1(2): 147-150.
Herr H, Kelly N, Dorschel B, et al. 2019. Aerial surveys for Antarctic minke whales (*Balaenoptera bonaerensis*) reveal sea ice dependent distribution patterns. Ecology and Evolution, 9(10): 5664-5682.
Hindell M A, Sumner M, Bestley S, et al. 2017. Decadal changes in habitat characteristics influence population trajectories of southern elephant seals. Global Change Biology, 23(12): 5136-5150.
Jefferson T A, Webber M A, Pitman R L. 2015. Marine Mammals of the World: A Comprehensive Guide to Their Identification. New York: Academic Press.
Kasamatsu F, Joyce G G. 1995. Current status of Odontocetes in the Antarctic. Antarctic Science, 7(4): 365-379.
Kaschner K, Tittensor D P, Ready J, et al. 2011. Current and future patterns of global marine mammal biodiversity. PLoS One, 6(5): e19653.
Kasamatsu F. 1988. Distribution of cetacean sightings in the Antarctic: results from the IWC/IDCR Southern Hemisphere minke whale assessment cruises, 1978/79 to 1983/84. Report-International Whaling Commission, 38: 449-487.
Lauriano G, Pirotta E, Joyce T, et al. 2020. Movements, diving behaviour and diet of type‐C killer whales (*Orcinus orca*) in the Ross Sea, Antarctica. Aquatic Conservation: Marine and Freshwater Ecosystems, 30(12): 2428-2440.
MacDiarmid A B, Stewart R. 2015. Ross Sea and Balleny Islands biodiversity: routine observations and opportunistic sampling of biota made during a geophysical survey to the Ross Sea in 2006. Wellington: Ministry for Primary Industries.
Mast R, Castelblanco-Martínez D N, Hemphil A. 2014. Sea mammals conservation // Wilson D E, Mittermeier R A. Handbook of the Mammals of the World. Barcelona: Lynx Edicions: 17-32.
McMahon C R, Burton H R. 2005. Climate change and seal survival: evidence for environmentally mediated changes in elephant seal, *Mirounga leonina*, pup survival. Proceedings of the Royal Society B: Biological Sciences, 272(1566): 923-928.
Paterson J T, Rotella J J, Arrigo K R, et al. 2015. Tight coupling of primary production and marine mammal reproduction in the Southern Ocean. Proceedings of the Royal Society B: Biological Sciences, 282(1806): 20143137.
Pinkerton M H, Bradford-Grieve J M, Hanchet S M. 2010. A balanced model of the food web of the Ross Sea, Antarctica. CCAMLR Science, 17: 1-31.
Pitman R L, Ensor P. 2003. Three forms of killer whales (*Orcinus orca*) in Antarctic waters. J Cetacean Res Manage, 5(2): 131-139.
Ponganis P J, Kooyman G L, Castellini M A. 1995. Multiple sightings of arnoux beaked whales along

the victoria land coast. Marine Mammal Science, 11(2): 247-250.
Riekkola L, Zerbini A N, Andrews O, et al. 2018. Application of a multi-disciplinary approach to reveal population structure and Southern Ocean feeding grounds of humpback whales. Ecological Indicators, 89: 455-465.
Ross J C. 2011. A Voyage of Discovery and Research in the Southern and Antarctic Regions, during the Years 1839-1843. Vol. 2. Cambridge: Cambridge University Press.
Schipper J, Chanson J S, Chiozza F, et al. 2008. The status of the world's land and marine mammals: diversity, threat, and knowledge. Science, 322(5899): 225-230.
Schofield O, Ducklow H W, Martinson D G, et al. 2010. How do polar marine ecosystems respond to rapid climate change? Science, 328(5985): 1520-1523.
Schumann N, Gales N J, Harcourt R G, et al. 2013. Impacts of climate change on Australian marine mammals. Australian Journal of Zoology, 61(2): 146-159.
Siegfried W R, Condy P R, Laws R M. 1985. Antarctic nutrient cycles and food webs. Berlin: Springer: 498-515.
Siniff D B, Garrott R A, Rotella J J, et al. 2008. Opinion: Projecting the effects of environmental change on Antarctic seals. Antarctic Science, 20(5): 425-435.
Smith W O Jr, Ainley D G, Cattaneo-Vietti R. 2007. Marine ecosystems:the Ross Sea. Philosophical Transactions of the Royal Society B, 362: 95-111.
Smith W O Jr, Sedwick P N, Arrigo K R, et al. 2012. The Ross Sea in a sea of change. Oceanography, 25(3): 90-103.
Surma S, Pakhomov E A, Pitcher T J. 2014. Effects of whaling on the structure of the southern ocean food web: Insights on the "Krill Surplus" from ecosystem modelling. PLoS One, 9(12): e114978.
Tulloch V J, Plagányi É E, Matear R, et al. 2018. Ecosystem modelling to quantify the impact of historical whaling on Southern Hemisphere baleen whales. Fish and Fisheries, 19(1): 117-137.
Tynan C T. 1998. Ecological importance of the southern boundary of the Antarctic Circumpolar Current. Nature, 392(6677): 708-710.
Weinstein B G, Double M, Gales N, et al. 2017. Identifying overlap between humpback whale foraging grounds and the Antarctic krill fishery. Biological Conservation, 210: 184-191.

1.9 鸟　　类

鸟类在海洋和沿海生态系统中发挥着重要的生态功能，是海洋中的顶级消费者，并可为海洋区域提供多种生态系统服务（Green and Elmberg，2013；Burdon et al.，2017）。罗斯海面积仅占南大洋的2%，但罗斯海是南大洋中鸟类资源最丰富的区域之一（Ainley et al.，2010a；Smith et al.，2007，2012），在罗斯海分布的鸟类达到25种（表1.11），其中，阿德利企鹅（*Pygoscelis adeliae*）的数量高达约300万只，占全球总数量的38%；帝企鹅（*Aptenodytes forsteri*）的数量约20万只，占全球总数量的26%；南极䴗（*Thalassoica antarctica*）的数量约500万只，占全球总数量的30%；雪䴗（*Pagodroma nivea*）的数量约100万只，占全球总数量的30%（Ainley et al.，1984；Ballard et al.，2012；Santora et al.，2020）。此外，南极贼鸥（*Stercorarius maccormicki*）、灰背信天翁（*Phoebetria palpebrata*）、花斑䴗

（*Daption capense*）、银灰暴风鹱（*Fulmarus glacialoides*）、白颏风鹱（*Procellaria aequinoctialis*）、鸽锯鹱（*Pachyptila desolata*）和黄蹼洋海燕（*Oceanites oceanicus*）在罗斯海也分布广泛、数量可观（Smith et al.，2014）。

表1.11 罗斯海鸟类物种多样性

序号	物种	学名
1	帝企鹅	*Aptenodytes forsteri*
2	阿德利企鹅	*Pygoscelis adeliae*
3	王企鹅	*Aptenodytes patagonicus*
4	灰头信天翁	*Thalassarche chrysostoma*
5	漂泊信天翁	*Diomedea exulans*
6	皇信天翁	*Diomedea epomophora*
7	灰背信天翁	*Phoebetria palpebrata*
8	黑眉信天翁	*Thalassarche melanophris*
9	南巨鹱	*Macronectes giganteus*
10	灰鹱	*Ardenna grisea*
11	南极鹱	*Thalassoica antarctica*
12	花斑鹱	*Daption capense*
13	银灰暴风鹱	*Fulmarus glacialoides*
14	雪鹱	*Pagodroma nivea*
15	白颏风鹱	*Procellaria aequinoctialis*
16	白头圆尾鹱	*Pterodroma lessonii*
17	鳞斑圆尾鹱	*Pterodroma inexpectata*
18	蓝鹱	*Halobaena caerulea*
19	鸽锯鹱	*Pachyptila desolata*
20	鹈燕	*Pelecanoides urinatrix*
21	黄蹼洋海燕	*Oceanites oceanicus*
22	黑腹舰海燕	*Fregetta tropica*
23	北极燕鸥	*Sterna paradisaea*
24	南极贼鸥	*Stercorarius maccormicki*
25	棕贼鸥	*Stercorarius antarcticus*

罗斯海的鸟类繁殖区分为三个地理区域，分别是巴勒尼（Balleny）群岛（由三个主要岛屿和南极大陆以北300 km的几个小岛组成）、维多利亚地（Victoria Land）海岸和罗斯岛西南冰架上方向南延伸的一组火山岛（Young，1981；Sekercioglu，2006）。

罗斯海有12种已知的繁殖物种，其中帝企鹅、阿德利企鹅、南极贼鸥和雪鹱为常见繁殖物种，黄蹼洋海燕（*Oceanites oceanicus*）、南极鹱（*Thalassoica antarctica*）和棕贼鸥（*Stercorarius antarcticus*）也在此范围内有过繁殖记录。

Ballard 等（2012）使用物种分布模型分析了罗斯海 9 种主要的高营养级捕食者（南极小须鲸、虎鲸、食蟹海豹、威德尔海豹、阿德利企鹅、帝企鹅、南极䴉、雪䴉、灰背信天翁）的物种丰富度并进行了核心区分析。物种丰富度结果突出了陆架深水区以及沿陆架决堤陆坡的几个区域对罗斯海生物多样性的重要性（图 1.104a），分区保护排名结果证实了许多相同区域的重要性，并提高了罗斯海东部陆架、西部陆坡、西南部和上层水域覆盖的水深复杂区域（北部的山脊；图 1.104b）的重要性。

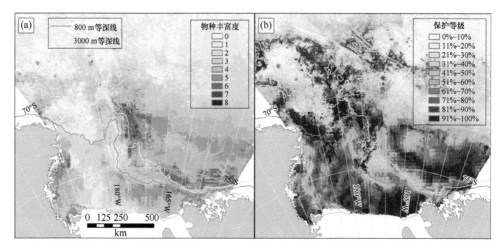

图 1.104　罗斯海物种丰富度模型及同一物种的相对保护重要性核心区分析
（Ballard et al.，2012）
（a）单个物种的最大熵模型环境适宜性总和；（b）所有物种都被给予同等的保护优先级
（深色代表更高的保护级别）

1.9.1　常见鸟类物种

（1）帝企鹅

1902 年在罗斯海地区克罗泽角首次发现帝企鹅的繁殖地（Wilson，1907），目前，全球共有 54 个帝企鹅繁殖种群，其中罗斯海区域分布着 7 个繁殖种群（图 1.105）（Fretwell and Trathan，2009；Fretwell et al.，2012，2014；Wienecke，2011；Ancel et al.，2014；LaRue et al.，2015）。罗斯海区域是唯一一个对所有帝企鹅繁殖地和种群数量进行过系统调查的地区。罗斯海区域一共分布着 4 个帝企鹅集合种群，分别在克罗泽角、博福特角、华盛顿角和地质学角（Wienecke，2011）。自 1962 年开始，有研究者每年在地质学角调查帝企鹅，统计返回繁殖地的成年帝企鹅数量（Barbraud and Weimerskirch，2001），发现到目前为止，该区域的帝企鹅种群数量稳中有升。关于克罗泽角的帝企鹅数量，自 1961 年开始监测，共有 28 次数量统计（Kooyman et al.，2007），其中 12 次为 1994~2005 年的连续记录，在这期间帝企鹅繁殖数量相对稳定。华盛顿角是帝企鹅最大的繁殖地之一,从 1983 年到 2005 年共有 15 次调查,其中 2000~2005 年连续进行了 6 次数量统计(Barber-Meyer et al.,2008),种群数量趋于稳定。

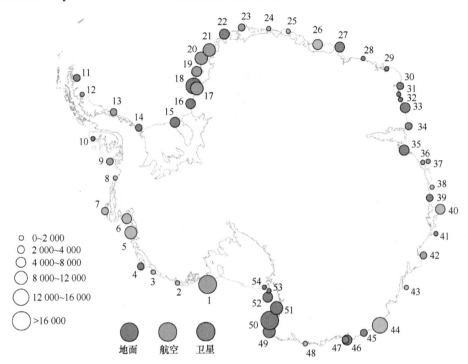

图 1.105　帝企鹅繁殖地分布(Trathan et al.,2020)

图例大小表示帝企鹅繁殖种群数量,颜色表示调查方法,数字表示繁殖地编号。

繁殖地名称为:1. 科尔贝克角(Cape Colbeck),2. 鲁珀特海岸(Ruppert Coast),3. 莱达湾(Ledda Bay),4. 瑟斯顿冰川(Thurston Glacier),5. 熊号半岛(Bear Peninsula),6. 布朗斯群岛(Brownson Islands),7. 诺维尔半岛(Noville Peninsula),8. 布赖恩海岸(Bryan Coast),9. 斯迈利岛(Smyley Island),10. 罗思柴尔德岛(Rothschild Island),11. 斯诺希尔岛(Snow Hill Island),12. 拉森冰架(Larsen Ice Shelf),13. 多尔曼岛(Dolleman Island),14. 史密斯半岛(Smith Peninsula),15. 古尔德湾(Gould Bay),16. 卢伊特波尔德海岸(Luitpold Coast),17. 哈利湾(Halley Bay),18. 道森-兰顿冰川(Dawson-Lambton Glacier),19. 斯坦科姆-威尔斯冰川(Stancomb-Wills Glacier),20. 德雷舍尔湾(Drescher Inlet),21. 里瑟-拉森冰架(Riiser-Larsen Ice Shelf),22. 阿特卡湾(Atka Bay),23. 萨纳(Sanae),24. 阿斯特里德海岸(Astrid Coast),25. 拉扎列夫冰架(Lazarev Ice Shelf),26. 朗希尔德公主海岸(Ragnhild),27. 里瑟-拉森半岛(Riiser-Larsen Peninsula)/贡纳森浅滩(Gunnerus Bank),28. 梅干岩(Umebosi Rock),29. 阿蒙森湾(Amundsen Bay),30. 克洛角(Kloa Point),31. 福尔德岛(Fold Island),32. 泰勒冰川(Taylor Glacier),33. 奥斯特群岛(Auster),34. 达恩利角(Cape Darnley),35. 阿曼达湾(Amanda Bay),36. 巴里尔湾(Barrier Bay),37. 西冰架(West Ice Shelf),38. 伯顿冰架(Burton Ice Shelf),39. 哈斯韦尔岛(Haswell Island),40. 沙克尔顿冰架(Shackleton Ice Shelf),41. 鲍曼岛(Bowman Island),42. 彼得森浅滩(Peterson Bank),43. 萨布里纳海岸(Sabrina Coast),44. 迪布尔冰川(Dibble Glacier),45. 地质学角(Pointe Géologie),46. 默茨冰川(Mertz Glacier),47. 默茨断角(Mertz break off),48. 戴维斯湾(Davis Bay),49. 罗热角(Cape Roget),50. 库尔曼岛(Coulman Island),51. 华盛顿角(Cape Washington),52. 富兰克林岛(Franklin Island),53. 博福特岛(Beaufort Island),54. 克罗泽角(Cape Crozier)

Wilson 和 Taylor（1984）总结了 1964~1974 年不同作者发表的帝企鹅雏鸟数量的估计值，认为罗斯海的繁殖对总数至少为 36 000 对。虽然其中列出的所有调查都在相应年份的 11 月进行，但调查的可靠性各不相同，部分研究未说明调查方法和调查人数（Cranfield，1966）。2000~2012 年，Kooyman 和 Ponganis（2017）通过航空照片对罗斯海地区 7 个帝企鹅繁殖地进行了持续观测，结果显示各个繁殖地的种群数量每年变化极大。

帝企鹅是罗斯海生态系统中的重要捕食者，但对其在繁殖期以外的活动和觅食行为的研究极少（Kooyman et al.，2004；Wienecke et al.，2004；Zimmer et al.，2007）。Goetz 等（2018）使用卫星追踪器对罗斯海东部的 20 只非繁殖期帝企鹅进行了观测，并分析了它们的栖息地偏好和潜水行为。结果表明，帝企鹅更喜欢科尔贝克角以北的大陆架坡折区（图 1.106）。与繁殖区域相比，在这些地区，帝企鹅的潜水深度更深、时间更长、速度更快。

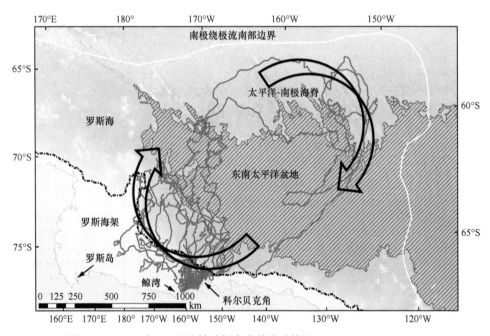

图 1.106　2013 年 20 只非繁殖期帝企鹅追踪轨迹（Goetz et al.，2018）

黑色虚线表示大陆架坡折（1000 m 等深线），白色线表示南极绕极流的南部边界，阴影线表示东南太平洋盆地，箭头表示罗斯环流的方向和大致位置

（2）阿德利企鹅

罗斯海是阿德利企鹅最重要的分布区之一，同时也是其重要的繁殖地（Cimino et al.，2016）。全球共有 267 个阿德利企鹅繁殖种群，罗斯海分布有 17 个，其中有 4 个繁殖种群的数量超过了 10 万只，还有 5 个繁殖种群的数量超过了 5 万只（Santora et al.，2020）。罗斯海区域阿德利企鹅总体数量呈现上升趋势（Gao et al.，2022）。Lyver 等（2014）的调查显示，一共有 855 625 对阿德利企鹅在罗斯海西部建立了繁殖区，其中 28%在罗斯海西部的南边，构成了一个半孤立的集合种群。Lynch 和 Larue（2014）报道了每个繁殖地的阿德利企鹅种群数量变化，并指出过去几十年来，阿德利企鹅在罗斯海地区的种群数量呈增加趋势。Chen 等（2020）将罗斯海阿德利企鹅的所有繁殖地划分为 6 个区域（图 1.107），并汇总了 1982~2013 年每个区域的阿德利企鹅种群数量（表 1.12）。1982~1987 年罗斯海所有繁殖地的阿德利企鹅种群数量均呈增加趋势，1987~1990 年种群数量略有下降（图 1.108）。1990~2013 年，区域 6 为罗斯海最北端的阿德利企鹅种群聚集地，种群数量长期呈稳定增长趋势，表明该地区可能具有阿德利企鹅生存的最佳环境条件，且未受极端环境事件的影响。

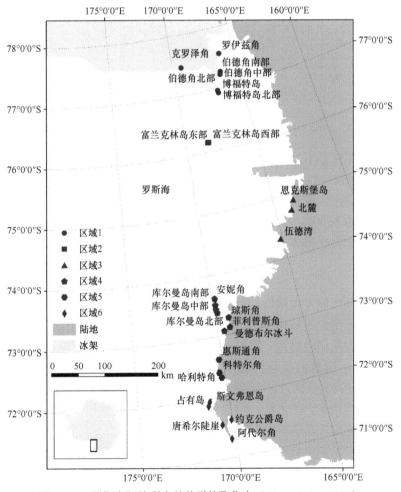

图 1.107　罗斯海阿德利企鹅种群的聚集点（Chen et al.，2020）

表 1.12　1982～2013 年罗斯海阿德利企鹅种群数量（$n=32$）（Chen et al., 2020）

数量统计	区域 1	区域 2	区域 3	区域 4	区域 5	区域 6
平均值	254 553	60 906	39 863	44 760	84 215	497 463
最大值	422 162	96 282	60 313	73 896	127 910	694 372
最小值	124 570	41 594	28 864	32 988	51 975	309 108

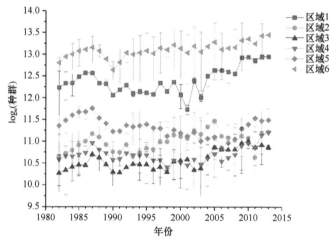

图 1.108　1982～2013 年罗斯海阿德利企鹅种群变化（Chen et al., 2020）

阿德利企鹅依赖海冰生活，通常分布于海冰浓度中等的地区（Ballard et al., 2010），适宜的海冰密度使阿德利企鹅有足够的浮冰可以休息，且在个体需要进入开阔水域时不会产生额外的能量成本。预测表明，由于气候变化，到 2050 年，70°S 以北 75% 的阿德利企鹅种群（占繁殖种群的 70%）将因海冰的消失而减少或消失，但新的种群可能会在海冰松动的高纬度地区生长或建立（Ainley et al., 2010b）。

（3）南极贼鸥

罗斯海部分区域南极贼鸥的种群数量在不同年份呈现波动状态，主要原因是人为干扰和环境变化（Ainley et al., 1986；Pinkerton et al., 2010），但多数区域南极贼鸥的种群数量比较稳定。例如，1980 年，调查人员在克罗泽角环志了 80% 的南极贼鸥个体，所有的巢址均做了标记，发现该区域南极贼鸥种群数量稳定（Ainley et al., 1986）。此外，在 1981～1983 年，Ainley 等（1990）通过标记重捕法和环志新个体相结合的方法，再次估算了南极贼鸥的繁殖区面积和种群密度，同样发现该区域南极贼鸥种群数量趋于稳定。

Wilson 等（2017）统计了罗斯岛集合种群（博福特岛和罗斯岛）和维多利亚地沿岸的历史南极贼鸥繁殖对数量（表 1.13），结果显示，罗斯海西部有 4635 个南极贼鸥繁殖对，全球约 50% 的南极贼鸥种群可能在罗斯海西部筑巢。

表 1.13 罗斯岛和维多利亚地沿岸南极贼鸥繁殖对数量（Wilson et al., 2017）

地点	统计时间（年.月.日）	繁殖对数量	统计方法
阿代尔角	1961.01.15、1961.01.25	306	区域影像图和失败巢估计
波塞申岛	1982.01.09	474	地面计数 2~6 h
库尔曼岛中部	1982.01.11	55	地面计数 2~6 h
恩克斯堡岛	1982.01.12	60	地面计数 2~6 h
博福特岛	1982.01.15	209	地面计数 2~6 h
罗伊兹角	1981.12.24	76	地面计数 1~2 天
伯德角北部	1981.12.16~18	167	地面计数 1~2 天
克罗泽角东部和西部	1980.12	1000	20 世纪 60 年代研究重计数，14 天
哈利特角	1983.01.17~20	84	区域影像图
博福特岛	1997.01.27	53	地面计数 5 h
埃德蒙森角（伍德湾）	1998.12~1999.02	101	区域影像图
罗伊兹角	2002.12	29	地面计数 4 h
哈利特角	2009.11~12	37	地面计数 5~6 天

（4）南极鹱

南极鹱是罗斯海分布最广泛的鸟类之一。Ainley 等（1978）在 65°S 以南除罗斯海西南角外的几乎所有地方都观测到了南极鹱，此外，在罗斯岛克罗泽角附近也有观测记录。Ainley 等（1978）估算了罗斯海范围内 12 月分布着约 382.9 万只南极鹱个体。在罗斯海附近的福斯迪克山（Fosdick Mountains）和洛克菲勒山（Rockefeller Mountains），估计有 513.6 万只南极鹱在此繁殖。Ballard 等（2012）结合南极鹱的分布记录和环境因子，预测了其在罗斯海的适宜生境（图 1.109），结果表明陆坡是南极鹱的主要栖息地，海冰持续存在的大陆架西部和东部也适宜其分布。

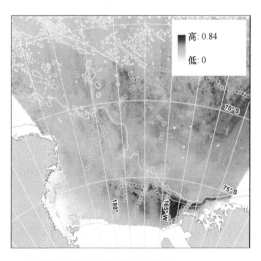

图 1.109 南极鹱环境适宜性最大熵模型（Ballard et al., 2012）

橙色圆圈表示分布点

（5）雪鹱

Ainley 等（1984）估计罗斯海及其周边区域分布的雪鹱总数约 197 万只，Ballard 等（2010）估算罗斯海海洋保护区中的雪鹱总数约为 100 万只。雪鹱的繁殖地分布在玛丽伯德地、富兰克林岛、哈利特角、约克公爵岛（Duke of York Island）、贝勒尼群岛和斯科特岛（Scott Island）等地（Watson et al.，1971）。Ballard 等（2012）结合雪鹱的分布记录和环境因子，预测了其在罗斯海的适宜生境（图 1.110），结果显示，其与南极鹱的分布模式较为一致。

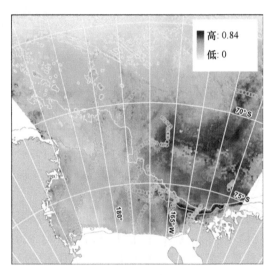

图 1.110　雪鹱环境适宜性最大熵模型（Ballard et al.，2012）
橙色圆圈表示分布点

1.9.2　气候变化对罗斯海鸟类的潜在影响

罗斯海交汇了来自维多利亚地、罗斯海和罗斯冰架的三个不同气团（Monaghan et al.，2005），对气候变化高度敏感，气候模型预测表明，未来罗斯海仍会发生进一步的物理变化（Collins et al.，2013），这些变化可能对南大洋鸟类产生深远影响，其影响程度因不同鸟类物种和不同分布地点而存在差异，其中，影响最大的是鸟类的繁殖栖息地面积和觅食地位置（Smetacek and Nicol，2005；Constable et al.，2014）。

Younger 等（2016）结合南大洋鸟类和海洋哺乳动物的历史记录和历史气候记录，分析了与种群变化相关的关键环境驱动因素。结果表明，冰川作用和海冰波动过程是关键驱动因素；雪鹱、帝企鹅和阿德利企鹅的分布和种群数量都受冰川消融和海冰减少的影响较大（图 1.111）。

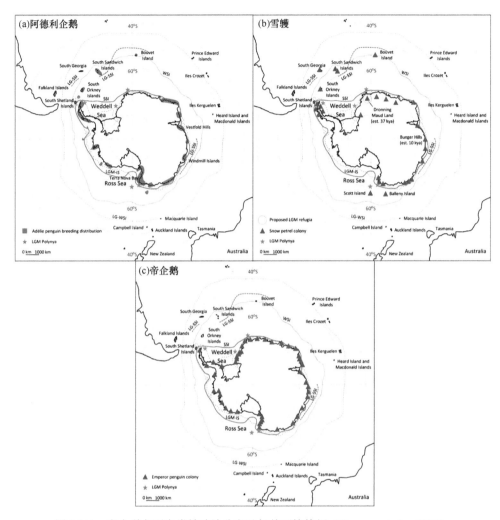

图 1.111　南大洋主要鸟类繁殖地分布及相关环境特征（Younger et al.，2016）

SSI. 夏季海冰范围；LG-SSI. 末次冰期夏季海冰范围；WSI. 冬季海冰范围；LG-WSI. 末次冰期冬季海冰范围；LGM-IS. 末次冰盛期冰盖范围；LGM. 末次冰盛期

South George. 南乔治亚岛；South Sandwich Islands. 南桑威奇群岛；Falkland Islands. 福克兰群岛；South Shetland Islands. 南设得兰群岛；South Orkney Islands. 南奥克尼群岛；Weddell Sea. 威德尔海；Dronning Maud Land. 毛德皇后地；Bouvet Island. 布韦岛；Prince Edward Islands. 爱德华王子群岛；Bunger Hills. 邦杰丘陵；Lles Crozet. 克罗泽岛；Lles Kerguelen. 凯尔格伦岛；Heard Island and Macdonald Islands. 赫德岛和麦克唐纳群岛；Vestfold Hills. 西福尔丘陵；Windmill Islands. 风车行动群岛；Terra Nova Bay. 特拉诺瓦湾；Ross Sea. 罗斯海；Scott Island. 斯科特岛；Balleny Island. 巴勒尼岛；Macquarie Island. 麦夸里岛；Campbell Island. 坎贝尔岛；Auckland Islands. 奥克兰群岛；Snares Islands. 斯奈尔斯群岛；Tasmania. 塔斯马尼亚；Chatham Islands. 查塔姆群岛；New Zealand. 新西兰；Australia. 澳大利亚；Adélie penguin breeding distribution. 阿德利企鹅繁殖分布地；LGM Polynya. 末次冰盛期冰间湖；Proposed LGM refugia. 末次冰盛期避难所；Snow petrel colony. 雪鹱种群；Emperor penguin colony. 帝企鹅种群

1.9.3 小结及建言

罗斯海鸟类资源丰富，是帝企鹅、阿德利企鹅、南极䴙、雪䴙、南极贼鸥等物种的主要分布区和繁殖地。海洋生态系统食物链的完整性及适宜的生存环境是这些鸟类在罗斯海生存的基础，因此，为了维持罗斯海鸟类物种多样性和种群数量，需从生态系统整体考虑，从栖息地质量、食物资源、种间关系等方面入手进行科学研究，为保护罗斯海的鸟类资源提供理论依据。重点关注以下几个方面。①帝企鹅的栖息地丧失速度，可以从卫星遥感整体分析；②为帝企鹅和阿德利企鹅佩戴 GPS 示踪器，密切关注两种企鹅的活动范围、取食路线及栖息地变化等；③准确调查和监测海鸟的食物资源变化情况，如南极磷虾、侧纹南极鱼和浮游生物的生物量变化；④关注海冰的变化，多数鸟类的分布与栖息和海冰的覆盖度关系密切；⑤采用稳定性同位素的方法，分析海洋鸟类的演化历史和进化特征；⑥广泛开展国际合作，共同关注和研究罗斯海的鸟类。

参 考 文 献

Ainley D G, Ballard G, Blight L K, et al. 2010a. Impacts of cetaceans on the structure of Southern Ocean food webs. Marine Mammal Science, 26: 482-489.
Ainley D G, Morrell S H, Wood R C. 1986. South Polar Skua breeding colonies in the Ross Sea region, Antarctica. Notornis, 33: 155-163.
Ainley D G, O'Connor E F, Boekelheide R J. 1984. The marine ecology of birds in the Ross Sea, Antarctica. Ornithological Monographs, 32: iii-97.
Ainley D G, Ribic C A, Wood R C. 1990. A demographic study of the South Polar Skua *Catharacta maccormicki* at Cape Crozier. Journal of Animal Ecology, 59: 1-20.
Ainley D G, Russell J, Jenouvrier S, et al. 2010b. Antarctic penguin response to habitat change as earth's troposphere reaches 2℃ above preindustrial levels. Ecological Monographs, 80: 49-66.
Ainley D G, Wood R C, Sladen W J L. 1978. Bird life at Cape Crozier, Ross Island. Wilson Bulletin, 90: 492-510.
Ancel A, Cristofari R, Fretwell P T, et al. 2014. Emperors in hiding: when ice-breakers and satellites complement each other in Antarctic exploration. PLoS One, 9: e100404.
Ballard G, Dugger K M, Nur N, et al. 2010. Foraging strategies of Adélie penguins:adjusting body condition to cope with environmental variability. Marine Ecology-Progress Series, 405: 287-302.
Ballard G, Jongsomjit D, Veloz S D, et al. 2012. Coexistence of mesopredators in an intact polar ocean ecosystem: The basis for defining a Ross Sea marine protected area. Biological Conservation, 156: 72-82.
Barber-Meyer S M, Kooyman G L, Ponganis P J. 2008. Trends in western Ross Sea emperor penguin chick abundances and their relationships to climate. Antarctic Science, 20: 3-11.
Barbraud C, Weimerskirch H. 2001. Emperor penguins and climate change. Nature, 411: 183-185.
Burdon D, Potts T, Barbone C, et al. 2017. The matrix revisited: a bird's-eye view of marine ecosystem service provision. Marine Policy, 77: 78-89.
CCAMLR. 2004. CCAMLR ecosystem monitoring program—standard methods. Hobart:

Commission for the Conservation of Antarctic Marine Living Resources.
CCAMLR. 2007. Workshop on Bioregionalisation of the Southern Ocean: SC-CAMLR-XXVI/11. Brussels, Belgium.
CCAMLR. 2008. XXVII Annual Meeting, Final Report, Paragraph 7.2 (vi). Hobart, Australia.
CCAMLR. 2009. Conservation Measure 91-03 (2009): Protection of the South Orkney Islands Southern Shelf. Hobart, Australia.
Chen X, Cheng X, Zhang B, et al. 2020. Lagged response of Adélie penguin (Pygoscelis adeliae) abundance to environmental variability in the Ross Sea, Antarctica. Polar Biology, 43: 1769-1781.
Cimino M A, Lynch H J, Saba V S, et al. 2016. Projected asymmetric response of Adélie penguins to Antarctic climate change. Scientific Reports, 6: 28785.
Collins M, Knutti R, Arblaster J, et al. 2013. Long-term climate change: Projections, commitments and irreversibility // Stocker T F, Qin D, Plattner G K, et al. Climate Change 2013: The Physical Science Basis. Contribution of Working Group I to the Fifth Assessment Report of the Intergovernmental Panel on Climate Change. Cambridge: Cambridge University Press: 1029-1136.
Constable A J, Melbourne-Thomas J, Corney S P, et al. 2014. Climate change and Southern Ocean ecosystems I: How changes in physical habitats directly affect marine biota. Global Change Biology, 20: 3004-3025.
Cranfield H J. 1966. Emperor penguin rookeries of Victoria Land. Antarctic, 4: 365-366.
Emslie S D, Coats L, Licht K. 2007. A 45, 000 yr record of Adélie penguins and climate change in the Ross Sea, Antarctica. Geology, 35: 61-64.
Fretwell P T, Larue M A, Morin P, et al. 2012. An emperor penguin population estimate: the first global, synoptic survey of a species from space. PLoS One, 7: e33751.
Fretwell P T, Trathan P N. 2009. Penguins from space: faecal stains reveal the location of emperor penguin colonies. Global Ecology and Biogeography, 18: 543-552.
Fretwell P T, Trathan P N, Wienecke B, et al. 2014. Emperor penguins breeding on ice shelves. PLoS One, 9: e85285.
Gao Y, Salvatore M C, Xu Q, et al. 2022. The occupation history of the longest-dwelling Adélie penguin colony reflects Holocene climatic and environmental changes in the Ross Sea, Antarctica. Quaternary Science Reviews, 284: 107494.
Goetz K T, McDonald B I, Kooyman G L. 2018. Habitat preference and dive behavior of non-breeding emperor penguins in the eastern Ross Sea, Antarctica. Marine Ecology Progress Series, 593: 155-171.
Green A J, Elmberg J. 2013. Ecosystem services provided by waterbirds. Biological Reviews of the Cambridge Philosophical Society, 89: 105-122.
Kooyman G L, Ainley D G, Ballard G, et al. 2007. Effects of giant icebergs on two emperor penguin colonies in the Ross Sea, Antarctica. Antarctic Science, 19: 31-38.
Kooyman G L, Ponganis P J. 2017. Rise and fall of Ross Sea emperor penguin colony populations:2000 to 2012. Antarctic Science, 29: 201-208.
Kooyman G L, Siniff D B, Stirling I, et al. 2004. Moult habitat, pre- and post-moult diet and post-moult travel of Ross Sea emperor penguins. Marine Ecology Progress Series, 267: 281-290.
LaRue M A, Kooyman G, Lynch H J, et al. 2015. Emigration in emperor penguins:implications for interpretation of long-term studies. Ecography, 38: 114-120.
Lynch H J, LaRue M A. 2014. First global census of the Adélie Penguin. The Auk, 131: 457-466.
Lyver P O B, Barron M, Barton K J, et al. 2014. Trends in the breeding population of Adélie penguins

in the Ross Sea, 1981–2012: a coincidence of climate and resource extraction effects. PLoS One, 9: e91188.

Monaghan A J, Bromwich D H, Powers J G, et al. 2005. The climate of the McMurdo, Antarctica, region as represented by one year of forecasts from the Antarctic mesoscale prediction system. Journal of Climate, 18: 1174-1189.

Montes-Hugo M, Doney S C, Ducklow H W, et al. 2009. Recent changes in phytoplankton communities associated with rapid regional climate change along the western Antarctic Peninsula. Science, 323: 1470-1473.

Pinkerton M H, Bradford-Grieve J M, Sanchet S M. 2010. A balanced model of the food web of the Ross Sea, Antarctica. CCAMLR Sci, 17: 1-31.

Saba G K, Fraser W R, Saba V S, et al. 2014. Winter and spring controls on the summer food web of the coastal West Antarctic Peninsula. Nature Communications, 5: 4318.

Santora J A, LaRue M A, Ainley D G. 2020. Geographic structuring of Antarctic penguin populations. Global Ecology and Biogeography, 29: 1716-1728.

Sekercioglu C H. 2006. Increasing awareness of avian ecological function. Trends in Ecology & Evolution, 21: 464-471.

Smetacek V, Nicol S. 2005. Polar ocean ecosystems in a changing world. Nature, 437: 362-368.

Smith W O Jr, Ainley D G, Arrigo K R, et al. 2014. The oceanography and ecology of the Ross Sea. Annual Review of Marine Science, 6: 469-487.

Smith W O Jr, Ainley D G, Cattaneo-Vietti R. 2007. Trophic interactions within the Ross Sea continental shelf ecosystem. Philosophical Transactions of The Royal Society: Biological Sciences, 362: 95-111.

Smith W O Jr, Sedwick P N, Arrigo K R, et al. 2012. The Ross Sea in a sea of change. Oceanography, 25: 90-103.

Taylor R H, Wilson P R. 1990. Recent increase and southern expansion of Adélie penguin populations in the Ross Sea, Antarctica, related to climatic warming. New Zealand Journal of Ecology, 14: 25-29.

Trathan P N, Wienecke B, Barbraud C, et al. 2020. The emperor penguin - Vulnerable to projected rates of warming and sea ice loss. Biological Conservation, 241: 108216.

Trivelpiece W Z, Hinke J T, Miller A K, et al. 2011. Variability in krill biomass links harvesting and climate warming to penguin population changes in Antarctica. Proceedings of the National Academy of Sciences of the United States of America, 108: 7625-7628.

Watson G E, Angle J P, Harper P C, et al. 1971. Birds of the Antarctic and Subantarctic. New York: American Geographical Society.

Wienecke B. 2011. Review of historical population information of emperor penguins. Polar Biology, 34: 153-167.

Wienecke B, Kirkwood R, Robertson G. 2004. Pre-moult for aging trips and moult locations of emperor penguins at the Mawson Coast. Polar Biology, 27: 83-91.

Wilson D J, Lyver P O'B, Greene T C, et al. 2017. South Polar Skua breeding populations in the Ross Sea assessed from demonstrated relationship with Adélie Penguin numbers. Polar Biology, 40: 577-592.

Wilson E A. 1907. British national Antarctic expeditions. London: British Museum of Natural History.

Wilson G J, Taylor R H. 1984. Distribution and abundance of penguins in the Ross Sea sector of Antarctica. New Zeal Antarct Rec, 6: 1-7.

Wood R C. 1971. Population dynamics of breeding South Polar Skuas of unknown age. Auk, 88:

805-814.

Young E C. 1981. The ornithology of the Ross Sea. Journal of the Royal Society of New Zealand, 11: 287-315.

Younger J L, Emmerson L M, Miller K J. 2016. The influence of historical climate changes on Southern Ocean marine predator populations:a comparative analysis. Global Change Biology, 22: 474-493.

Zimmer I, Wilson R P, Gilbert C, et al. 2007. Foraging movements of emperor penguins at Pointe Géologie, Antarctica. Polar Biology, 31: 229-243.

第 2 章　罗斯海生物资源

2.1　磷　　虾

磷虾隶属于节肢动物门甲壳纲（Crustacea）磷虾目（Euphausiacea）磷虾科（Euphausiidae）磷虾属（*Euphausia*），其是一种环南极分布的甲壳类动物。一方面，南极磷虾在南大洋生态系统中发挥着非常重要的作用，是南极食物网中主要摄食藻类等浮游生物的初级消费者，在能量从初级生产者（浮游植物）向更高营养级的转移过程中起着决定性作用，因此其资源状况会影响许多其他生物种群的生长和生存，包括鱼类、鱿鱼、海豹、鸟类、鲸鱼（Kawaguchi and Nicol，2007；Atkinson et al.，2008，2009）。另一方面，南极大磷虾（*Euphausia superba*）是商业捕捞的主要目标物种。随着捕捞技术的发展和对磷虾产品需求的增加，近年来磷虾资源面临的捕捞压力也在增加，而与气候变化相关的生活环境的变化也可能导致磷虾资源分布的变化，因此，磷虾种群面临着捕捞活动与环境变化耦合的压力。

南极大磷虾渔业目前由南极海洋生物资源养护委员会（CCAMLR）管理，CCAMLR 将发生南极大磷虾渔业捕捞的区域划分成 3 个区域，主要包括 48 海区（大西洋海域）、58 海区（印度洋海域）和 88 海区（太平洋海域），48 海区是目前捕捞磷虾资源的主要区域，其主要源于磷虾具有强烈不对称的环极分布特征，Nicol 等（2000）通过声学测量估计，西南大西洋区域的南极大磷虾生物量密度是印度洋区域的 10 倍，Atkinson 等（2008）计算出，南极大磷虾总存量的 50%～70%位于 10°W～80°W 区域，因此自 1973 年磷虾渔业开展以来，48 海区的南极大磷虾总捕捞量占全球南极大磷虾总捕捞量的 90%以上。

从南极大磷虾渔业捕捞状况来看，88 海区的罗斯海磷虾资源远不及南极半岛附近海域（48 海区），但其仍是南大洋生物较为丰富的地区之一（Arrigo et al.，1999）。在罗斯海中北部和西北部地区以南极大磷虾为主，但在 74°S 以南的高纬度南极海区，晶磷虾取代了南极大磷虾并占据了较为主导的地位（Sala et al.，2002）。通过对这两种主要磷虾物种的丰度调查发现，海冰对它们的空间分布会产生很大的影响。随着区域性海洋环境的变暖，海冰覆盖的范围和持续时间将会减少，从而对冬季聚集在冰层下以硅藻为食的幼虾的能量收支和存活率产生明显影响。为监测磷虾的种群数量和分布，除了要了解捕捞的因素，还需要评估长期气候影响对磷虾丰度、分布和生命周期的影响。

2.1.1 磷虾主要种类及其资源分布

分类学的相关研究表明，分布于南大洋的磷虾共有 8 种，分别是南极大磷虾（*Euphausia superba*）、冷磷虾（*E. frigida*）、晶磷虾（*E. crystallorophias*）、三刺磷虾（*E. triacantha*）、北方磷虾（*E. vallentini*）、近樱磷虾（*Thysanoessa vicina*）、长臂樱磷虾（*T. macrura*）和深海磷虾（*Bentheuphausia amblyops*）。这 8 种磷虾分别隶属于 2 科 3 属，主要或仅在南大洋生活，晶磷虾主要分布在浅海大陆架附近，在海水中层分布的有冷磷虾、三刺磷虾和近樱磷虾，以及常见的长臂樱磷虾和南极大磷虾，深海磷虾则分布在深水层（Siegel，2016）。

位于太平洋海域罗斯海的磷虾种群，过去很少受到关注。英国科考队（1935 年、1939 年和 1950~1951 年）首次提供了该地区磷虾的信息。根据这些考察的结果，Marr（1962）得出结论，在罗斯海大陆架，南极大磷虾几乎不存在，取而代之的是另一种磷虾——晶磷虾。这一结果在后续的研究中也得到过证实，以至于在这之后的一段时期一些针对南极大磷虾的研究主要集中在大西洋和印度洋。

此后，为了进一步增强对罗斯海磷虾种群的了解，在 1989~1990 年、1994 年及 2000 年进行了多次南极考察，其间研究人员基于拖网采样的方法，调查了罗斯海西部磷虾夏季分布格局、丰度和种群的总体情况，上述调查更为全面地统计了南极大磷虾和晶磷虾的丰度。意大利对南极大磷虾进行了 4 次声学调查，以估计其生物量并描述其空间和时间分布。这些调查的结果表明，之前被认为磷虾缺乏的罗斯海同样也存在南极大磷虾。并发现 1994 年估计的南极大磷虾生物量比 1989~1990 年估计的多了大约 5 倍。此外，1989~1990 年的南极大磷虾种群与 1994 年相比在密度和分布上都有所差异（图 2.1）。

在 1989~1990 年的调查中，在深度迅速变化和靠近冰边缘的海区发现了大量的南极大磷虾种群。在阿代尔角附近海域发现了大量密集的南极大磷虾聚集（图 2.1a J16、J17）。南极大磷虾生物量密度最大的区域在 71°S 和 73°S 之间的大陆坡。在 1994 年 11 月到 12 月中旬的调查中，11 月 16~20 日，由于海冰影响，仅调查了冰间湖的开阔水域，发现南极大磷虾平均生物量密度为 4.49 t/n mile^2，该区域被认为是南极大磷虾缺失区（图 2.1c 矩形 24~25）。自 12 月 1 日以来，随着海冰逐步消退，未能调查的区域重新进行采样调查，得到南极大磷虾平均生物量密度为 63.79 t/n mile^2（图 2.1d 矩形 21~22）。大陆架是第一个取样区域（12 月 17~20 日）。在同年的 12 月下旬，调查发现大洋区域、大陆坡和大陆架的南极大磷虾平均生物量密度分别为 34.11 t/n mile^2、123.55 t/n mile^2 和 66.11 t/n mile^2（图 2.1e）。该调查研究整体表明，1994 年春末罗斯海的南极大

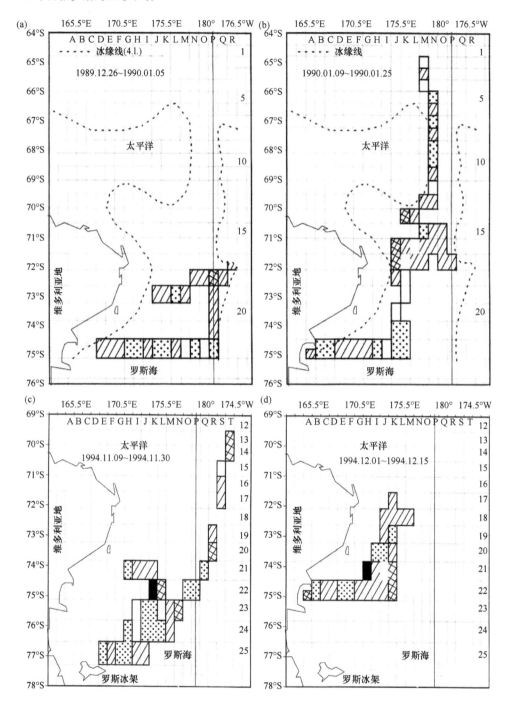

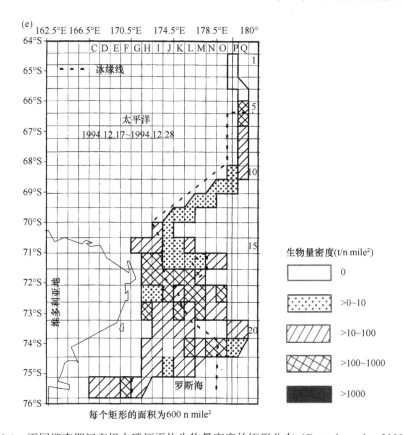

图 2.1　不同调查期间南极大磷虾平均生物量密度的矩形分布（Faranda et al., 2000）

磷虾生物量约为 300 万 t, 平均生物量密度从 250 t/n mile^2（第一次调查）到 100 t/n mile^2（第二次调查）不等。1989~1990 年初夏在同一地区估计的南极大磷虾的生物量密度约为 33 t/n mile^2, 这一数值与在印度地区发现的生物量密度接近。

第 15 次意大利南极考察（2000 年 1~2 月）的调查结果显示, 南极大磷虾和晶磷虾之间存在地理上的分离, 并且其与海洋学特征相一致（图 2.2）。这两个物种都是在表层采样的, 其中南极大磷虾主要分布在开阔的南极表层水（AASW）中, 而晶磷虾主要分布在罗斯海盐度较高的南部地表水中。总体来看, 南极大磷虾在大陆架北部地区的平均相对生物量为 9.3 g/1000 m^3, 平均密度为 10.9 ind/1000 m^3。高南极区 74°S 晶磷虾的平均相对生物量为 3.0 g/1000 m^3, 平均密度为 19.1 ind/1000 m^3。

根据此次调查结果, Sala 等（2002）认为晶磷虾在 74S° 以南的大陆架上占主导地位, 但在靠近大陆架坡折处南极大磷虾占主导地位。罗斯海的北部和西北部地区似乎更适合南极大磷虾种群, 南部和西南部地区适合晶磷虾种群。

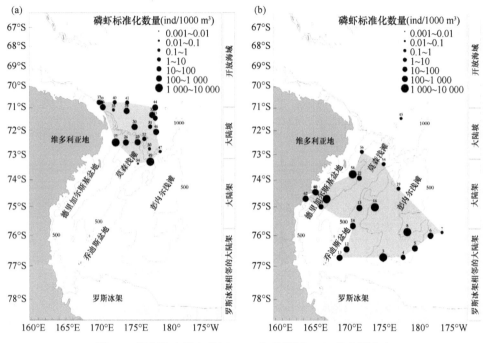

图 2.2 罗斯海南极大磷虾（a）和晶磷虾（b）的水平分布

Davis 等（2017）利用 1988～2000 年的不同航次磷虾相关数据集（表 2.1），结合空间相关热点分析的方法探究了南极大磷虾和晶磷虾的栖息地分布。南极大磷虾分布在罗斯海西部大陆架的大部分地区、大陆架坡折带和近海水域（图 2.3a）。内陆架区域的特点是生物量低（<1 t/km^2）（图 2.3a）。西南内陆架是个例外，该地区的南极大磷虾生物量始终为 1～10 t/km^2。莫森浅滩（Mawson Bank）和彭内尔浅滩（Pennell Bank）的浅海区域生物量最大，为 100～1000 t/km^2。晶磷虾在罗斯海西部大陆架的大部分地区生物量较低（小于 1 t/km^2），并且在研究区域东部没

表 2.1 罗斯海南极考察磷虾相关数据汇总

航次时间（年.月）	采样物种	生活史阶段	来源
1988.01～02	晶磷虾	幼体、成体	Guglielmo et al., 2009
1989.12～1990.01	南极大磷虾	成体	
1994.11	南极大磷虾	成体	Faranda et al., 2000
1994.12	南极大磷虾、晶磷虾	成体	
1994.11	南极大磷虾、晶磷虾	成体	
1994.12	南极大磷虾、晶磷虾	成体	Azzali et al., 2006
1997.12	南极大磷虾、晶磷虾	幼体、成体	
2000.01	南极大磷虾、晶磷虾	幼体、成体	
2000.01～02	南极大磷虾、晶磷虾	幼体、成体	Sala et al., 2002

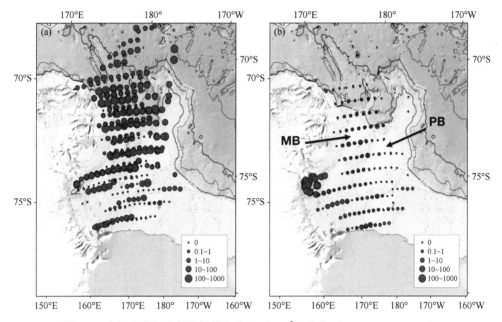

图 2.3 南极大磷虾和晶磷虾的生物量（t/km²）分布（Davis et al., 2017）
(a) 南极大磷虾; (b) 晶磷虾。MB. 莫森浅滩（Mawson Bank）; PB. 彭内尔浅滩（Pennell Bank）

有发现分布迹象（图 2.3b）。1~10 t/km² 的局部生物量区域出现在莫森浅滩、彭内尔浅滩、罗斯冰架附近的南部内陆架以及西南内陆架上（图 2.3b）。观测到的最高生物量为 100~1000 t/km²，出现在罗斯海西部的特拉诺瓦湾及其周围海域。

热点分析表明，罗斯海大陆架大部分地区的南极大磷虾分布与平均分布没有显著差异（图 2.4a）。西北陆架/陆坡地区是个例外，阿代尔角（Cape Adare）以东的沿陆架/陆坡区域为 99%置信度（红色圆圈）（图 2.4a）。90%的置信度为向北及向南扩展至外大陆架（图 2.4a）。晶磷虾在大部分大陆架上的分布相对均匀，但特拉诺瓦湾（Terra Nova Bay）除外，那里出现了明显的热点（图 2.4b）。99%置信度的区域包括特拉诺瓦湾的内陆架和北部陆架区域以及德里加尔斯基冰舌（Drygalski Ice Tongue）的外部。90%置信度所包围的区域稍微扩大（图 2.4b）。

该研究认为尽管南极大磷虾分布在整个罗斯海，但对其栖息地的研究表明，该物种分布于温暖水域深处、海冰浓度较小且靠近大陆架坡折的区域。晶磷虾广泛分布在西部大陆架上，并集中在特拉诺瓦湾。本研究确定的晶磷虾一般栖息地特征包括海岸附近的西南位置，温度较低，叶绿素含量较低，底部深度为 500~800 m，以及具有浅层混合层。但热点地区的南极大磷虾分布在统计上是随机的，这表明这一尺度的分布是可变且不可预测的，其他南极地区的研究结果也表明了该现象（Sushin and Shulgovsky, 1999; Lawson et al., 2008）。磷虾分布不仅受环境条件（如洋流）的影响，还受其本身行为和生态压力的影响，如获取食物和躲避捕食者，这会影响其变异性和区域分布。

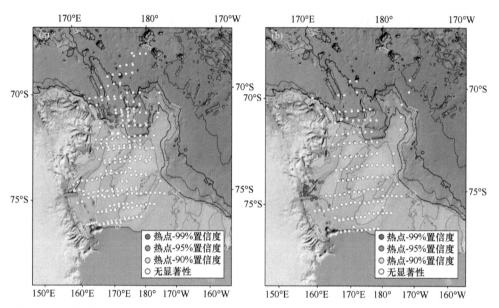

图 2.4　通过优化热点分析获得的南极大磷虾和晶磷虾显著性水平为 99%、95% 和 90% 的聚类区域分布（Davis et al., 2017）

(a) 南极大磷虾；(b) 晶磷虾

鉴于之前航次的抽样调查主要针对浅水区（约 200 m 以上）的种群，关于罗斯海及其邻近水域中磷虾属物种的垂直分布模式的信息很少，这是分析磷虾与几种捕食者相互作用的关键信息。为此，Taki 等（2008）利用深度 1000 m 的分层采样方式，阐明了 2004 年底到 2005 年初夏季罗斯海及其邻近水域中磷虾的水平和垂直分布以及种群结构（图 2.5）。

在全部的调查站位主要调查发现了 7 种磷虾，包括南极大磷虾（*E. superba*）、晶磷虾（*E. crystallorophias*）、冷磷虾（*E. frigida*）、三刺磷虾（*E. triacantha*）、北方磷虾（*E. vallentini*）、长臂樱磷虾（*Thysanoessa macrura*）和近樱磷虾（*T. vicina*）。在垂直分布上，三刺磷虾的未成体和成体主要在夜间 100～200 m 处被发现，而在白天的 6D 和 8D 站点（175E° 样带上 UCDW 地区最北端的两个站点）大多生活在 200 m 以下（图 2.6），主要在 300～400 m 水深处发现了未成体和成体。

在全水层水深均发现了 *Thysanoessa* spp. 未成体和成体（图 2.7）。白天，在深水拖网站，未成体的中位丰度深度较浅（100～200 m），雌性较深（400～500 m）。

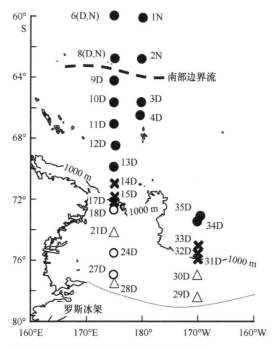

图 2.5 磷虾垂直种群结构研究的采样站点分布（Taki et al., 2008）

●：海底深度>3000 m 的站位；✖：海底深度 1000~3000 m 的站位；△：海底深度 500~1000 m 的站位；○：海底深度<500 m 的站位。N 代表文献作者在该采样点的夜间采样，D 代表文献作者在该采样点的白天采样。数字为调查采样点的编号

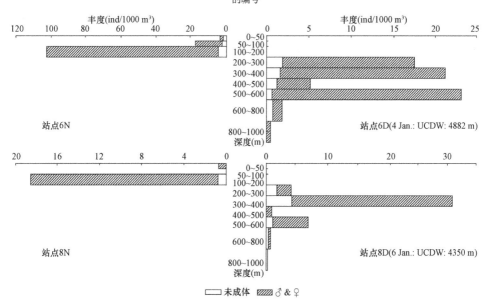

图 2.6 三刺磷虾不同生活史阶段的垂直分布
UCDW. 上层绕极深层水

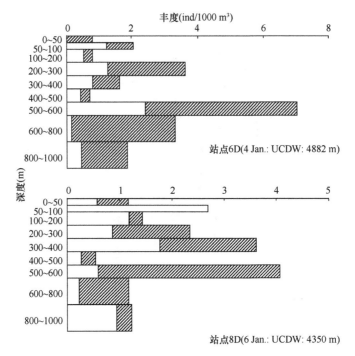

图 2.7 Thysanoessa spp.不同生活史阶段的垂直分布
UCDW. 上层绕极深层水

南极大磷虾的未成体出现在 10D 站位的 50 m 以上水层；亚成体在 14D 站位的 50 m 以浅的陆坡区；成体广泛分布于 600 m 以上的水层，主要位于 12D（LCDW 中心区域的站）、14D、15D 和 17D。在较浅的陆坡区域，400～600 m 处出现了大量的抱卵雌体（15D 和 17D 站点）（图 2.8）。

晶磷虾的未成体和成体均出现在整个大陆架水体中，但主要分布在 200～300 m 水层，很少出现在 100 m 以上（图 2.9）。

对于北方磷虾，在 6D 和 8D 站点夜间发现于 200 m 以上，但白天发现于 300 m 以下。

基于近几年我国的极地科学考察，对南极附近海域磷虾资源进行评估，研究表明南极大磷虾不均匀地分布于环南极的南大洋水域。2011～2013 年，从南极普里兹湾到罗斯海海域，利用高速采集器和中层拖网（IKMT）走航采集南极大磷虾。结果表明，南极大磷虾分布呈现"斑块"特征，丰度和生物量（湿重）最高值分别为 2.78 ind/m^3、0.36 g/m^3，分别出现在 65.74°S、167.41°E 和 73.66°S、174.01°E 海域。高丰度和高生物量的南极大磷虾主要分布罗斯海及其邻近海域（图 2.10，图 2.11）。

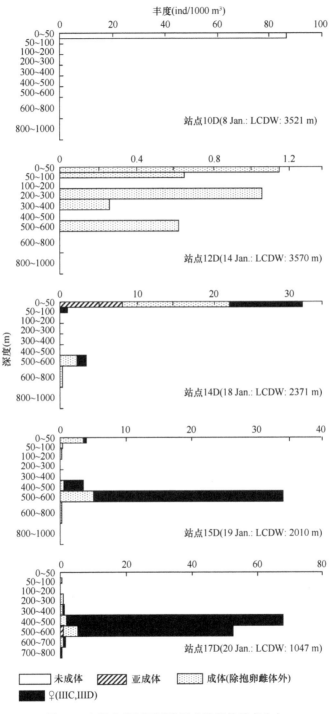

图 2.8 南极大磷虾不同生活史阶段的垂直分布
LCDW. 下层绕极深层水

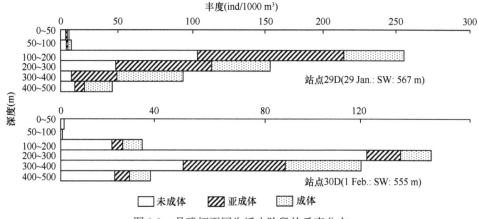

图 2.9　晶磷虾不同生活史阶段的垂直分布
SW. 陆架水

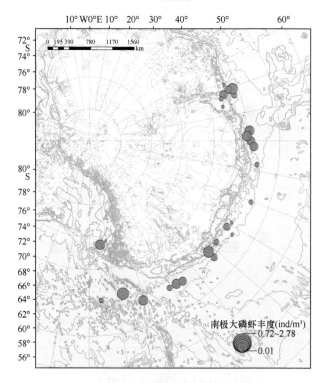

图 2.10　2011~2012 年度南大洋环南极海域南极大磷虾丰度分布

2013~2014 年度，利用高速采集器和中层拖网（IKMT）走航采集南大洋环南极海域的南极大磷虾。结果表明，丰度和生物量（湿重）最高值分别为 5.26 ind/m³ 和 2.42 ind/m³，分别出现在 63.43°S、61.48°W 和 65.20°S、81.39°W 威德尔海及其邻近海域（图 2.12），但在罗斯海地区，其生物量仍十分可观。

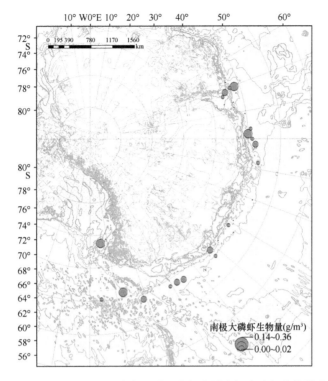

图 2.11 2012~2013 年度南大洋环南极海域南极大磷虾生物量分布

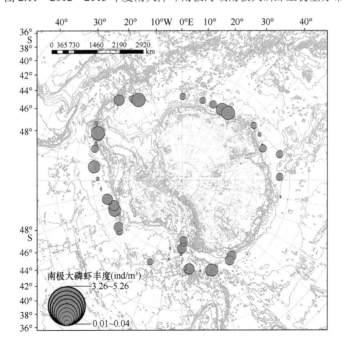

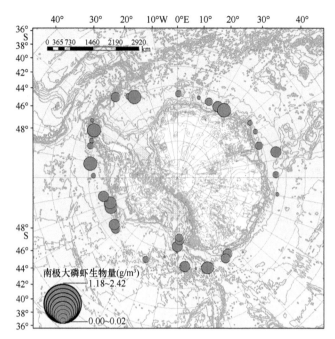

图 2.12 2013~2014 年度南大洋环南极海域南极大磷虾丰度和生物量分布

目前，南极大磷虾生物量密度最高值通常来自大西洋海区，与该海区相比，位于太平洋扇区的罗斯海区域的南极大磷虾调查相对贫乏，并且南大洋的南极大磷虾渔业也主要集中在大西洋扇区，依据 CCAMLR 历年的南极大磷虾捕捞量统计可以发现，自 1987 年以来，位于 88 海区的罗斯海地区便不再出现商业性南极大磷虾捕捞活动（图 2.13）。

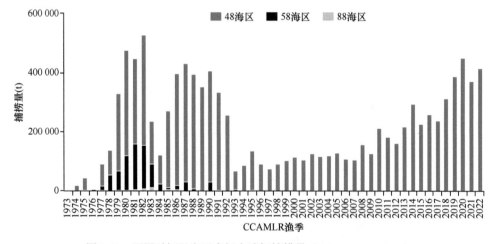

图 2.13 不同时间及海区南极大磷虾捕捞量（CCAMLR，2022）

2.1.2 磷虾种群变动及其影响因素

早期便有研究表明，磷虾的总体分布与冬季海冰的分布非常匹配（Mackintosh，1972），夏季磷虾丰度与前一冬季海冰范围呈正相关关系（Hewitt，2003）。磷虾无论是成体还是幼体，在冬末大多以冰下藻类群落为食（Hamner et al.，1983；Marschall，1988）。基于目前对 2050 年和 2100 年间海洋变暖和海区风力变化的预测表明，罗斯海将经历夏季海冰密集度和范围的减少、冰间湖的更早形成、罗斯海冰间湖的扩张、夏季混合层深度（MLD）变浅，以及陆架上的 CDW 平流减少（Smith et al.，2014）。预计 2050 年夏季季节性海冰覆盖率将下降至当前覆盖率的 44%，而 2100 年预计将进一步下降至当前覆盖率的 22%（Smith et al.，2014）。栖息地观测表明，晶磷虾占据了海冰覆盖的地区。海冰的减少导致其栖息地减少，这种栖息地的减少可能会影响食物供应、成体繁殖和早期生活史阶段。较早的冰间湖形成可能会导致与晶磷虾所需的环境条件不匹配，从而降低其繁殖成功率和生存率。此外，海冰减少可能有利于南极大磷虾提前产卵，并由于整个夏季的生长期延长而补充量增加（Siegel and Loeb，1995）。然而，该物种也依赖海冰作为越冬栖息地，为早期生活史阶段提供食物来源和庇护所（Daly，1990，2004）。

Leonori 等（2017）于 2014 年 1 月在罗斯海西部进行的声学调查提供了有关磷虾丰度和空间分布及其与相关环境关系的信息，该研究发现南极大磷虾集中在罗斯海北部边界，显示高荧光和低荧光水域中均出现高密度生物量区域，但在低盐度地区似乎更丰富。在发现南极大磷虾的区域，溶解氧值较为恒定（图 2.14）。Piñones 等（2016）也报道称，南极大磷虾似乎集中在靠近大陆架断裂处的地方。虽然晶磷虾在盐度较低和温度较高的地区稍微丰富一些（图 2.15），但在以荧光峰为特征的区域最密集，这表明晶磷虾的含量似乎与荧光值呈现正相关关系。

此研究还发现磷虾的空间分布与之前的调查略有差异。似乎证实了磷虾丰度存在强烈的年际变化（Flores et al.，2012）。基于南大洋其他区域长期变化趋势的研究表明，海洋环境因素的变化导致了这种变化。探索这些因素之间的相互作用有望提高人们对当地生态系统波动所涉及的复杂机制的理解（Trathan et al.，2003；Fielding et al.，2014）。

2.1.3 小结及建言

基于对罗斯海磷虾资源状况的调研及目前我国的调查研究现状，可以归纳出

174 | 南极罗斯海生态系统

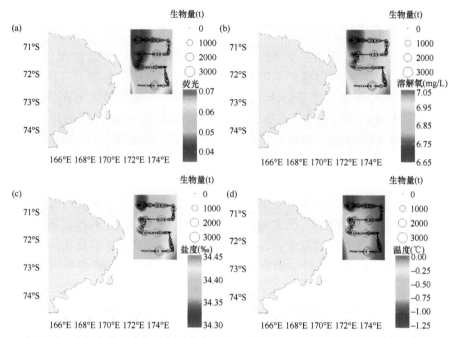

图 2.14　南极大磷虾生物量与水体中荧光、溶解氧、温度和盐度的空间分布关系
图中数据为 300 m 以上的平均值

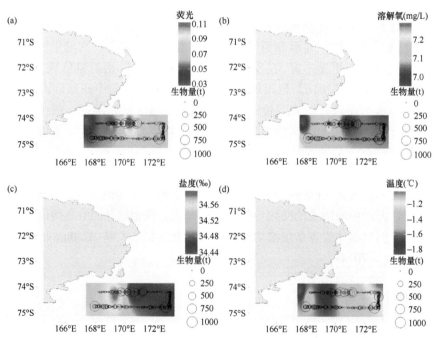

图 2.15　晶磷虾生物量与水体中荧光、溶解氧、温度和盐度的空间分布关系
图中数据为 300 m 以上的平均值

以下主要结论。①罗斯海磷虾种群主要为南极大磷虾和晶磷虾,其是罗斯海食物网中关键的营养级物种,它们是初级生产者和上层营养级之间的纽带;②在分布上,热点分析表明,南极大磷虾主要分布在靠近陆架和陆坡区域,晶磷虾分布在西部大陆架上,以近岸分布为主;③从捕捞渔业来看,自 1987 年以来,位于 88 海区的罗斯海地区便不再出现商业性南极大磷虾捕捞活动;④海冰覆盖率、盐度和叶绿素浓度均有可能影响南极大磷虾的分布。

本节提出以下研究建议。①两种磷虾在分布上的差异性仍存在争议,了解其栖息地空间分布的异质性及其影响因素;②罗斯海浮游植物演替的季节性变化与两种磷虾的分布关系;③需要进一步的调查工作来了解控制两种磷虾空间分布的物理、生物和行为因素,以及磷虾的分布如何影响到上层营养级和如何受下层营养级的影响;④磷虾生物量的波动及其空间分布在多大程度上取决于季节、年份、环境条件和一定的异常事件;⑤未来的气候变化引起的升温及海冰的变化对罗斯海磷虾种群结构及其分布可能造成的影响。

可实施性建议如下。①增加多联网的水平拖网调查工作,以便获得不同物种及生活史阶段的磷虾分布状况;②除目前的近岸站位外,增加大陆架以外及罗斯海背部区域的调查,更广泛地了解不同磷虾分布的差异性;③利用声学鱼探仪进行罗斯海断面走航观测调查,结合网具调查进一步明确磷虾生物量及其分布状况。

参 考 文 献

Arrigo K R, Robinson D H, Worthen D L, et al. 1999. Phytoplankton community structure and the drawdown of nutrients and CO_2 in the Southern Ocean. Science, 283: 365-367.

Atkinson A, Siegel V, Pakhomov E A, et al. 2009. A re-appraisal of the total biomass and annual production of Antarctic krill. Deep Sea Research Part I: Oceanographic Research Papers, 56(5): 727-740.

Atkinson A, Siegel V, Pakhomov E, et al. 2008. Oceanic circumpolar habitats of Antarctic krill. Marine Ecology Progress Series, 362: 1-23.

Azzali M, Leonori I, De Felice A, et al. 2006. Spatial–temporal relationships between two euphausiid species in the Ross Sea. Chemistry and Ecology, 22(sup1): S219-S233.

CCAMLR. 2022. Fishery Report 2021: *Euphausia superba* in all areas.

Daly K L 1990. Overwintering development, growth, and feeding of larval *Euphausia superba* in the Antarctic marginal ice zone. Limnology and Oceanography, 35(7): 1564-1576.

Daly K L. 2004. Overwintering growth and development of larval *Euphausia superba*: An interannual comparison under varying environmental conditions west of the Antarctic Peninsula. Deep Sea Research Part II: Topical Studies in Oceanography, 51(17-19): 2139-2168.

Davis L, Hofmann E, Klinck J, et al. 2017. Distributions of krill and Antarctic silverfish and correlations with environmental variables in the western Ross Sea, Antarctica. Marine Ecology Progress Series, 584: 45-65.

Faranda F M, Guglielmo L, Ianora A. 2000. Ross Sea Ecology: Italiantartide Expeditions (1987–1995). Heidelberg: Springer.

Fielding S, Watkins J L, Trathan P N, et al. 2014. Interannual variability in Antarctic krill (*Euphausia superba*) density at South Georgia, Southern Ocean: 1997–2013. ICES Journal of Marine Science, 71(9): 2578-2588.

Flores H, Atkinson A, Kawaguchi S, et al. 2012. Impact of climate change on Antarctic krill. Marine Ecology Progress Series, 458: 1-19.

Guglielmo L, Donato P, Zagami G, et al. 2009. Spatio-temporal distribution and abundance of *Euphausia crystallorophias* in Terra Nova Bay (Ross Sea, Antarctica) during austral summer. Polar Biology, 32(3): 347-367.

Hamner W M, Hamner P P, Strand S W, et al. 1983. Behavior of Antarctic krill, *Euphausia superba*: Chemoreception, feeding, schooling, and molting. Science New Series, 220(4595): 433-435.

Hewitt R. 2003. An 8-year cycle in krill biomass density inferred from acoustic surveys conducted in the vicinity of the South Shetland Islands during the austral summers of 1991–1992 through 2001–2002. Aquatic Living Resources, 16(3): 205-213.

Kawaguchi S, Nicol S. 2007. Learning about Antarctic krill from the fishery. Antarctic Science, 19(2): 219-230.

Lawson G L, Wiebe P H, Ashjian C J, et al. 2008. Euphausiid distribution along the Western Antarctic Peninsula—Part B: Distribution of euphausiid aggregations and biomass, and associations with environmental features. Deep Sea Research Part II: Topical Studies in Oceanography, 55(3-4): 432-454.

Leonori I, De Felice A, Canduci G, et al. 2017. Krill distribution in relation to environmental parameters in mesoscale structures in the Ross Sea. Journal of Marine Systems, 166: 159-171.

Mackintosh N. 1972. Life cycle of Antarctic krill in relation to ice and water conditions. Discovery Reports, (36): 1-94.

Marr J W S. 1962. The natural history of geography of the Antarctic krill (*Euphausia superba* Dana). Discovery Report, 32: 33-464.

Marschall H P. 1988. The overwintering strategy of Antarctic krill under the pack-ice of the Weddell Sea. Polar Biology, 9(2): 129-135.

Nicol S, Constable A J, Pauly T. 2000. Estimates of circumpolar abundance of Antarctic krill based on recent acoustic density measurements. CCAMLR Science, 7: 1-13.

Piñones A, Hofmann E E, Dinniman M S, et al. 2016. Modeling the transport and fate of euphausiids in the Ross Sea. Polar Biology, 39(1): 177-187.

Sala A, Azzali M, Russo A. 2002. Krill of the Ross Sea: Distribution, abundance and demography of *Euphausia superba* and *Euphausia crystallorophias* during the Italian Antarctic Expedition (January-February 2000). Scientia Marina, 66(2): 123-133.

Siegel V. 2016. Biology and Ecology of Antarctic Krill. Cham: Springer International Publishing.

Siegel V, Loeb V. 1995. Recruitment of Antarctic krill *Euphausia superba* and possible causes for its variability. Marine Ecology Progress Series, 123: 45-56.

Smith W O, Dinniman M S, Hofmann E E, et al. 2014. The effects of changing winds and temperatures on the oceanography of the Ross Sea in the 21st century: modeled future Ross Sea changes. Geophysical Research Letters, 41(5): 1624-1631.

Sushin V A, Shulgovsky K E. 1999. Krill distribution in the western atlantic sector of the southern ocean during 1983-1984, 1984-1985 and 1987-1988 based on the results of soviet mesoscale surveys conducted using an isaacs-kidd midwater trawl. CCAMLR Science, (6): 59-70.

Taki K, Yabuki T, Noiri Y, et al. 2008. Horizontal and vertical distribution and demography of euphausiids in the Ross Sea and its adjacent waters in 2004/2005. Polar Biology, 31(11): 1343-1356.

Trathan P N, Brierley A S, Brandon M A, et al. 2003. Oceanographic variability and changes in

Antarctic krill (*Euphausia superba*) abundance at South Georgia: Oceanographic variability and krill abundance. Fisheries Oceanography, 12(6): 569-583.

2.2 罗斯海犬牙鱼

罗斯海犬牙鱼（*Dissostichus mawsoni*），也被称为南极犬牙鱼，这是一种大型掠食性鱼类（见第 1 章图 1.77）。它们生长缓慢，寿命长达 50 年，体长可达 2 m 多，体重可到 100 多公斤。罗斯海犬牙鱼具有一种独特的适应能力，使其能够在南大洋极端寒冷的环境中生存。该鱼类是南大洋体型最大的南极鱼类，作为海洋哺乳动物的食物来源和深海生态系统的顶级捕食者，在食物网中起着关键作用。

罗斯海犬牙鱼渔业活动始于 1997 年的南极洲附近，这里的渔场一开始是作为一个探索性渔场进行管理的。这确保了每艘渔船都能提供犬牙鱼的生物数据，并为其设定预防性的允许捕捞总量。犬牙鱼渔业由南极海洋生物资源养护委员会（CCAMLR）管理，该渔业是全球管理最为严格、数据较为丰富的公海渔业。犬牙鱼的捕捞活动被完全监察，且有严格规定，以避免兼捕海鸟。CCAMLR 规定只能使用底置延绳钓对犬牙鱼进行捕捞。延绳钓使用的大部分诱饵为新西兰经评估和管理的鱿鱼和鲭鱼。犬牙鱼渔业最初发展缓慢，西方市场认为这种鱼味道清淡。然而，在美国和加拿大市场上，一场非常有效的营销活动将犬牙鱼重新命名为"智利海鲈鱼"，导致了消费者行为的转变。到 20 世纪 90 年代中期，犬牙鱼被认为是非常珍贵的品种，需求的增加导致了非法、不报告和不管制（IUU）犬牙鱼渔业的发展。为应对高水平的 IUU 捕捞，并认识到监督和检查的困难，CCAMLR 推出了捕捞记录计划（CDS），以阻止 IUU 产品进入港口，从而拒绝其进入国际市场（Agnew，2000）。

Grilly 等（2015）的研究显示，2007～2012 年，分别有 105 个和 73 个国家进口和出口罗斯海犬牙鱼产品。美国是犬牙鱼的主要进口国，其次是日本和新加坡。智利是犬牙鱼的主要出口国，其次是法国和美国。美国是三个主要出口国中唯一一个不通过渔业为全球犬牙鱼生产做出贡献的国家，因此被认为是次要出口国。2007～2012 年，10 个国家的犬牙鱼进口平均价格从 2007 年的 9.06 美元/kg 增加到 14.88 美元/kg。出口犬牙鱼的平均价格每年都在上涨，从 2007 年的 9.12 美元/kg 增长到 2012 年的 17.19 美元/kg，总体上涨了 88.5%（Grilly et al.，2015）。犬牙鱼商业价值的提升造成了参与犬牙鱼贸易的国家数量明显多于 CCAMLR 此前通过 CDS 报告的数量。由此可见，CDS 并未完全杜绝犬牙鱼的 IUU 捕捞，犬牙鱼面临着潜在的威胁。

一项针对犬牙鱼体长和肥满度的研究显示，1992 年后犬牙鱼的体长和肥满度呈变小和下降的趋势；此外，犬牙鱼 2000 年以后的丰度低于 1992 年以前的丰度（Ainley et al.，2013）。引起犬牙鱼小型化和数量减少的主要原因为捕捞。为保护和可持续利用罗斯海犬牙鱼资源，有必要充分了解其空间分布、资源变动和捕捞动态，为制定管理措施提供科学依据。

2.2.1 罗斯海犬牙鱼的空间分布

图 2.16 展示了犬牙鱼三个长度级别（体长<100 cm、体长 100～130 cm、体长>130 cm）在罗斯海的空间分布。罗斯海地区没有捕获到小犬牙鱼（体长 40 cm），但在罗斯海南部和巴勒尼群岛周围的大陆架上，大量体长 40～100 cm 的犬牙鱼被捕获。成熟的犬牙鱼（体长 100～130 cm）主要在罗斯海西部和中部以及大陆上陆坡被捕获。最大的犬牙鱼（体长约 130 cm）主要在大陆陆坡的较深部分以及罗斯海北部的岸边、山脊和海底山被捕获（图 2.16）。Hanchet 等（2008）假设犬牙鱼幼鱼可能在阿蒙森海定居下来，然后随着成长向西迁移到罗斯海南部。最近从阿蒙森海渔业收集的数据证实，在阿蒙森海的大陆架和陆坡上，体长 50～100 cm 的犬牙鱼确实相对丰富（Parker et al.，2014；Stevens et al.，2014）。

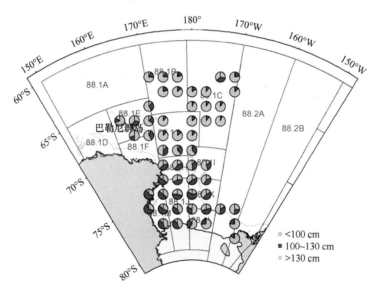

图 2.16　罗斯海犬牙鱼渔场捕获的犬牙鱼空间分布（Hanchet et al.，2015）

罗斯海犬牙鱼通常在罗斯海 279～2210 m 的深度被捕获。捕获量最高的深度通常在 1000～1600 m，但每组捕获量超过 5 t 的水深为 500～2000 m。Hanchet 等（2003）发现，犬牙鱼的体长与水深之间存在明显的正相关关系。然而，在相对较浅的水域发现大个体或在相对较深的水域发现小个体的情况也并不少见。例如，在水深 600 m 的麦克默多湾（McMurdo Sound）捕获了体长达 160 cm 的犬牙鱼（28岁）（Ainley and Ballard，2012；Horn et al.，2003），而在 88.2 分区沿大陆坡水深

1000～1500 m 处发现了体长 50～80 cm 的犬牙鱼（4～7 岁）（Hanchet, 2010; Parker et al., 2014）。

尽管罗斯海犬牙鱼在商业捕捞中是被底层延绳钓的船只捕获的，但它可能出现在水体的大部分区域（Yukhov, 1971; Fuiman et al., 2002）。Yukhov（1971）在南大洋部分深海地区采集的抹香鲸胃中发现了相对新鲜的大型犬牙鱼成体，由此得出犬牙鱼在中上层水区的时间相当长。Fuiman 等（2002）在 14 次潜水中，共观察到 26 次成年犬牙鱼。大多数犬牙鱼在水深 570 m 的海底第一次出现，平均出现深度为 132 m（最小 12 m）。目前，我们需要进一步了解犬牙鱼在罗斯海的垂直分布情况，以便估计犬牙鱼与其捕食者的空间重叠情况，并更好地评估渔业对犬牙鱼及其捕食者的潜在影响。

2.2.2 罗斯海犬牙鱼的资源变动

目前关于罗斯海的犬牙鱼资源评估主要出自 CCAMLR，这些评估关注的空间范围有罗斯海的陆架海域和整个罗斯海海域（88.1 亚区、小尺度研究单元 88.2 亚区 A-B），评估的时间范围也有所区别。下文将分别对罗斯海陆架海域和全域的犬牙鱼资源做详细介绍。

CCAMLR 的 WG-SAM-18/10 评估报告对 2012～2018 年罗斯海陆架海域的犬牙鱼资源状况进行了评估（图 2.17）。2012～2015 年罗斯海陆架海域犬牙鱼生物量呈下降趋势，2016 年开始增长，2017 年达到峰值且超过了 3000 t，2018 年下降至 2000 t 左右（图 2.18）。

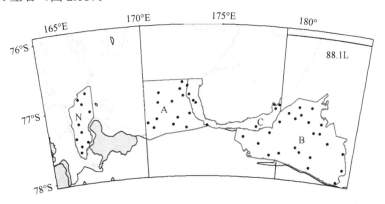

图 2.17　2012～2018 年罗斯海陆架海域调查站位（引自 WG-SAM-18/10 评估报告）
A、B、C、N 为标准化监测的层名称

CCAMLR 于 2023 年发布了罗斯海全域（图 2.19）的犬牙鱼资源评估报告，模型估计的开发前均衡产卵种群生物量（B0）为 78 373 t。目前种群状况为 B0 的 62.7%，约 49 139 t。

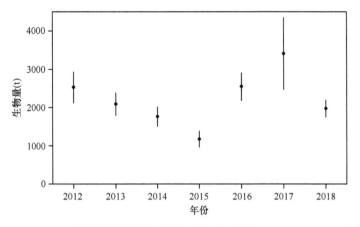

图 2.18　2012～2018 年罗斯海陆架海域犬牙鱼生物量（引自 WG-SAM-18/10 评估报告）

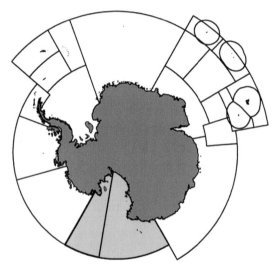

图 2.19　评估犬牙鱼资源的罗斯海全域（绿色部分）

2.2.3　罗斯海犬牙鱼资源捕捞动态

当前罗斯海的犬牙鱼捕捞数据主要来自 CCAMLR。CCAMLR 统计公报第 34 卷发布了 1998～2021 年罗斯海的犬牙鱼捕捞量、犬牙鱼养护措施，自 1998 年起每年公布罗斯海海域的捕捞限额。该区域的犬牙鱼捕捞量变化大体可分为 4 个阶段（图 2.20）：1998～2005 年的快速增长期，2005～2013 年的小幅增长期，2013～2018 年的大幅变动期，2018～2021 年的快速下降期。犬牙鱼 1998 年的捕捞量最低，为 41 t。2001 年之前，年捕捞量均在 1000 t 以下。2005 年，捕捞量突破 3000 t。2005 年后捕捞量虽有波动，但年捕捞量均维持在 2400 t 之上，

2013 年捕捞量超过了 3500 t。随后犬牙鱼年捕捞量变动幅度较大，2014 年和 2017 年急剧下降至 1700 t 左右。2018 年上升至约 3000 t 后开始快速下降，至 2021 年再次下降至 1600 t 左右。值得注意的是，2002 年、2009~2010 年、2013 年、2015~2016 年、2018 年这几年的犬牙鱼捕捞量明显超出当年的捕捞限额。尤其是 2015~2016 年至少超出捕捞限额 800 t。这可能与罗斯海海洋保护区（2016 年）的建立有关。

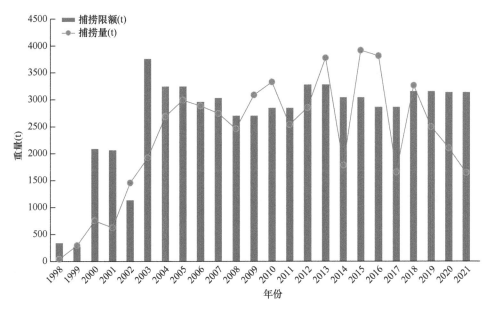

图 2.20　罗斯海海域犬牙鱼年捕捞限额和捕捞量变化

数据来自 CCAMLR 统计公报第 34 卷。其中 1998~2016 年的捕捞限额数据包括 *Dissostichus eleginoides* 和 *Dissostichus mawsoni*，2017 年后仅包括 *Dissostichus mawsoni*

根据 CCAMLR 统计公报第 34 卷发布的罗斯海犬牙鱼捕捞数据，目前共有 14 个国家在对其进行商业捕捞（图 2.21）。自 1998 年以来各个国家捕捞的罗斯海犬牙鱼总量差别较大。其中，新西兰、韩国和俄罗斯捕捞的罗斯海犬牙鱼最多，其捕捞量分别为总捕捞量的 34.22%、21.90% 和 12.60%。罗斯海犬牙鱼捕捞量较低的三个国家分别为美国（0.35%）、智利（0.20%）和日本（0.04%）。

对罗斯海犬牙鱼历史捕捞量前三位和后三位的国家分析发现（图 2.22），新西兰的捕捞历史最为悠久，早在 1998 年就开始在罗斯海捕捞犬牙鱼。到 2002 年，俄罗斯成为第二个开始捕捞罗斯海犬牙鱼的国家。尽管韩国在 2004 年才开始捕捞罗斯海犬牙鱼，但它的历史捕捞量位居全球第二。美国、日本和智利捕捞罗斯海犬牙鱼的年份较少，美国仅在 2003~2004 年捕捞季捕捞了罗斯海犬牙鱼。日本则仅在 2020 年对罗斯海犬牙鱼进行了捕捞。智利在 2009 年、2019~2020 年捕捞了罗斯海犬牙鱼。

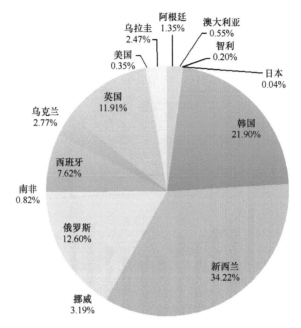

图 2.21　1998～2021 年各国罗斯海犬牙鱼的捕捞量占比

图中数据之和不为 100% 是因为有四舍五入

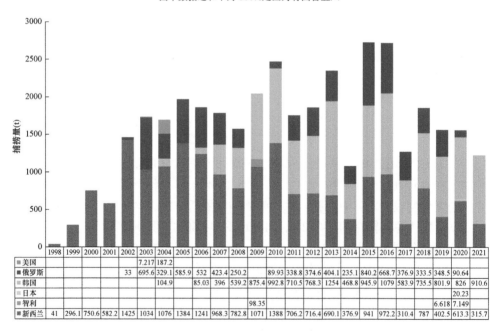

	1998	1999	2000	2001	2002	2003	2004	2005	2006	2007	2008	2009	2010	2011	2012	2013	2014	2015	2016	2017	2018	2019	2020	2021
美国							7.217	187.2																
俄罗斯				33	695.4	329.1	585.9	532	423.4	250.2		89.93	338.8	374.6	404.1	235.1		840.2	668.7	376.9	333.5	348.5	90.64	
韩国							104.9		85.03	396	539.2	875.4	992.8	710.5	768.3	1254	468.8	945.9	1079	583.9	735.5	801.9	826	910.6
日本																						20.23		
智利												98.35										6.618	7.149	
新西兰	41	296.1	750.6	582.2	1425	1034	1076	1384	1241	968.3	782.8	1071	1388	706.2	716.4	690.1	376.9	941	972.2	310.4	787	402.5	613.3	315.7

图 2.22　各国捕捞罗斯海犬牙鱼的年份和捕捞量

2.2.4 犬牙鱼的保护现状

罗斯海的犬牙鱼资源根据 CCAMLR 的养护措施 33-03 和 41-09 进行管理。其中养护措施 41-09 对罗斯海海域的犬牙鱼捕捞允许的国家、捕捞限额、捕捞季节、捕捞方式等进行了明确的规定。目前，仅澳大利亚、日本、韩国、新西兰、西班牙、乌克兰、英国和乌拉圭允许在捕捞季（2021/12/1～2022/8/31）捕捞罗斯海犬牙鱼，唯一允许使用的捕捞方式是延绳钓。在 2021/2022 捕捞季，犬牙鱼的总捕捞量不得超过 3495 t 的限额，其中罗斯海保护区的特别研究区限额为 459 t。

除了依据 CCAMLR 养护措施管理罗斯海海域的犬牙鱼，CCAMLR 还于 2016 年建立了罗斯海海洋保护区（RSrMPA），这是迄今为止世界上最大的公海海洋保护区。RSrMPA 的保护时长为 35 年。它可以在 2052 年进行评估后继续实施。海洋保护区有多个目标，包括提供一个参考区域，以更好地了解气候变化和渔业对生态系统的影响，保护罗斯海环境的代表性部分（包括底栖和中上层海洋环境），以及保护陆地捕食者的核心觅食区。为达到预期的保护效果，该保护区制定了科学的研究和监测计划。RSrMPA 的保护措施至少每 10 年进行一次审查，以评估海洋保护区的具体目标是否实现。RSrMPA 的实施势必通过捕捞限额、对生境以及其他生物群落的保护促进罗斯海犬牙鱼的种群健康，助力其种群的可持续利用。

2.2.5 小结及建言

大量体长 40～100 cm 的犬牙鱼分布在罗斯海南部和巴勒尼群岛周围的大陆架上。成熟的犬牙鱼（体长 100～130 cm）主要分布在罗斯海西部和中部以及大陆上陆坡。最大的犬牙鱼（体长约 130 cm）主要出现在大陆陆坡的较深部分以及罗斯海北部的岸边、山脊和海底山。2012～2015 年罗斯海陆架海域的犬牙鱼生物量呈下降趋势，2016 年开始增长，2017 年达到峰值并超过 3000 t，2018 年下降至 2000 t 左右。目前，罗斯海全域的犬牙鱼资源量约为 49 139 t。

1998～2005 年罗斯海的犬牙鱼捕捞量快速增长，突破 3000 t。2005 年后捕捞量虽有波动，但年捕捞量维持在 2400 t 之上。2014 年和 2017 年罗斯海犬牙鱼捕捞量急剧下降。2018 年开始快速下降，至 2021 年下降至约 1600 t。尽管罗斯海犬牙鱼的管理严格遵守 CCAMLR 的养护措施 33-03 和 41-09，但捕捞仍然造成了犬牙鱼体长和肥满度的变小和下降趋势。虽然罗斯海的犬牙鱼商业捕捞持续增长，但关于犬牙鱼生态学、捕捞对罗斯海生态系统的影响的基本知识差距仍然存在。认识到罗斯海的全球价值，CCAMLR 于 2016 年建立了罗斯海海洋保护区（RSrMPA）。未来罗斯海犬牙鱼的研究重点应侧重于更好地评估犬牙鱼生活史参数和空间动态变化，并测试 RSrMPA 在防止过度捕捞和气候变化影响方面的功效。

参 考 文 献

田永军. 2020. 中国第36次南极科考罗斯-阿蒙森海中层鱼类调查数据. 国家极地科学数据中心.

Agnew D J. 2000. The illegal and unregulated fishery for toothfish in the Southern Ocean, and the CCAMLR catch documentation scheme. Marine Policy, 24(5): 361-374.

Ainley D G, Ballard G. 2012. Trophic interactions and population trends of killer whales (*Orcinus orca*) in the Southern Ross Sea. Aquatic Mammals, 38: 153-160.

Ainley D G, Nur N, Eastman J T, et al. 2013. Decadal trends in abundance, size and condition of Antarctic toothfish in McMurdo Sound, Antarctica, 1972-2011. Fish and Fisheries, 14(3): 343-363.

CCAMLR. 2023. Fishery Report 2022: *Dissostichus mawsoni* in Subarea 88.1.

Fuiman L A, Davis R W, Williams T M. 2002. Behaviour of midwater fishes under the Antarctic ice: observations by a predator. Marine Biology, 140: 815-822.

Grilly E, Reid K, Lenel S, et al. 2015. The price of fish: A global trade analysis of Patagonian (*Dissostichus eleginoides*) and Antarctic toothfish (*Dissostichus mawsoni*). Marine Policy, 60: 186-196.

Hanchet S M. 2010. Updated species profile for Antarctic toothfish (*Dissostichus mawsoni*). Document SC-CAMLR- WG-FSA-10/24. Hobart: CCAMLR.

Hanchet S M, Dunn A, Parker S, et al. 2015. The Antarctic toothfish (*Dissostichus mawsoni*): biology, ecology, and life history in the Ross Sea region. Hydrobiologia, 761: 397-414.

Hanchet S M, Rickard G J, Fenaughty J M, et al. 2008. A hypothetical life cycle for Antarctic toothfish *Dissostichus mawsoni* in Antarctic waters of CCAMLR Statistical Area 88. CCAMLR Science, 15: 35-54.

Hanchet S M, Stevenson M L, Horn P L, et al. 2003. Assessment of toothfish (*Dissostichus mawsoni* and *D. eleginoides*) stocks in the Ross Sea (CCAMLR Subareas 88.1 and 88.2). New Zealand Fisheries Assessment Report 2003/43: 27.

Horn P L, Sutton C P, de Vries A L. 2003. Evidence to support the annual formation of growth zones in otoliths of Antarctic toothfish (*Dissostichus mawsoni*). CCAMLR Science, 10: 125-138.

Parker S, Hanchet S M, Horn P. 2014. Stock structure of Antarctic toothfish Statistical Area 88 and implications for assessment and management. Document SC-CAMLR-WG-SAM-14/26. Hobart: CCAMLR.

Stevens D W, Dunn M R, Pinkerton M H, et al. 2014. Diet of Antarctic toothfish (*Dissostichus mawsoni*) from the continental slope and oceanic features of the Ross Sea region, Antarctica. Antarctic Science, 26(5): 502-512.

Yukhov V L. 1971. The range of *Dissostichus mawsoni* Norman and some features of its biology. Journal of Ichthyology, 11: 8-18.

第 3 章 罗斯海生态系统建言

3.1 中国在罗斯海的监测断面调查现状

中国自第 33 次南极科学考察以来，开始针对罗斯海区域开展综合观测，从第 35 次南极科学考察开始开展了由特拉诺瓦湾近岸延伸至罗斯海中部陆坡的 75°S 固定观测断面，初步形成了南极罗斯海生态环境长期监测断面（图 3.1）。

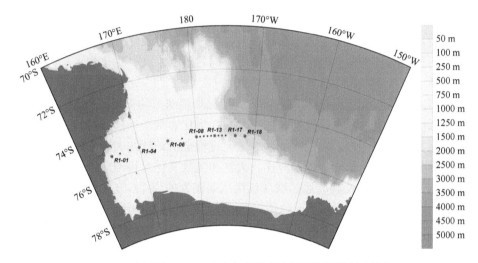

图 3.1 中国第 35、36 次南极科学考察罗斯海区域调查站位
红色圆点为南极秦岭站位置

由声学多普勒海流剖面仪（ADCP）观测的结果（见第 1 章图 1.12）清楚地显示了在 300 m 深度附近，绕极深层水（CDW）在德里加尔斯基海槽和格洛玛挑战者海槽附近向陆架入侵的现象，且在格洛玛挑战者海槽处呈现出明显的逆时针环流特征。水柱积分浮游植物叶绿素生物量以小型浮游植物（细胞粒径>20 μm）占优（58.4%），其次为微微型浮游植物（24.7%）和微型浮游植物（16.9%）。浮游植物种群组成以硅藻占优，尤其是拟脆杆藻属的短拟脆杆藻（*Fragilariopsis curta*）在各调查站位中均为最优势种；南极棕囊藻（*Phaeocystis antarctica*）的细胞丰度在表层水体中显著高于次表层，在 R1 断面上，南极棕囊藻丰度随离岸距离变远呈现降低的趋势。

目前由于考察船时限制，在罗斯海区域的科学调查站位偏少，还不足以全面反映和补充罗斯海的整体生态环境状况。未来需要依托南极秦岭站的建设，进一步细化顶层科学设计和规划，以便更好地认知和监测罗斯海的生态环境全貌，以及其应对气候变化的机制等科学前沿问题。

3.2 罗斯海生态系统保护建议

罗斯海是世界上海洋生物资源和多样性最为丰富、碳埋藏量最高、具有最大的冰架、国际上设站最多、南极科学家和政治家聚焦最多、海洋保护区面积最大的南极边缘海。认知生物资源和多样性及碳通量的海气物理、生化和生物过程，对支持我国生态保护、资源发展利用和极地治理具有重大意义。厘清海洋生物资源和多样性，其科学瓶颈在于缺乏对多圈层相互作用及其变化的认识，急需有长期、大范围、高精度的物理-生化-生物集成观测系统，在发展观测物理和生化参数的同时，重点观测微小中大型生物种群、生产力潜力及海气通量。集成可应用于船载走航、水体剖面和潜标平台的系统，同时进行水文、生化和生物种群结构综合测量。

通过对罗斯海及其周边冰-陆的物理、生化和生产力的长期监测，包括物理参数——温度、盐度、降水、风场和冰雪参数，生化参数——营养盐、痕量元素、生源要素和初级生产力，以及海-冰-气-生化过程分析，认知和预测极地海洋和大气对全球气候变化的影响，以及海洋、大气和气候变化对极地环境和生产力的影响。建议开展罗斯海及其周边区域（包括冰间湖）的海-陆-气环境、生化环境和气候变化研究，包括（不限于）冰川/冰架/海冰-海洋相互作用、营养盐/痕量元素/海洋初级生产力分布、季节性和长期变化的观测、模拟与分析研究。

通过分析罗斯海及其周边冰-陆的初级生产者-高层次动物种群分布和丰度、生态结构与时空变化，以及海-冰-气-生化-种群-生态动力学过程，认知和预测海洋、大气和气候变化对极地生物种群和生态结构的影响，以及南极海洋资源的分布、长期变化及可持续性利用。建议持续开展罗斯海及其周边区域（包括冰间湖）初级生产力的研究，浮游动物、关键游泳动物、哺乳类动物和海鸟的分布、季节性和长期变化，以及气候环境等观测、模拟与分析研究。

基于目前系统梳理的罗斯海的生态环境历史数据、评估的生态系统状况、提炼的科学前沿热点问题，以及需要填补的研究领域空白，建议未来罗斯海区域海洋生态综合性观监测系统建设围绕以下重点科学问题开展。

（1）建设综合观测系统，评估大气和气-冰-海洋相互作用对生态系统的影响

构建大气和气-冰-海与生态观测系统，对生产力、种群和生态结构及其变化进行长期连续观测，为气候变化与生物种群和生态结构变化研究提供长期、连续

观测资料，包括：①布设潜标获取海水温度、盐度、流速、流向、光合有效辐射（PAR）、叶绿素含量、浮游生物粒径谱和声学测量的磷虾量等基础数据，分析海冰、冰间湖、环流、生物种群的季节-年际变化特征；②利用航空和卫星遥感监测海冰分布的季节-年际变化，研究下降风和气候变化对特拉诺瓦湾及其周边海域海冰分布、生产力、生物种群分布及丰度的影响。

（2）重点关注冰间湖环境与生态过程

开展特拉诺瓦湾冰间湖生物种群和生态系统长期连续监测，评估冰间湖中的营养盐、初级生产力、种群和生态动力学及生物种群动力学在支撑特拉诺瓦湾生态系统中的关键作用。

利用科考船、橡皮艇和海洋实验平台对近岸海域的生态环境进行年际变化监测，掌握生物区系对气候环境变化的响应。

利用潜标（或海底网潜标）携带的温度、盐度、叶绿素、PAR、生物声学传感器和激光颗粒仪等传感器获取长期连续观测数据，分析冰间湖环境、生产力和生物种群结构的季节变化及其调控机理。

利用沉积物捕获器获取颗粒物通量的季节和年际变化特征，结合卫星遥感水色资料，分析特拉诺瓦湾区域生物生产过程及其季节和年际变化特征。

利用科考船调查和海洋实验平台实验，开展微藻、磷虾和其他海洋生物的环境适宜性实验，了解海洋浮游生物和鱼类优势类群的环境适应能力。

（3）开展冰川/冰架-海洋相互作用对生产力和生态的影响研究

依托南极秦岭站后勤保障支撑开展恩克斯堡岛周边冰川监测，研究冰川消融和冰山入海对海洋环境、初级生产力和生态结构的潜在影响。

利用海洋同位素示踪技术监测特拉诺瓦湾冰川消融和淡水输入特性，分析淡水、营养盐和痕量金属输入对海洋环境和生物群落的影响。

（4）急需加强大型海洋哺乳动物、鸟类数量及其调控机理研究

对罗斯海海洋哺乳动物和鸟类，特别是恩克斯堡岛北部的阿德利企鹅种群，进行长期监测，结合基础环境数据和近岸海域生态数据，揭示物种数量的年际变化特征及调控机理，评估气候变化对南极大型生物的潜在影响，同步开展周边地衣等陆地环境和生物区系的监测研究。

利用科考船和橡皮艇对海洋哺乳动物和鸟类的分布与习性进行季节-年际变化研究，分析捕食海区、捕食对象和捕食量。

利用人工和无人机对企鹅群进行活体和死体计数，分析年际变化和死亡率。

开展海鸟、海豹和鲸鱼 GPS 跟踪研究，分析其季节性迁移习性、捕食海区。

3.3 依托南极秦岭站建设"南极海洋国家重点野外科学观测研究站"的建议

设立未来建设目标"南极海洋国家重点野外科学观测研究站"：罗斯海已被正式划设为全球最大的海洋保护区。以南极秦岭站落成为起点，利用站基沿岸的优越地理条件，开展围绕"极地海洋科学"的基础设施建设和综合观测体系构建，逐步形成具有极地海洋多学科联合立体观测（海-冰-气、陆-海-洋及其与生态系统的联动）体系、开放的国际交流合作与数据共享服务的基地和支撑平台。加强对极地底栖生物、大型哺乳动物、鸟类等的观测，开展与海洋环境评估和预警有关的实时监测，为全国的极地海洋科学、极地环境科学、极地生态科学研究提供数据平台，力争在较短时间内建成体系完善、观测内容较为齐全、设施装备国际领先的中国野外观测实验平台，使中国科学家能进行南极罗斯海"冰-海-洋"多学科、多层次、多手段的集成立体环境监测，通过技术革新、观测和试验积累大量有价值的系统野外科学数据，增强对罗斯海环境的规律性认识，填补科学认知空白，孵化出具有国际领先水平的极地研究成果，进而直接服务于我国的气候变化和极地海洋变化的评估，进一步提高我国在相关研究领域的科学地位和话语权。

3.4 设立联合国"海洋十年"之"南大洋秋冬季生态与碳埋藏研究计划"暨南大洋国际共享航次的建议

"南大洋秋冬季生态与碳埋藏研究计划"是我国在联合国"海洋科学促进可持续发展国际十年（2021—2030）"计划框架下组织的国际合作计划。"海洋科学促进可持续发展国际十年（2021—2030）"计划（简称"海洋十年"）旨在激发海洋科学的革命，推动寻找海洋生态环境、可持续发展和气候变化等问题的科学认知和解决方案；《南极条约》缔约方和非缔约方极力推进国家层面的南极生态环境监测和科研项目，以及设立海洋保护区工作，扩大在南极事务上的话语权；同时，全球气候治理成为国际热点科学和工程问题，南大洋贡献了40%的全球大洋碳埋藏量，是碳埋藏和碳中和的热点区域之一。科学评估气候变化对南大洋生态环境和碳埋藏的影响，以及提高上层海洋生产力以增加生物资源的产出水平和碳埋藏量，是重大国际前沿科学和工程技术问题，也是提高我国在南极事务话语权的核心工作。

南极研究受到极端天气和科考船保障能力的制约，大部分的科考航次均在南半球夏至初秋季，晚秋-冬-初春季南大洋航次近乎是空白的。然而，晚秋水华是碳埋藏和冬季生态能源来源的关键过程之一；生物种群如何越过极寒环境和食物贫缺的冬季，是决定春天生物种群结构和生态系统的初始条件，是驱动南极生态过程的主要过程之一。南大洋秋冬季过程与碳埋藏是国际上长期致力解决的关键科学问题。

"雪龙2"号具备较强的破冰和冰区作业能力，具备开展秋冬季南大洋考察的条件。可以联合国内和国外研究力量，在"海洋十年"计划框架下，推进我国牵头的"南大洋秋冬季生态与碳埋藏研究计划"。计划聚焦南大洋秋冬季过程，研究冰间湖海-冰-气相互作用动力学、秋冬季生物种群生存策略和生态动力学、秋冬季溶解有机碳的埋藏率、海洋垂直混合与溶解铁的碳埋藏作用等国际前沿科学问题。

本项目计划周期为5年（2024~2028年）。项目执行期间安排3个南大洋秋冬国际共享航次（2024年、2025年、2027年）以及2次国际学术研讨会。各航次科研人员约为55人，约含40名国内科学家和15名国外科学家。共享航次计划在"雪龙2"号极地科考破冰船于3月完成全部夏季考察任务后，在新西兰/澳大利亚靠泊并完成人员轮换，前往罗斯海-阿蒙森海实施共享航次考察（图3.2，表3.1）。

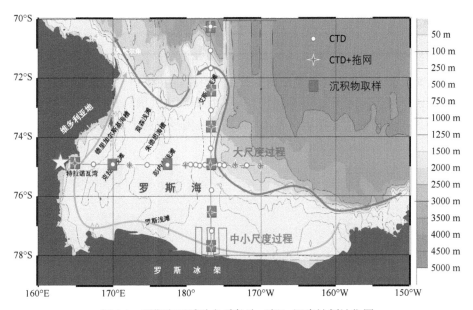

图 3.2　罗斯海区域秋冬季航次（拟）调查计划站位图

红色箭头代表陆坡流，蓝色箭头代表底层流

表 3.1　罗斯海区域秋冬季航次（拟提案）调查参数

项目	内容	要素
水体环境	水文	温度、盐度、深度、流速、流向
水体环境	化学	营养盐
水体环境	化学	叶绿素
水体环境	化学	溶解氧、颗粒有机物、悬浮物、pH、钙离子、溶解无机碳
沉积环境		有机碳、粒度、pH、Eh、常量元素、微量元素
大气环境	气象	风向、风速、气温、气压、辐射、相对湿度、能见度、云、天气现象
大气环境	大气成分	温室气体：甲烷、二氧化碳、氧化亚氮等
大气环境	大气成分	阴阳离子、黑炭、生物气溶胶
生物生态	生物	初级生产力
生物生态	生物	浮游细菌
生物生态	生物	微微型浮游生物丰度、多样性
生物生态	生物	浮游植物丰度、多样性
生物生态	生物	浮游动物丰度、多样性（含磷虾）
生物生态	生物	底栖生物种类、数量
生物生态	生物	鱼类种类、数量
生物生态	生物	鸟类、哺乳类种类、数量
海冰环境	海冰	范围、密集度、厚度
污染物	污染物	油类
污染物	污染物	微塑料、海漂垃圾
污染物	污染物	持久性有机污染物

"南大洋秋冬季生态与碳埋藏研究计划"的核心内容之一是国际共享航次，推动建立由中国极地研究中心（中国极地研究所）牵头的国际合作项目。通过共享航次，引领国际南极生态环境研究，提高我国在南极事务上的话语权和引领地位。

第 4 章 罗斯海地区的保护区

罗斯海保护区是南极海洋生物资源养护委员会为了专门保护南极海洋生态系统而设立的保护区。2016 年 10 月 28 日，来自 24 个国家和地区以及欧盟的代表决定在南极罗斯海地区设立海洋保护区。罗斯海海洋保护区是全球最大的海洋保护区，约 157 万 km² 的辽阔海域将禁止捕鱼 35 年，其中约 112 万 km² 被设为禁渔区。为了保护罗斯海保护区内的海洋生物，南极海洋生物资源养护委员会制定了一系列保护措施，包括限制捕捞、禁止捕鲸和限制人类活动等。这些措施的实施将有助于减少人类活动对海洋生态系统的干扰，保护海洋生物的栖息地和繁殖场所。

4.1 保护区目标

罗斯海地处南极附近，受到人类活动的影响较小，没有大面积的污染扩散、矿业开采或本土捕捞，也没有外来入侵物种，这意味着罗斯海的动态生态平衡依然是健康的。因此，为了保护罗斯海的多样性和原始性，设立罗斯海保护区，旨在实现如下目标。①保护罗斯海的生物结构和生态功能，通过保护栖息地，对当地的哺乳动物、鸟类、鱼类和无脊椎动物进行必要的保护；②提供濒危鱼类种群的研究资料，更好地研究气候变化对鱼类生态效应的影响，提供更好的研究南极海洋生物系统的机会；③对罗斯海犬牙鱼的栖息地提供特殊保护；④保护磷虾。

4.2 未来面对的挑战

4.2.1 气候变化

气候变化正在导致海水温度上升，海水温度上升正在导致冰架加速崩解和海冰消融。一般情况下，随着冰架前缘持续向前运动，冰体超过承载能力极限后都会发生崩解。全球气候变暖，致使冰架崩解无论从频次上还是崩解量上都有增加的趋势（Turner et al.，2022）。位于罗斯海的罗斯冰架是南极洲最大的冰架，面积大约与法国相当，有数百米厚。尽管目前没有发现罗斯冰架崩解的信号，但在全球海水变暖的大环境下，它同样面临着未来一系列的挑战。未来海冰加速消融、海平面上升以及海冰消融对海水盐度产生的影响，将对生态环境产生难以评估的冲击和影响。不同于南极其他地区的海冰消融现象，罗斯海海冰形成更早，融化更晚，海冰季延长了两个多月。海冰季的延长将导致海水生产力降低，海洋生物觅食困难加剧。此外，海洋酸化导致碳酸钙补偿深度升高，钙化生物将受到影响，珊瑚类和贝类等生物将难以形成正常甲壳，一些环境敏感性物种面临灭绝的危险，进而对整个海洋生态系统产生影响,对于罗斯海来说这是未来需要面对的挑战（Su et al., 2023）。

4.2.2 人类活动

人类对于犬牙鱼的捕捞直接扰动了罗斯海的生态环境。罗斯海自 1997 年起就开起了商业化的捕捞，2005 年就达到了 3000 t 左右，并一直维持着这个捕捞量（NIWA, 2024），捕鱼公司打造了 10～20 艘大型海上捕鱼船。随着海洋渔业的不断发展，科学家发现在罗斯海的麦克默多湾抓捕试验用犬牙鱼越来越困难。1987 年，科学家用鱼钓花费 73 h 就能钓到一头成年犬牙鱼，而经过 12 年的渔业捕捞，科学家再要钓一头成年犬牙鱼，大约需要 1800 h，即获得犬牙鱼研究标本的难度是以前的 25 倍。很显然海洋渔业的过度捕捞已经严重影响了罗斯海犬牙鱼的种群数量，食物网中所有与犬牙鱼相关的海洋生物也都将受到影响（Mormede et al., 2020）。近年来，随着对南极的关注越来越多，到南极旅游和科考的次数急速攀升。随着进入罗斯海的人类增多，人类活动所带来的物理、化学还有生物干扰也在增加，这些将是罗斯海保护所需要面对的新问题。

4.3 保护区分区

罗斯海保护区由美国和新西兰于 2011 年各自单独提出，于 2012 年合并为一个联合提案。提案提出后，南极海洋生物资源养护委员会成员国围绕罗斯海保护区的面积、科学性、必要性和保护期限等要素进行了激烈讨论。牵头推动设立该保护区的各国综合利用政治、外交、科学和舆论等多种方式，于 2016 年促成南极海洋生物资源养护委员会通过了该提案。罗斯海保护区的主要保护对象为罗斯海独特的生态系统，重点保护物种为犬牙鱼和磷虾。目前，已设立的罗斯海保护区保护面积达到 1.55×10^6 km^2，是目前世界上最大的公海保护区，其中 1.12×10^6 km^2 得到充分保护。罗斯海保护区的有效时间为 35 年，持续到 2052 年。

罗斯海保护区包括三个区域，即不允许商业捕鱼的一般保护区（约占保护区的 72%）；磷虾研究区（约占保护区的 21%），允许磷虾的监管捕捞；特别研究区（约占保护区的 7%），允许有限的捕鱼活动（图 4.1）。这些区域旨在实现特定的保护和科学目标，同时允许在海洋保护区内进行一些捕鱼活动。一般保护区旨在为不同的栖息地和生物区域提供有代表性的保护，以减轻或消除一些特别确定的潜在渔业生态系统威胁，并支持现有和未来的科学研究和监测。特别研究区除了有助于实现具有代表性的保护和具体的中上层保护目标，还包括大陆坡，旨在作为一个科学参考区推进研究，增加对捕鱼和气候变化等外力对生态系统影响的科学理解，并继续为罗斯海犬牙鱼渔业的科学管理提供信息。磷虾研究区旨在调查南极磷虾的生活史、生物参数、生态关系以及生物量和产量的变化。

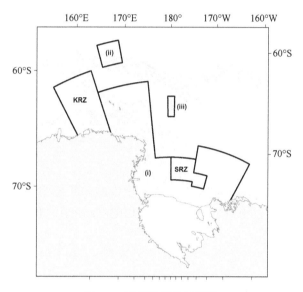

图 4.1 罗斯海保护区现状

SRZ. 特别研究区；KRZ. 磷虾研究区；i、ii、iii 为一般保护区

4.3.1 分区划分

一般保护区分为三部分：①160°E～173°45′E，65°S 与海岸线之间的区域；173°45′E～170°W，73°30′S 到海岸线之间的区域，但不包括特别研究区；150°W～170°W，72°S 到海岸线之间的区域（图 4.1 i）。②66°45′S～69°S 以及 179°E～179°W 所包含的区域（图 4.1 ii）。③60°S～62°30′S 以及 163°E～168°E 所包含的区域（图 4.1 iii）。

特别研究区：180°～164°W 和 73°30′S～76°S，不包括一般保护区的区域（图 4.1 SRZ）。

磷虾研究区：150°E～160°E 以及 62°30′S 到海岸线之间所覆盖的区域（图 4.1

KRZ)。

4.3.2 分区管理目标

保护区的不同区域设置了不同的保护目标，通过梳理管理计划《保护措施91-05（2016）》[Conservation Measure 91-05（2016），https://cm.ccamlr.org/measure-91-05-2016]可知，保护区设置了11个保护目标以及26个子目标。具体目标如下。

（i）通过保护对本地哺乳动物、鸟类、鱼类和无脊椎动物很重要的栖息地，从而保护整个罗斯海地区各级生物群落和生态结构、动态过程和服务功能。

（ii）为监测自然变异性和长期变化提供参考区域，特别是特别研究区，在该研究区内，捕鱼活动受到限制，以更好地衡量气候变化和捕鱼对生态系统的影响，为更好地了解南极海洋生态系统提供其他机会，通过支持罗斯海犬牙鱼种群评估研究，来提高对罗斯海犬牙鱼分布和迁徙的了解。

（iii）促进以海洋生物资源为重点的研究和其他科学活动（包括监测）。

（iv）在数据较少、无法确定更具体保护目标的地区，保护海底和水体中有代表性的部分，从而达到保护生物多样性的目的。

a. 海底生物区系。

b. 水体生物区系。

a 区系和 b 区系具体见南极海洋生物资源养护委员会科学委员会（SC-CAMLR）的讨论议程 SC-CAMLR-XXXIII/BG/23 文件（https://meetings.ccamlr.org/en）。

（v）保护对生态系统生产力和功能完整性具有保障作用的大规模生态系统过程（见 SC-CAMLR-XXXXIII/BG/23）。

a. 罗斯海陆架前部与季节性结冰区。

b. 极地锋面。

c. 巴勒尼群岛及其附近。

d. 罗斯海波利尼亚边缘冰区。

e. 东罗斯海多年冰区。

（vi）保护优势浮游生物的核心分布（见 SC-CAMLR-XXXIII/BG/23）。

a. 南极大磷虾。

b. 晶磷虾。

c. 侧纹南极鱼。

（vii）保护陆地顶级食肉动物的核心觅食区，或食物可能受到渔业直接威胁的区域。

a. 阿德利企鹅（见 SC-CAMLR-XXXIII/BG/23）。

b. 帝企鹅（见 SC-CAMLR-XXXIII/BG/23）。

c. 威德尔海豹（见 SC-CAMLR-XXXIII/BG/23。

d. C 型虎鲸（见 SC-CAMLR-XXXIII/BG/23）。

（viii）保护具有特殊生态重要性的沿海地区（见 SC-CAMLR-XXIII/BG/23）。

a. 罗斯海南部陆架持久性冬季结冰区。

b. 反复出现的沿海结冰区。

c. 特拉诺瓦湾。

d. 维多利亚地海岸结冰区。

e. 彭内尔浅滩多岩区。

（ix）保护罗斯海犬牙鱼生命周期中的重要区域（见 SC-CAMLR-XXXIII/BG/23）。

a. 罗斯海陆架上的亚成年犬牙鱼定居区。

b. 成熟犬牙鱼的疏散通道。

c. 罗斯海陆坡上的成年犬牙鱼觅食区。

（x）保护已知的稀有或脆弱的海底栖息地（见 SC-CAMLR-XXIII/BG/23）。

a. 巴勒尼群岛和邻近的海山。

b. 阿德默勒尔蒂海山。

c. 阿代尔角。

d. 罗斯海东南陆坡。

e. 麦克默多海峡。

f. 斯科特海山和邻近的水下地貌。

（xi）促进对磷虾的研究和科学理解，特别是罗斯海西北部的磷虾研究区。

根据区域和管理目标进一步梳理得到表 4.1。

表 4.1 罗斯海地区海洋区每个区域内要实现的具体目标

分区	地理位置	对应具体目标
一般保护区（i）	巴勒尼群岛及其附近地区	iv、v-c、vi-a&c、vii、viii-b、x-a&b
	大陆架	ii、iv、v-a&d、vi、vii、viii、ix-a&b、x-e
	大陆坡	ii、iv、v-a&d、vi、vii-a&b、ix-c、x-c&d
	东罗斯海	ii、iv、v-a&d&e、vi、vii-a&b
一般保护区（ii）	与太平洋南极山脊有关的海山	iv、v-b
一般保护区（iii）	斯科特海山	iv、x-f
特别研究区	大陆架和陆坡	ii、v-a&d、vi、xi
磷虾研究区	西北罗斯海地区	iv、viii、xi

4.4　保护区管理

罗斯海保护区的保护手段如下。①分区管理，将罗斯海保护区分为3个区域，实行不同的管理措施；②采取禁渔和限制捕捞的措施；③对渔船进行管理，要求进出罗斯海保护区的渔船提交报告，并限制渔船在保护区内转运。罗斯海保护区规定了较为详细的报告义务，成员国每五年应向南极海洋生物资源养护委员会秘书处提交一份与海洋保护区科研和监测计划有关活动的报告，由科学委员会负责审查。罗斯海保护区管理措施还包括鼓励南极海洋生物资源养护委员会成员国就该保护区的所有活动和执行情况采取相应的监察和监督措施。

罗斯海保护区在决策机制上主要依赖于南极海洋生物资源养护委员会、科学委员会、秘书处及成员国的协作，其中南极海洋生物资源养护委员会具有建立罗斯海保护区的决策权，同时也有权制定和发布相关的管理措施。科学委员会的职能主要是审议保护区提案的科学基础并向南极海洋生物资源养护委员会提出建议，审查和评估相关研究计划和活动；秘书处负责行政事宜；成员国有向南极海洋生物资源养护委员会报告其在海洋保护区进行活动的义务。

4.5　小结及建言

罗斯海保护区正式设立后在管理方面进展缓慢，研究和监测计划尚未得到南极海洋生物资源养护委员会全体成员的一致认可。罗斯海保护区的区域设置体现出相关国家间的妥协，例如特别研究区原为新西兰的重要犬牙鱼渔场，为适当顾及新西兰的渔业利益而允许一定量的捕鱼活动，而且生产力最高的犬牙鱼渔场，如艾斯林滩，被排除在保护区之外。未来保护区的发展除了建立完善的监测体系，建立互利共享的平台及管理协议和条例也是不可或缺的。我国作为南极海洋生物资源养护委员会的成员国之一，未来对罗斯海的监测研究可考虑重点针对冰间湖生态系统等重要的生态过程，以及企鹅、海豹、鲸等重要的保护物种和南极大磷虾等生态系统关键物种，为保护效果评估和必要的区域调整提供支撑。

参 考 文 献

Mormede S, Parker S J, Pinkerton M H. 2020. Comparing spatial distribution modelling of fisheries data with single-area or spatially-explicit integrated population models, a case study of toothfish in the Ross Sea region. Fisheries Research, 221: 105381.

NIWA. 2024. Antarctic Toothfish Fishery. https://niwa.co.nz/fisheries/research-projects/the-ross-sea-trophic-model/toothfish-fishery#:~:text=In%20the%20early%20days%20of%20the%20fishery%20the,have%20averaged%20around%203000%20metric%20tonnes%20per%20year[2024-4-22].

Su B, Bi X, Zhang Z, et al. 2023. Enrichment of calcium in sea spray aerosol: insights from bulk measurements and individual particle analysis during the R/V Xuelong cruise in the summertime in Ross Sea, Antarctica. Atmospheric Chemistry and Physics, 23(18): 10697-10711.

Turner J, Holmes C, Caton Harrison T, et al. 2022. Record low Antarctic sea ice cover in February 2022. Geophysical Research Letters, 49(12): e2022GL098904.

附录　罗斯海地名中英文对照表

中文地名	英文地名
罗斯海	Ross Sea
科尔贝克角	Cape Colbeck
维多利亚地	Victoria Land
特拉诺瓦湾	Terra Nova Bay
罗斯冰架	Ross Ice Shelf
阿代尔角	Cape Adare
罗斯岛	Ross Island
德里加尔斯基海槽	Drygalski Trough
乔迪斯海槽	Joides Trough
格洛玛挑战者海槽	Glomar Challenger Trough
莫森浅滩	Mawson Bank
彭内尔浅滩	Pennell Bank